逆向思考

的權謀心計

經》學習古人智慧，

容易操作的職場厚黑學

既是爲**人**

量身打造的智慧寶典

也是爲**事件**

提供指引的工具書

王宇 編著

傳承千年的經典《反經》，諸子百家煉出來的靈丹，

讓你進可出將入相，退可保全安生！

從政治角力、戰事烽火，到商海沉浮、人情世故；

從自我修養之功，到識鑑人才之術！

目錄

前言

中國歷史上有《資治通鑑》，這幾乎所有人都知道。

但有些人還不知道，自唐宋以來，一共有兩本書作為領導者政治教育必修的參考書，被有政績、有業績的君臣將相所悉知:一本是被歷代君臣推崇，從正面講謀略的司馬光的《資治通鑑》；而另一本即是不為人熟知的趙蕤寫的《反經》。表面看似平實無華實則內含智慧玄機的《反經》，擺脫了粗略地以忠奸評價歷史人物的傳統模式，以發展的、辯證唯物的觀點對唐之前歷代智謀權術進行全面的闡述和總結，真實生動地再現歷史事件，提醒人們對任何人和事物，要「既知其一，又知其二」，不能「只知其正，不知其反」，真正做到識人量才、知人善任。

趙蕤是唐代一位「博學多才，擅長政治」的隱逸高人，他寫的《反經》是一部空前絕後的智謀奇書，《反經》的整體以謀略為經，歷史為緯，交錯縱橫，蔚然成章。

《反經》在領導哲學的思想上很重要。《反經》的「反」字，意思是說天地間的事情，都是相對的，沒有絕對的。沒有絕對的善，也沒有絕對的惡；沒有絕對的是，也沒有絕對的非。這種思想源流，在我們中國文化裡很早就有，是根據《易經》來的。

天地間的人情、事情、物象，沒有一個是絕對固定不變的。在個人的立場看，大家是一個鏡頭；在大家的方向看，個人這裡又是另外一個鏡頭。因宇宙間的萬事萬物，隨時隨地都在變，立場不同，觀念就兩樣。因此，有正面一定有反面，有好必然有壞。歸納起來，有陰就一定有陽，有陽就一定有陰。陰與陽在哪裡？當陰的時候，陽的成分一定涵在陰的當中;當陽的時候，陰的成分也一定涵在陽的裡面。當我們做一件事情，好的時候，壞的因素已經種在好的裡面。譬如一個人春風得意，得意就忘形，失敗的種子已經開始種下去了；當一個人失敗時，所謂失敗是成功之母，未來新的成功種子，已經在失敗中萌芽了，重要的在於能不能掌握住成敗的時間機會與空間形勢。

任何一件事，沒有絕對的好壞。因此看歷史，看政治制度，看時代的變化，沒有什麼絕對的好壞。所以真正懂得了其中道理，知道了宇宙萬事萬物都在變。第一等人曉得要變了，掌握住先機而領導變；第二等人變來了跟著變；第三等人變都變過了，他還在那裡罵變，其實已經變過去了，而他被時代遺棄了。反經的原則就在這裡。

為了讓讀者更好地理解《反經》的思想精華，更好地將《反經》的思想為我們所用，我們特推出了這本書，本書從六十四個方面對詮釋《反經》，提取原著中的原文，配以完整、簡練的譯文，然後結合詳實、生動的故事情節，從治國、嚴軍、管理、選人、用人、明辯事理、得到機遇、策略、計謀等多個方面解讀《反經》對我們現代人生的影響。讓你既能領略到原汁原味的原著精華，又能在與此有關的諸多故事中領悟到《反經》對現代人生的影響。

本書咀嚼傳統，解讀了我們身上所攜帶的文化基因，獲得繼續前行所需的智慧力量，領略古人的處世智慧、軍事韜略、人生意趣。以古為鏡，慎察既往，以戒今失。春風得意時不會得意忘形，樂極生悲。窮途末路處也許正是柳暗花明時，得失之間，坦然淡定。

大體第一

故稱，設官分職，君之體也；委任責成，君之體也；好謀無倦，君之體也；寬以得眾，君之體也；含垢藏疾，君之體也。君有君人之體，其臣畏而愛之，此帝王所以成業也。

譯文

所以說，設立官位，明確職責；委派任命官員，監督他們完成任務；喜歡運籌謀略而不知倦怠；有寬容大度的雅量，因而能獲得大眾的擁戴；能包容臣民的缺點錯誤。凡此種種，都是國家最高統治者必須掌握的治國之道。能做到這一點，文武百官就會對他既畏懼又愛戴，這是帝王成就大業的根本所在。

感悟人生

每當人們提到領導者的時候，很多的人會將其與所謂的文韜武略、經天緯地的一些人聯繫到一起，人們會認為領導者就是那種無所不知、無所不能的通才。世界上的每一個人都會受到客觀原因的限制，無所不知、無所不能是不可能的，包括領導者在內。古時候的人說：「做官的，以不能為能。」此話道出了為官的真諦。

我們所說的「以不能為能」，也就是說領導者們要識大體，知大體，棄細務。一個人有所為有所不為，要掌握好關鍵，舉綱帶目，而不必為一些小的事情斤斤計較，事事都要自己去做。如果不這樣的話，不僅會失去作為領

導者的風度，還會給事業帶來很重的損失。

荀子說：「做帝王的，善於管理別人才算是有才能。」現代領導理論也明確地告訴我們，作為一個領導者的主要任務和才能就是要會選才和用人，能調兵遣將。令人遺憾的是，從古到今很多領導者根本沒有領悟到為官執政這一個基本原則，本末倒置，越位缺位，因此釀下了苦果。

在楚漢之爭中，劉邦這一方中的張良主要負責制定國策和戰略思想；蕭何主要負責解決軍需；而韓信則是最高的軍事指揮，主要負責南征北戰。他們各盡所能，卻成就了劉邦的「無能」之功。而項羽這一方卻和他們相反，在謀略方面他信不過范增；而帶兵打仗呢，他又信不過手下的諸多大將，總是身先士卒衝鋒在前，他這樣做，總有一種與將士爭功的嫌疑。他雖然也會體恤士卒，但卻給人很吝嗇的感覺，最終落得在烏江自殺的悲慘下場。

從上面的經驗和教訓中我們可以看出來，作為一個領導者，你不必事事都要精通，事事都要過問，你要做的就是掌握和網羅一大批人才，讓他們各盡其能，才盡其用，各自負責自己要做的事情，只有這樣才能保證事業的長盛不衰。這正如漢高祖所說：「運籌帷幄之中，決勝千里之外，吾不如張良；定國安邦、安撫百姓吾不如蕭何；統領百萬大軍，戰必勝、攻必克，吾不如韓信。這三個人，都是很出色的精英，我不如他們，但是我會用他們，這就是我奪取天下的資本。」

要提倡以不能為能，具有能容天下英才的博大胸懷，還要有識才的慧眼，用才的氣魄，愛才的感情，聚才的方法，從而統率千軍萬馬，開創千秋偉業。

當然，強調以不能為能，並不是要領導者當「甩手掌櫃」和「糊塗將軍」，相反，領導者還要給自己加壓，不斷地給自己充電，努力使自己成為一個緊跟時代、知識淵博、精力充沛、能文能武的複合型現代領導者。

任長第二

魏武詔曰：「進取之士，未必能有行。有行之士，未必能進取。陳平豈篤行，蘇秦豈守信耶？而陳平定漢業，蘇秦濟弱燕者，任其長也。」

譯文

魏武帝曹操下詔說：「有進取心的人，未必一定有德行。有德行的人，不一定有進取心。陳平有什麼忠厚的品德？蘇秦何曾守過信義？可是，陳平卻奠定了漢王朝的基業，蘇秦卻拯救了弱小的燕國。原因就在於他們都發揮了各自的特長。」

感悟人生

善用人短——從人的短處中挖掘出長處

有一位學者，是專門從事人力資源研究的，他曾說過這樣的話：「如果能發現並運用一個人的優點，你只能得六十分；如果你想得八十分的話，就必須能夠容忍一個人的缺點，發現並合理利用這個人的缺點和不足。」這話不但說得很有新意，而且又充滿了哲理意味，值得管理者好好思考。

取人所長，避人之短，這是用人的基本原則。然而，在現實生活中，人的長處和短處並不是絕對的，沒有靜止不變的長處，也沒有一成不變的短處。在不同的情景和條件下，長與短都會向自己的對立面轉化，長的可以變

短，短的可以變長。這種長與短互換的規律，是長短辯證關係中最容易被人忽視的一部分。用人的關鍵並不在於用某一個人，而在於怎樣將每個人放到最適合他們的位置上，發揮每個人的最大潛能。因此，一個開明的管理者應學會容忍下屬的缺點，同時積極發現他們的優點，試著用長處彌補短處，使每個人都能發揮自己最大的能力。有人性格倔強，固執己見，但同時他必然頗有主見，不會隨波逐流，輕易附和別人意見；有人辦事緩慢，手腳不夠快速，但同時他往往辦事有條有理，踏實細緻；有人性格不合群，經常我行我素，但同時他可能有諸多發明創造，甚至碩果累累。管理者的高明之處，就在於能從一個人的短處中發現他的長處，從而積極地利用。如果只看到一個人的長處，無法容忍別人一點小小的缺陷，這樣的人不可能成為一個合格的管理者。

從古至今，善於發現別人的短處並能善加利用的人可以說有很多。唐朝大臣韓幌一次在家中接待一位前來求職的年輕人，這個人在韓大人面前表現得很不愛說話，也不懂得人情世故，並且脾氣也很古怪，他的表現令一旁的介紹人感到十分尷尬，認為他肯定沒有錄用的希望，不料韓幌卻留下了這位年輕人。因為韓幌從這位年輕人不通人情世故的短處中，看到了他鐵面無私、剛直不阿的長處，於是任命他為「監庫門」。年輕人上任之後，盡職盡責，恪盡職守，很少發生庫房虧空的事情。

楊時齋，是清代的一位將軍，他認為軍營中所有的人都是有用的。聾子，安排在左右當侍者，可避免洩露重要軍事機密；啞巴，派他傳遞密信，一旦被敵人抓住，除了搜去密信之外，再也問不出更多的東西；瘸子，命令他去守護炮臺，堅守陣地，他沒有辦法棄陣逃跑；瞎子，聽力特別好，命他戰前伏在陣前竊聽敵軍的動靜，擔負偵察任務。楊時齋的用人觀點雖然有點誇張，但卻有個道理:任何人的短處之中肯定蘊藏著可用的長處，只要是人，

就會有可用的地方。

現代很多企業家也懂得善用人短的道理。松下電器公司（Panasonic）副總經理中尾哲二郎就是松下先生因善於利用人的短處而發現的一個「人才」：中尾原來是松下公司旗下一個工廠的員工。一次，工廠的老闆對前去視察的松下幸之助說：「這個傢伙沒用，總是發牢騷，我們這裡的工作，他一樣也看不上眼，而且盡講些別人聽不懂的怪話。」松下先生沒有這樣想，他覺得像中尾這樣的人，只要給他換個合適的環境，採取適當的使用方式，愛發牢騷愛挑剔的毛病就有可能變成堅持原則、勇於創新的優點，於是他當場就向這位老闆表示，願讓中尾進松下公司。中尾進入松下公司後，在松下幸之助的任用下，缺點果然變成了優點，短處轉化成了長處，表現出旺盛的創造力和創新能力，成為松下公司中出類拔萃的人才，一再受到公司的提拔。

俗話說得好：「金無足赤，人無完人。」每個人都有自己的長處，也必定會有自己的短處。能夠發現一個人的長處並善加利用，可以稱得上是一個好的管理者，而能夠從一個人的短處中挖掘出他的長處，由善用人長發展到善用人短，這才是作為一名管理者所要達到的用人的最高境界。長短互換的規律告訴我們：任何時候對任何一個人都不要一成不變地看待，不要靜止地看待一個人的長處和短處，而要辯證地去看一個人的長處和短處，同時還要積極地創造，給一個人使短處變長處的環境，當然，也要防止長處變短處的情況發生，從而使一個人既能充分發揮他的長處，也能有效地用到自己的短處。

品目第三

《家語》曰：「昔者明王必盡知天下良士之名，既知其名，又知其實，然後用天下之爵以尊之，則天下理也。」此之謂矣。

譯文

《孔子家語》說：「普天下的名流，在從前，賢明的君主一定要對其瞭若指掌，不但知道他們名聲的好壞，而且知道他們實際的優劣，這樣才能非常合適地去給他們相應的名銜，使他們顯得尊貴榮耀。這樣一來，天下就好統治了。」孔子在這裡所說的意思是，對人才的品行之等級要有正確的估計和看待方式。

感悟人生

獲得管理整個天下的至高無上的權力，成就國家統一的大業，都有賴於對人才明察秋毫的鑑別和任命使用之得當。所以孔子說：「人分五個層次：庸人，士人，君子，聖人，賢人。若能清清楚楚地分辨這五類人，那麼就掌握了能夠帶來長時間安定的統治藝術了。」

庸人

心裡沒有一點嚴肅慎重的信念，做什麼都粗心大意，見頭不見尾，為人處事從不善始善終，滿口胡言，不三不四。所有結識的朋友都是社會上的小

混混，唯獨沒有品學兼優的高人。不是紮紮實實地安身立命、老老實實地做事做人。見小利，忘大義，自己都不知道自己在幹什麼。迷戀於聲色犬馬，隨波逐流，總是管不住自己 —— 只要是像這一類表現的人，就是庸人。

士人

有信念，有原則。雖然不能夠知道天道和人道的根本，但向來都有自己的觀點和主張；雖不能把各種善行做得十全十美，但必定有值得稱道之處。因此，對這類人，不要求他有很多的智慧，但只要有一點，能夠明白是非曲直就行；言語理論不求很多，但只要是他所主張的，就務必中肯簡要；他所完成的事業不一定很多，但每做一件事都務必要明白為什麼。他的思想既然非常明確，說話就不但要簡單，而且是重點得當，做事也要有根有據，猶如人的性命和形體一樣和諧統一，那就是一個人格和思想非常完整、獨立的知識分子，外在的力量是很難改變他的。即使是富有了，他也不會感覺出自己會得到什麼好處；貧賤了，也不會覺得自己有什麼損失 —— 這就是士人，這也是知識分子的主要特點。

君子

君子的特徵是說話一定誠實守信，心裡不會對人心存忌恨。秉性仁義但從不向人炫耀，通情達理，明智豁達，但說話從不武斷。行為一貫，守道不渝，自強不息。在別人看來，顯得平常坦然，也並沒有什麼特別與眾不同的地方，然而真要趕上他，卻很難做到。這才是真正的君子。什麼樣的人才是君子？荀子的看法是：「君子可以做到被人尊重，但未必一定要讓人尊重自己；可以做到被人相信，但也不一定非要讓別人去信任自己，可以做到被人重用，但未必一定要讓人重用自己。所以君子以不修身為恥辱，以被誣陷為恥辱；以不講信義為恥辱，以不被別人信任為恥辱；以無能為恥辱，以不被任用為恥辱。不會受到榮譽的引誘，不會因為誹謗而怨恨，順其自然做事，卻件件符合「道」的標準，以行得直坐得正去約束自己——這就叫君子。」

賢人

賢人的主要特徵是品德方面要符合於法，行為方面要符合規範，其言論可以被天下人奉為道德準則而不傷及自身，其德性足以教化百姓而不損傷事物的根本。能使人民富有，然而卻看不到天下有積壓的財物；好善樂施，普濟天下，民眾並不因貧困而不滿。這就是賢人。賢人的品德與天地的自然法則契然相合，善於變通，不為陳規束縛，以解天下萬物生成與死滅的根源已任，和天下的一切生靈、世間萬象配合得天衣無縫，自然相處，把大道拓展成自己的性情，光明如日月，變化運行，猶如神明，芸芸眾生永遠不能明白他的品德有多麼崇高偉大，即使見到一點，也不能真正了解其德性的涯際在哪裡。能夠達到這種意境的人才稱得上是賢人。

聖人

在莊周看來，聖人的境界是這樣的，他說：「刻意崇尚德行，顯得超凡脫俗，高談闊論，冷嘲熱諷，凡此種種，都不過是為了顯示自己的清高傲慢而已。這都是山林隱士、憤世嫉俗者的做法，這類人遠離紅塵，形容枯槁，可他們偏偏喜歡這樣。言必仁義忠信，行必恭廉謙讓，這樣做只不過是為了標榜品行美好而已。這是天下太平時那些讀書人好為人師的做法，有學問的和當先生的，都好搞這一套。只要一開口說話就是怎樣怎樣去做什麼大的功業，建大名，以及怎樣事君為臣，匡正朝野，這都是為追求如何治國濟世而已。朝廷裡當官的，為尊君強國而奮鬥的，開拓疆土、建功立業的，一生都是在追求這些。隱逸山澤，棲身曠野，釣魚觀花，只求無為自在而已。這是在江海上悠遊的人，逃避現實、閒暇幽隱的人所喜好的。吹噓呼吸，吞吐空

氣，做一些黑熊吊頸、飛鳥展翅的運動，也就只是為了延年益壽。這是導引養生、修練氣功者如彭祖一樣高壽的人所喜好的。假如有人從來不刻意修養而人品自然高尚，不講求仁義而道德自然美好，不去尋求功名利祿天下也自然可以得到治理，不處江海而無處不安適悠閒，不練氣功而自然高壽，是什麼都沒有又不是什麼都沒有，恬淡無極但民眾卻人人都景仰追隨，這才是天地的大道理，聖人至高的道德啊。」

人們經常會說，英雄豪傑如何如何。「英雄豪傑」又是什麼樣的人呢？專講謀略的《玉鈐經》中有一個定義：「如果一個人的品德足以讓遠方的人慕名而來，信譽足以把形形色色的人凝聚在一起，見識足以照鑑古人的正誤，才能足以冠絕當代，這樣的人就可以稱作人中之英；假如說一個人的理論可以成為教育世人的體系，行為可以讓人去行修道義，仁愛足以獲得眾人的擁戴，英明足以燭照下屬，這樣的人才稱得上是人群之中的人俊；如果一個人的形象足可做別人的表率，智慧足以去判斷任何的疑難問題和事情，操行足以警策卑鄙貪婪，信譽足以團結生活習俗不同的人們，這樣的人才可以稱作是人群中的豪情之人；如果一個人能恪守節操而百折不撓，多有義舉卻受到別人的誹謗而不發怒，見到讓人唾棄的人和事而不苟且勉強，見到利益而不隨隨便便去獲取，這樣的人就是人中之傑。」只有達到這種高標準的人，才是「英雄豪傑」。

品德行為高尚，一舉一動都可作為別人的模範形象，有這種品格的人為「清節」之士。季劄、晏嬰就是這樣的人。能建立法規、制度，能夠讓國家強盛，讓人民富裕，能這樣做的人為「法孚」之士。管仲、商鞅就是這樣的人。思想能與天道相通，計策謀略出神入化，奇妙無窮，有這種能力的就是「術家」。范蠡、張良就是這樣的人。其德行足以移風易俗，他們的策略可以匡正天下，其權術足以移山倒海，改朝換代，這樣的人被稱為「國體」之

士。伊尹、呂望就是這樣的人。他們的品德可以作一個國家的師表，他們整治國家的方法能夠改變窮鄉僻壤的落後面貌，他們想出來的方法可以用來權衡時事，這樣的人為「器能」之人。子產、西門豹就是這樣人。

具有「清節」之風的人，他的缺點就是在為人方面表現得不夠寬宏大量，喜歡推崇一些人，譏刺呵責另一些人，什麼事都過於認真，動不動非要把是不是分個清楚，這就是所謂評頭論足。子夏之流就是這樣的人。「法家」這類人，也做不出具有開創性的計畫，他的思想太片面了，沒有長遠的看法，但能承擔獨當一面的重任，創意新奇，策略巧妙，這可以稱之為手段高超。漢宣帝時的名臣張敞和趙廣漢就是這樣。「術家」這類人，不能獨創新制，垂範後人，但能夠在遇到變亂時運用謀略，撥亂反正。他們的特點是有足夠多的謀略和智慧，公正平允不足，可以稱之為「智囊型」的人。陳平和漢武帝時的御史大夫韓安國就是這樣的人。能寫傳世奇文，著書立說，把他們稱作寫文章的大家。司馬遷、班固就是這樣的人。能夠傳承聖人的學問，但不能從事實際的政治活動，這種工作叫「儒學」。漢代儒生毛公和貫公之類的人，一生所做的就是這些事情。說起話來不一定都是合乎常理，但是反應相當快，對答如流，這只能叫做有口才。樂毅、曹丘生就是這樣的人。白起、韓信就是那種在膽略、勇氣上超乎尋常的人，才能、計謀超出大多數人的人。

量才第四

夫人才能參差，大小不同，猶升不可以盛斛，滿則棄矣。非其人而使之，安得不殆乎？

譯文

人的才能大小不同，就像用升無法盛下斗中的東西一樣，盛不下就會溢出來，溢出來就全浪費了。用了不該用的人，沒有危險是不可能的。

感悟人生

在歷史上，有許多因用人不當而失策的；在當今社會，同樣也存在這樣的問題，因為把不合適的人放在了重要位置而使事業在不知不覺中受到了損失。為什麼會這樣？除了領導者本身紀律觀念淡薄，私心作怪之外，一個重要的原因就是領導者疏於「量才」。如何正確「量才」，可以看以下幾點：

觀其德。有人把人分為四種類型：德才兼備、有德無才、有才無德、無德無才。「德者，才之帥也」，認識一個人，考察一個幹部，不能只看其才，還要觀其德。從大的方面講，要胸懷遠大理想，志趣高尚，對百姓要關心其冷暖，對事業要無比忠誠。從小的方面講，還應有好的品性，虛懷若谷，心胸寬闊方可擔當大任。品行惡劣、心胸狹窄的人，對上阿諛奉承，對下疲於應付，凡事工於心計，稍不如意便打擊報復，對這樣的人應當警惕。無才的人是不能選的，因「才」失「德」同樣是最可怕的。

用其長。俗話說:「尺有所短，寸有所長。」用人者必須要懂這個道理，用人謀事的第一要素是善用人的長處。有的領導者一旦發現下屬某個方面有不足之處，便哀嘆「朽木不可雕也」，隨即「打入死牢，永不錄用」。這種用人觀是非常片面的。「人非聖賢，孰能無過」，任何人都有優缺點，也不可能各個方面都精通，我們不能因為某一方面的缺點就否定一個人的一切。可用之才只要在所從事的領域有所擅長，這個人就不失為可用之才。

審其志。《人物志》上說:「夫精欲深微，質欲懿重，志欲弘大，心欲謙小。」一個人內心深處如果沒有好的觀念，做事就會馬馬虎虎，有頭無尾，為人處事也是不行的，可能就是虛偽的，不著邊際，不是扎扎實實地安身立命，老老實實地做事做人，而是隨波逐流，胸無志向。這樣的人一旦重用，輕則會把工作搞得一塌糊塗，重則會給事業造成不可挽救的損失。

因此，選人用人直接關係到各項工作的成敗得失。各級組織人事部門和領導者應該當好「伯樂」，「慧眼」識英才，不斷健全和規範用人機制，讓有才之士更好地發揮自己的聰明才智。

如何識別人才、吸收人才、使用人才、激勵人才及保留人才是擺在每一個企業主管面前的關鍵難題。

世界上通行的識別人才的標準已廣為流傳，由此看出，考核人才分為兩個尺度，即是否尊重遵守企業文化，是否工作熱情高、責任感和工作能力強。根據這兩個尺度將人才分為四類，雙高的自然留用；雙低的自然淘汰；對那些尊重遵守公司文化、工作熱情高、責任感強但工作能力偏低的，通行的做法是給他們指出公司對他們的期望和要求，幫助他們提高能力；對不尊重不遵守企業文化、工作熱情低、工作責任感差但工作能力強的員工，通行的做法是給他們激勵的鞭策，加強溝通。如果實在不行，那也沒有辦法 ，只能放棄。

人才戰略

一般來說，一個組織在事業上所取得的成功，不能不歸功於人才戰略的成功。這個組織要想鞏固已取得的成果，並在更高的起點上有所作為，仍有賴於它堅持不懈地實施行之有效的人才戰略。要用有用的人才戰略，必須在組織的管理者頭腦中牢固建立以下七點人才理念：

- **要有愛才之心**：人才是事業的成功之本，要從愛人才做起，若不愛人才一切都不用說了，這個公司也就沒有可能再持續發展下去。所謂愛才，就是重視人才，尊重人才，重用人才。在很多組織裡，早已把是否具有愛才之心，作為衡量一個管理者基本管理素養的重要指標。而這一點往往從他周圍所聚集的人才中可以看出來。因此，真正有愛才之心的管理者必須「遠小人而親君子」。一個合格的管理者要知道，只有把人才當作最重要、最寶貴的資源去對待，像愛護自己的眼睛那樣去愛護人才，才能把各項事業建立在持續發展的根基之上，並長久地保持在良性循環的軌道之上。
- **要有識才之眼**：任人唯賢的前提是識才，也是現代管理者的基本素養。一個管理者是否能慧眼識才，直接關係到其事業的成敗。識才，首先要弄清人才標準。最基本的人才標準是身心健康、德才兼備、性格良好的人。其中，尤其要強調「德」這一要素。無才無德是庸人，有德無才是好人，有才無德是小人，德才兼備是賢人。可以說，這些美德都具備了，才具有人格魅力，才能真正做到以德服人，才會真正贏得下屬的尊重，才會使得下屬對你忠心並擁護你。
- **要有聚才之力**：千方百計地吸引人才，組成一個「聚才磁場」，並透過這個「磁場」來「輻射擴散」。管理者能力強弱、水準高低的表現，打造了一個多層次的聚才圈，這就是「良禽擇木而棲，良臣擇主而

仕」。那麼，靠什麼來聚才呢？一是靠美好的共同願景。二是靠人格魅力。三是靠良好的待遇。要有用才之道。用人之長，避人之短，是用才之首策。一個人之所以能從事某種工作並卓有成效，追根究柢是由內在激勵起的作用，即我們常說的由「要我做」到「我要做」。欲達此境界，以下工作是必不可少的：一是啟發人的覺悟，尊重人的個性；二是給人參與和制定某些決策的權力；三是使組織與個人的價值觀達到最大程度的一致；四是使人清楚所從事活動的目的和意義；五是激勵者要以身作則，作為模範帶頭。用才必須不拘一格。人們歷來主張，對真正有能力的人才，要打破地域、年齡、學歷、親疏等限制，大膽起用，從而最大限度地發揮這個人的能力。

· **要有容才之量**：現代管理者只有具備某些重要的心理特質才叫容才。一個管理者必須具備容才的雅量，才能真正用好人才。美國心理學家研究認為，如果一個人能在完全放鬆、一點也不緊張、沒有雜念的狀態下工作，就能發揮他最大的能力。欲使人才進入這種精神狀態，固然要靠其自身的精神境界和自控能力，但是管理者為其創造一個寬鬆、和諧的外部環境也至關重要。容才一般包括以下三個方面：一是要容人之長。容人之長，就是要容得下比自己強的人。現實生活中，我們常常可以看到這種現象：一些管理者也確有愛才之心，但是有一個上限，即所用之人不能超過自己。一旦發現所用之才在某些方面比自己高明，特別是當他與自己的意見不一致，而事實證明自己錯了的時候，嫉妒之心便油然而生。這種「小肚雞腸」的人難成大事。管理者不可能是全才，下屬在某一方面超過自己是很正常的事。實驗證明，一個管理者對有才的人用得越多，其事業成功的機率也就愈大，這個公司從中得到的發展利益也就最多。二是要容人之短。所謂容人之短，並不是說要袒護、縱容別人

的短處，而是說不要求全責備，要在維護原則的前提下對別人的短處有所寬容。因為越是在某些方面鶴立雞群的人，其短處往往也越顯眼。此外，一個優秀的管理者不但要能夠容人之短，而且還要善用人之短。因為有些優點和缺點、長處和短處往往是相對的。列寧說過：「一個人的缺點是優點的延續，優點是缺點的延續。」有些人長處中也潛藏著短處，有些人短處中也可能包含著長處。只要使用恰當，有些短處是可以變成長處的。曾經有一個工廠負責人，他就是這方面的高手：他用一些愛挑剔的人去負責品質檢驗，愛挑剔的人是最仔細的；用一些喜歡斤斤計較的人去處理財務管理，斤斤計較的人是不會吃虧的。結果這些人都做得很好，為公司贏得了很大的效益。三是要容人之錯。「人非聖賢，孰能無過？」，試想一個人只要站起來走路，難免就要摔跤，再能幹的人才，只要多做事情，犯錯誤就是在所難免的。要有知才之明。知才，就是要了解人才、理解人才。概言之，應做到以下「八忌」：一忌「居高臨下」；二忌「盛氣凌人」，出言不遜；三忌「急於求成」，不可操之過急；四忌「迴避矛盾」，不能含糊其辭，躲躲閃閃；五忌「諷刺挖苦」，要與人為善，不能無理挑剔，過於苛求；六忌「言不由衷」，要以誠相待，不可表裡不一；七忌「一味迎合」，必須堅持原則；八忌「文不對題」，不可毫無目標，盲目張口。管理者的份內之事和應盡之責是做好溝通工作。一個管理者，只有掌握了人才的基本情況、心理特點及其發展的變動趨勢，才能取得調控人才心理的主動權，才能像園藝師運用溫度、濕度和空氣調控花木生態環境一樣，消除人才心靈深處的冬天，使其活力之樹常青，智慧之花常開。

- **要有護才之膽**：人才往往與世俗觀念有不一致的時候，因而遭受攻擊甚至迫害也就是在所難免的。原因很簡單：（一）所有的人不可能都理

解真知灼見的人才，難免被人當作異端邪說。（二）人才若要有所作為，為了事業的需要，為了不失良機，他們不可能等每個人都贊成後再行動，有時甚至得不到六成的人贊成就開始行動了，這就難免被人視為「不講民主」甚至「胡作非為」。（三）人才事業心強，時間寶貴，不可能有那麼多的時間對人點頭哈腰，常陪笑臉，以填補無聊者的空虛，這就難免被人視為不合群甚至傲氣十足。（四）人才既然是「雞群之鶴」，就難免要遭到「雞」們的嫉妒，作為一個管理者，當人才遭受打擊和迫害時，是「明哲保身」呢，還是「挺身而出」呢？一個有膽有識的管理者一定會選擇後者。作為一個合格的管理者，只有具備護才的勇氣和與人休戚與共的精神，才可能使人才與自己和睦相處，與此同時，他也會在你的身邊為你作出貢獻，從而患難不離地跟隨你。

· **要有育才之識**：「一年之計，莫如樹穀；終身之計，莫如樹人。」人才不是天才，每個人都有一個成長和成熟的過程。僅僅知道發現和使用現有人才而不知道育才的管理者是懶惰的管理者。很多人暫時還不是人才，但並不能因此就認為他不具有成才的素質，管理者應該給這些人創造一個有利的成長環境，給他們提供一個增長才幹和表現才幹的機會，以促其成才，否則事業就會後繼無人。現實中，由於有些管理者給一些人才鍛鍊和表現的機會不多，有時雖然用了，但由於被用者資歷不夠，不敢大用，致使他們的才能無法提高，也得不到展示，一些出類拔萃者只能跟著大隊伍「齊步走」。等到資歷熬夠了，再平衡提拔，此時其銳氣已喪失了，才思也遲鈍了，積極性也沒了。這不僅是一個人才的悲劇，也是其所在組織的悲劇，這樣的悲劇一定不能出來，一定要避免！

· **要有薦才之德**：「江山代有才人出，各領風騷數百年」，這不僅是人才發展的客觀規律，也是大自然的辯證法。一個人能夠做出一番事業當然

了不起，但能使自己的事業後繼有人的人更加偉大。一個優秀的管理者應以全域為重，勇於把比自己強的「可畏後生」推上去，精心扶持，待其「羽豐翼滿」時，就讓其從自己的肩上踩過去，接替重任，而自己則甘作一片「化作春泥更護花」的「落葉」。這樣做，不僅可以表現一個管理者的寬廣胸襟，而且對事業的發展也極為有利。一個想贏球的隊長是不會把一個比自己更強的隊員排除在球隊之外的。同理，一個以事業為重的管理者一定會好好重用比自己強的人，絕不會把比自己強的人踩於腳下的。

知人第五

夫賢聖之所美，莫美乎聰明。聰明之所貴，莫貴乎知人。知人識智，則眾材得其序，而庶績之業興矣。

譯文

聖賢最讚賞的是聰明，聰明者最注重的是知人。能知人識才，各種人才就會都有合適的位置，各項事業就都能辦好。

感悟人生

知人善用，企業成功的法寶。「故善戰者，求之於勢，不責於人，故能擇人而任勢。」——《孫子兵法》

華倫・巴菲特的管理哲學

大概每一位經營大師，都有自己的管理哲學。投資大師華倫・巴菲特（Warren Buffett），喜歡簡樸的處世之道，盡量規避複雜。他對那些內在邏輯合理的事物存有深深的敬意。他用很直白的語言表述自己的管理哲學：「自己怎樣揮舞球棒並不重要，而最重要的是場上有人能將球棒揮動得恰如其分。」

在管理團隊年輕化的浪潮襲擊全球的時候，巴菲特憑藉什麼認為「教小狗學會老狗的本領是一件非常難的事」？憑著經營管理這個行業的獨特性。無論是什麼行業的經營管理，說到底都是在琢磨人。左右大局的，不是什麼

管理技巧，而是價值判斷，是人們內心是與非的取捨和因與果的邏輯。價值判斷大多不是外力所灌輸的，而必須是感同身受的東西。許多事情，經歷不到，就體會不到。巴菲特很自豪，他領導的團隊已經有六個總裁超過七十五歲，再過四年後，至少增加到八個。他確實相信，「老狗」比「小狗」有更多的智慧力量。劉邦的法寶，巴菲特的理念，很容易在中國的傳統智慧中找到相似觀點的表達。

兩千兩百多年前，秦末劉邦、項羽的演義，可謂典範。項羽因戰起家，異常驍勇，卻不善戰。劉邦上馬不能征戰，下馬不能撫民，卻最終取天下，皆因其有獨門法寶。劉邦最為清楚：「夫運籌帷幄之中，決勝於千里之外，吾不如子房；鎮國家，撫百姓，給饋餉，吾不如蕭何；連百萬之軍，戰必勝，攻必取，吾不如韓信。此三傑，皆人傑也，能用之，皆吾所以取天下也。項羽有一范增而不能用，此其所以為我擒也。」

項羽所能駕馭的，也就是一己的勇猛，不擅長充分調動廣泛的資源為己所用。劉邦清醒，知道自己之所短，他人之所長，故能善於充分調動所有資源為己所用，於是建立千秋帝業。此正是善戰者之所為，這也就是「老狗」勝出之所在的原因。

擇人任勢要義

巴菲特的哲學，這些都是兩千五百多年前兵聖孫子「擇人任勢」智慧的翻版。美國著名經濟學家霍吉茲指出：「《孫子兵法》揭示的許多原理原則，迄今猶屬顛撲不破，仍有其運用價值。」古老的兵法在現代社會中閃耀著迷人的光彩。而現代的高層管理者，要懂得擇人任勢的重要意義是非常有必要的。

擇人任勢，不是簡單的放手不管。假如為了用人甩手不管的話，這樣就對企業運作有了隔閡，那麼，他在企業中是否還有存在的價值就會被提出來

了。不管以前有過什麼樣的貢獻，而現在發揮作用的人是經過他的辛苦汗水教出來的，只要他不能繼續提供企業運作的亮點，他就要被取代了。因為那是個必須提供亮點的位置。有「高明者」深悟此道，於是，或者從來不明確表態，遇事首先設計好自己的退路；或者盡量壟斷情報，以防別人有比自己更有效的判斷；或者看到某個同事或下屬有激情有能力，就想法設法製造一些麻煩；或者是有瞞天過海的本領，總能把出色的工作攬到自己身上等等。這樣的經營，有可能企業會越來越離不開他，而毫無疑問的是，這樣的企業根本是沒有一點出路的。

而經營大師熟諳「擇人任勢」之道。巴菲特和威爾許（Jack Welch）等大師，善於選擇恰當的人上場揮棒，而同時其敏銳的神經，經由專一領域的精通和廣博的視野，更能掌握企業運作的情勢，把球棒交給商界最優秀的棒球手。所以更能成為企業卓越經營所必需。

探索當今大師卓越之所在，是為了方便領會孫子「擇人任勢」的要義。每個人來到世間都要經受教育、經歷、心路歷程，這幾點都各不相同，所以就形成不同的風格。擇人任勢，是一種獨特的感覺，一種內在的評價，而不是一種理論，更不是一套體系。假如非要建立體系，那就本末倒置了。

擇人任勢，不靠思考去闡釋，它只能在實踐中去感悟。實踐當實事求是。一定不能心存僥倖，為了討好權威或保全面子而抹殺事實。

其實這並不完全是被動的，而是參與者的交互關係，這種交互關係是可以塑造、駕馭的。有的人有治亂的本領，有的人有守成的專長，有的人有大刀闊斧的魄力，有的人有潤物細無聲的功力。什麼樣的人，在什麼樣的時點，那就看他適合於哪一個職位，這都需要合於對勢的判斷。

而企業任職應該常新。假如是一個有活力的企業，那任職一定是能上能下的。一些重要的位置不能只有在現任犯了不可饒恕的錯誤時，才要換人。

而是要在當局者不能駕馭企業向著積極方向發展時，就應該果斷換人。職位的合理流動，主要有助於保持思維的清新與鮮活。

要保持思維的清新與鮮活，需要溝通和暢通。只要能提供有價值情報的管道就是好管道。企業可以有正式組織和非正式組織兩類管道，在不同類型的管道上說話的方式可以有變化，但判斷的價值標準卻不能變異。

在以客戶為本的時代裡，企業急需建立以客戶為本的工作程序和人人參與的管理平臺。誰能接近客戶發現問題，誰就是企業中責任的發起者，而不是一味地從上到下。責任發起者的轉換，表明企業受統一價值觀的左右，而不再聽憑於脫離現實的長官意志。

企業要營造「無窮如天地，不竭如江海」的情勢，必須要有整體的目標導向，還要釐清一系列行為的因果關係。這也就是要建立左右上下行為選擇的企業價值之榜。企業的價值之榜，不能只停留在精神層面，在物質層面必須有具體的落實。與此同時任何企業文化建設都是徒勞無功的。

有多少人，就有多少的擇人任勢。擇人任勢只能靠實踐去豐富。

知人善用，古人的伯樂之道

人才是企業保持高度競爭力和長盛不衰的法寶。比爾蓋茲曾說過一句發人深省的話：「決定生產率的唯一重要因素就是員工品質，而其他方面都是相對次要的。」看看微軟公司成功經營之道，就證明了「人才乃立國之基、興業之本」。有作家寫書透露了比爾蓋茲成功的十二大祕密，其中第二條就是：「占據巔峰的百分之五。」即永遠只在一百個求職者中最好的五個人範圍裡尋找智商最高的一兩個人才。

清代詩人龔自珍寫過一句話：「我勸天公重抖擻，不拘一格降人才。」由此可見，招賢納才的重要性早在古代就為人所識。不過怎樣才能做到知人善用才是最重要的。還不如換個角度來說，讓我們從古人的伯樂之道中汲取些有益經驗。

義理兼用。讓人才為之心動的，也就是那「情義」或「利益」。假如二者兼而有之，在人才競爭的市場上，必將占據上風。想當初，劉備三顧茅廬，恭請諸葛亮出山的故事已成為美談。據野史記載，自比管樂之才的諸葛孔明，隱居隆中，一心只待明主出現。由於他聲名遠揚，惹得曹操和劉備先後前往相邀。但曹操派出的是手下莽將，那麼心高氣傲的孔明怎麼會在權勢面前低頭呢？而最後的結果是他效忠於忠厚誠懇的劉皇叔。

任人唯賢。雖然有了人才，卻不能大膽使用或用之無方，就是最大的浪費。兵強馬壯的曹操，手下人才多如牛毛，但他生性多疑且心胸狹窄，不能公正對待人才，反而任人唯親；反觀劉備始終以公正之心對待人才，手下容納了荊襄和巴蜀兩大人才集團中的精英分子。

唐太宗被世人稱為「一代明君」，原因就是他以誠待人，並開創出「貞觀盛世」，他充分發揮大臣的才華和長處。這正如剛正不阿的魏徵，屢次在朝廷上惹惱唐太宗，而唐太宗氣過之後總能誠懇地接受忠諫。當魏徵死去時，唐太宗痛心不已，大聲感嘆：「魏徵之故，吾失明鏡矣。」唐太宗的明智和寬容，廣開言路，發掘培養了大量的社稷良臣。

取人之長。清代名臣曾國藩的幕府中人才濟濟，但他獨具慧眼，看中了誰也瞧不起的李鴻章。當時的李鴻章好吃懶做，表面上看幾乎一無是處。曾國藩卻發現李鴻章看事深刻，眼光敏銳，所以他一面嚴加督促責罰，一面施加恩惠，主動屈尊與其商討戰略戰術，常常通宵達旦而不知疲倦，終於造就了一個近代史上的大人物。又如「中興三傑」之一的左宗棠，雖然博學多才，但為人也非常傲慢，他得罪了許多人。曾國藩對他卻賞識有加，執意栽培他，全力扶植。左宗棠在他的支持下，勝仗打遍大江南北，也成為一代名臣。

從古人尋找「千里馬」的眾多事例來看，現代的我們是否應當從中得出更多的啟示呢？

察相第六

成敗在於決斷。以此參之，萬不失一。

譯文

一個人在關鍵時刻不能做出決斷，表示其不能成就大事。所謂「當斷不斷，必受其亂」，以這樣的原則就能做出萬無一失的判斷。

感悟人生

楚成王想立商臣為太子，一天，他因此事來徵求令尹子上的意見。令尹子上說：「商臣這個人兩眼像胡蜂，聲音像豺狼，這是生性殘忍的標誌。這樣的人不能立為太子。」楚成王不聽他的話，沒有太在意，後來商臣果然謀反，率領太子東宮的甲士包圍了楚成王，並逼他自縊而死。

楚國的司馬子良生了個兒子叫越椒。他的兄長令尹子文見了，大吃一驚：「一定要殺死他。這小子長得像熊又像虎，聲音如豺狼，現在不殺他，將來必然會使若敖氏一族滅亡。民諺說『狼子野心』，這孩子就是狼，怎麼能收養他呢？」子良不忍，沒有聽他的話。後來越椒果然造反圍攻楚莊王，被楚王擊鼓進軍打敗，若敖氏因此而遭到滅族的噩運。

周靈王的弟弟儋季去世以後，他的兒子儋括去見靈王的時候發出一聲聲的嘆息。單公的兒子公子愆期聽到了儋括的嘆息聲，便入宮對靈王說：「儋括這人，父親死了不哭泣，表明他心願不小。看人的時候煩躁不安，趾高氣

揚，證明他心思在別的事上。不殺他今後肯定要危害國家。」靈王沒在意，說：「小孩子家知道什麼？」後來，靈王剛死，儋括就想立王子佞夫。幸好，周朝的大夫統一起來殺了佞夫，儋括逃到了別國。

西元前五四八年春天，齊國的崔杼率領軍隊攻打魯國，魯襄公為此很憂慮。孟公綽說：「崔杼應有更大的心願，志不在魯，很快就會班師回國，有什麼可擔憂的呢？崔杼這次來，既不攻掠，軍紀也不嚴明，與往日大不相同。這說明他的目的不是要攻打魯國。」果然崔杼空跑一趟，很快率兵回師。回去後就殺了齊莊公。

魯國與楚國約會各國諸侯結盟。楚國的公子圍使用了國王的服飾和儀仗離開楚國去會盟。魯國大夫叔孫穆子說：「楚公子真威風啊，儼然像個國王！」這一年公子圍真的奪權篡位。

衛國的孫文子訪問魯國的時候，魯襄王上一個臺階，他也跟著上一個臺階，並且一直走在魯襄王的前面。叔孫穆子看到了，快步上前對他說：「諸侯會盟的時候，我們大王一向走在你的國君前面，今天你卻總是走在我們大王前面，不知我們有什麼過錯。請你放慢一點。」孫文子無言以對，卻也沒有悔改的意思。穆叔說：「孫文子肯定要滅亡了。他身為大臣卻要擺出一副君王的派頭，有了過錯又不知悔改，這就是滅亡的徵兆啊！」十四年後，文子繼位，被林父驅逐。

魏朝時的管輅被後世風水師推崇為祖師，因為他不僅能根據墓地「四象」預測吉凶，開「形派」風水「四勢」之論之先河，更為重要的是他精通《周易》，善於卜、相，使自己的相宅、相墓水準達到了爐火純青的境界。管輅給何晏和鄧揚相面後認為他兩個將會被誅滅。等到何、鄧死後，管輅的舅爺問他是怎麼看出來的，他說：「鄧揚走起路來腳步約束不住骨頭，筋脈約束不住肌肉，起立坐臥就像沒有手足，這種命相叫做「鬼硶」。何晏

看人魂不守舍，面無血色，神氣飄浮，相貌有如枯木，這種命相叫做「鬼幽」。有「鬼磣」相的人，將會被風收去性命；有「鬼幽」相的人，會被火燒滅。這都是自然界物質相生相剋的徵兆，是遮掩不住的。」

南北朝時宋朝的孔熙光對姚生說：「相面要首先看額頭是否飽滿，下額是否豐厚，眼神是否靈光，鼻頭是否挺直，兩眼、人中和嘴要棱角分明，五官要圓滿完整。這幾樣你一樣都沒有，而且你的眼神流動不止，好像老在觀望什麼，走路曲曲折折像羊，說話聲音嘶散低啞。你不但沒有福祿，而且要遭殃。」後果然因他謀反而被殺。

論士第七

黃石公曰：「羅其英雄，則敵國窮。夫英雄者，國家之幹；士民者，國家之半。得其幹，收其半，則政行而無怨。」知人則哲，唯帝難之，慎哉！

譯文

黃石公說：「網羅英雄豪傑，敵國就會勢窮力竭。英雄豪傑是國家的棟梁;有教養的國民是國家的基石。只有厚待棟梁之材，才能得到民眾的擁戴，國家的政策才能貫徹執行，人民也不會有怨言。」由此可知，知人然後才會明哲。對於帝王來說，這是最困難的事情。千萬謹慎啊！

感悟人生

在以前太平的時候，諸侯當時有兩支軍隊，而方伯有三軍，天子就有六軍。特別是在世道混亂時就會發生叛逆，而當王恩枯竭時就結盟、立誓，相互征伐。當政治力量勢均力敵，無法一決高下的時候，爭霸的雙方就開始招攬天下的各路英雄。其實這也可以說明，得到人才國家就會興盛，失去人才國家就會衰亡。怎麼知道是這樣呢？從前齊桓公去見一個叫稷的小吏，一共去了三次也沒有見到，侍從阻止他，桓公說：「有才能的人輕視爵位、俸祿，當然也會輕視他們的君王；君王如果輕視霸主，自然也會輕視有才能的人。所以即使稷敢輕視爵位和俸祿，難道我敢輕視霸主嗎？」於是，齊桓公就去了五次才見到稷。

《尚書》說：「能得到賢人並拜他為師的可以稱王天下。」為什麼這樣說呢？齊宣王召見顏斶時說：「顏斶你到前面來。」顏斶也說：「大王你到前面來。」顏斶到前面去是為了表明他是為權勢，而齊宣王到前面去只是為了說明他禮賢下士。

政體第八

荀悅曰：「聖人之政，務其綱紀，明其道義而已。若夫一切之計，必推其公議，度其時宜，不得已而用之，非有大故，弗由之也。」

譯文

荀悅說：「聖人的工作，是致力於法令制度的制定和闡明道德的義理。如果一切政策法規都要大家去評議，揣度它是否合乎時宜，迫不得已才採用它，若非有重大變故，不應當這樣做。」

感悟人生

在以前，有一次周武王對粥子說：「我希望守住基業就一定成功，想獲得就一定到手。怎樣才能做到這一點呢？」而粥子回答說：「攻與守的道理相同，和睦與嚴厲是基本手段。然而，守業可以依靠和睦但不可以依靠嚴厲，嚴厲不能像和睦那樣使國家穩固；和睦可以用來進取而嚴厲不能，用嚴厲的方法不如像和睦那樣容易獲得成功。諸侯發布政令，能對人民公正，是『文政』；對待士人、使用官吏都能做到恭敬有禮，是「文禮」；斷案用刑，以仁義待人，是『文誅』。以這三種政策作為國策，並作為基本理論統一國民的思想，守業不存，進取不得，這樣的情況從古至今還未曾聽說過。」

只要找到治亂之根源，以順民心，那樣的方針政策才能有好的效果。孔子曾經說過：「當權的喪失道義卻殺部下，這是不符合禮義規範的。所以三軍大敗，而沒有斬將領，那是因為執法機關沒有治理好，所以就不能動用刑罰。這又是為什麼呢？其實那是因為當權者對人民沒有進行教育，所以責任並不在民眾。而那蔑視法律而自取滅亡的則是盜賊；橫徵暴斂的則是暴君；不預先告誡民眾，卻責備求全的就是民賊。假如政治制度中沒有這三種弊端的，就能實行法治。所以宣傳文明道德來使人民心悅誠服，這樣做是行不通的，只能建立有德行的人作為榜樣來教育人民；可是如果這樣做還達不到目的的話，那就證明世風日下，還有不法之徒在為非作歹，這就不得不用刑罰嚴厲制裁了。」

東漢袁安說過：「仁、義、禮、智，是法律的基礎，法、令、刑、罰，是政治的延伸。沒有德治，法治就無從建立；沒有法制，政治制度就無法完成。為什麼這樣說呢？實施以文明道德為教化的政治制度的方法，必須以仁義禮儀教育人，然後以有教養的先進人物和事蹟示範，使人遠惡向善，使人民每日每時都表現在日常生活中，成為自覺的行動。儒家看到這種情況，於是說：『治理國家不需要刑法。』他們不明白只有對下面實施法治，仁義禮讓才會在上面形成。實施法治，是為了揚善抑惡，提倡文明，禁止荒淫。這是治國的關鍵。法家如商鞅和韓非子等人看到這種情況，於是說：『治理國家無須以仁義為本，只須推行法治即可。』結果因只有刑法而沒有仁義，人民產生怨恨，有怨恨就要憤怒。有仁義而無刑法，人民就會輕謾，邪惡就會隨之產生。以仁義為根本，靠法令來實現，雙管齊下，二者並重，這才是治理國家的最高境界。」所以，東漢末期的哲學家仲長統說：「從前秦國因商殃變法，張彌天之法網以便嚴密控制天下蒼生，然而陳勝在大澤鄉振臂一呼，天下回應。舉國上下都不願為朝廷效力，這都是因為老百姓極度的怨恨鬱結於心的緣故。」

君德第九

理國之本，刑與德也。二者相須而行，相待而成也。天以陰陽成歲，人以刑德成治，故雖聖人為政，不能偏用也。故任德多，用刑少者，五帝也；刑德相半者，三王也；仗刑多，任德少者，五霸也；純用刑，強而亡者，秦也。

譯文

治國的根本問題是怎樣用刑法與仁德，正確的方針是二者都不偏廢，相輔相成。天以陰陽二氣構成一年四季，人以刑德二法構成治國之道。所以即便是聖人執政，也不可偏用其一。以這樣的觀點來看，運用仁德較多、刑法較少的是五帝，刑德並重的是三王，刑法較多、仁德較少的是五霸，只用刑法暴力而亡國的就是秦了。

感悟人生

孟子道性善，言必稱堯舜

戰國時代的滕文公，據說是復興滕國的「聖人」、「賢君」。在他還是世子的時候，有一天要到楚國去，經過鄒國時他去拜訪了孟子。孟子就給他講善良是人的本性的道理，話題都是圍繞著堯舜進行的。

滕文公從楚國回來的時候，又去拜訪了孟子。孟子說：「世子不相信我的話嗎？道理都是一致的啊。成脫曾經對齊景公說：『他是個男子漢，我也是個男子漢，我為什麼怕他呢？』顏淵說：『舜是什麼人，我是什麼人，有作為的人也會像他那樣。』公明儀說：『文王是我的老師，周公難道會欺騙我嗎？』現在的滕國，方圓有將近五十里吧，如果你用心去治國，還可以治理成一個好國家。《尚書》說：『如果藥不能使人頭昏眼花，那病是不會痊癒的。』」

滕定公死了以後，滕文公對老師然友說：「上次在宋國的時候孟子和我談了許多，讓我受益頗多，許多話我記在心裡久久不能忘記。今天父皇不幸去世，我想請您先去請教孟子，看看怎麼做，然後再辦喪事。」

然友便到鄒國去向孟子請教。

孟子說：「好得很啊！父母的喪事本來就應該盡心盡力地去辦。曾子說：『父母活著的時候，兒女按照禮節侍奉他們；父母去世的時候，兒女按照禮節安葬他們，這就可以叫做孝順了。』諸侯的禮節，我沒有專門學過，也聽說過。我只知道，在父母三年的喪期中，兒女要穿著粗布做的孝服，喝稀飯。從天子一直到老百姓，夏、商、周三代都是這樣的。」

然友回國後，將孟子的這些話報告給了滕文公，滕文公便決定依照孟子所說實行三年的喪禮。滕國的父老和官吏卻都反對。他們說：「我們的宗國魯國的歷代君主都沒有這樣做過，我們自己的歷代祖先也沒有這樣做過，到了您這一代便改變我們祖先原來的做法，這是不應該的。而且《志》上說過：『喪禮祭祖一律依照祖先的規矩。』還說：『道理就在於我們有所繼承。』」

滕文公對然友說：「我過去不曾做過什麼學問，只喜歡跑馬舞劍。現在父老官吏們都對我實行三年喪禮不滿，恐怕我處理不好這件大事，請您再去替我問問孟子吧！」

然友再一次來到鄒國向孟子請教。孟子說：「要堅持這樣做，不可以改變。孔子說過：『君王死了，太子把一切政務都交給家臣代理，自己每天喝

稀粥。臉色沉重，就臨孝子之位便哭泣，大小官吏沒有誰敢不悲哀，這是因為太子親自帶頭的緣故。』在上位的人有什麼喜好，下面的人一定就會喜好得更厲害。領導人的德行是風，老百姓的德行是草。草受風吹，必然隨風倒。所以，這件事完全取決於世子。」

然友回國後把孟子的這些話報告給了滕文公。

滕文公說：「是啊，這件事確實取決於我。」

於是滕文公在喪廬中住了五個月，沒有頒布過任何命令和禁令。大小官吏和同族的人也都不再反對，認為滕文公這樣做很知禮。等到下葬的那一天，許多來自四面八方的人都來觀看，大家看到滕文公悲傷的面容，哭泣的哀痛，都感到很滿意。

臣行第十

夫人臣萌芽未動，形兆未見，昭然獨見存亡之機，得失之要，豫禁乎未然之前，使主超然立乎顯榮之處。如此者，聖臣也。

譯文

當官的，如果能在天下大事還處在萌芽階段，沒有形成規模的時候，局勢的兆頭還沒有顯現的時候，就已經洞燭先機，獨具慧眼，知道哪些事可做，哪些事不可做，存亡、得失的關鍵都事先看得到，把握得住，在大火燃燒起來之前就能預先防止，使他的主子超然獨立，永遠站在光榮偉大的一面。能夠具有這種才能、境界的大臣，堪稱第一流的官吏，王者之師。這種大臣便是聖臣。

感悟人生

比干出生在殷商時期，是沫邑人，他是商朝第十六代王帝乙的弟弟，按照當時的商朝的繼承法，長子應該繼位，次子分封。比干不但是封王，而且還是當時商朝最高的政務官「少師」。帝乙在位很短，臨終時，他與兩個弟弟比干和箕子商量王位繼承人的事，箕子建議立賢能善良的大兒子微子，比干則不同意他的意思，比干主張讓小兒子帝辛繼承王位。比干對帝乙說，微子雖是長子，但不是帝乙的正妻所生，帝辛雖小，卻是嫡子。最終帝乙採納了比干的意見，讓帝辛繼承了王位。其實比干力爭帝辛繼承王位，並非完全

為了維護商朝的繼承法，更重要的是他偏愛這個姪子。據太史公的記載，帝辛「資辨捷疾，聞見甚敏；材力過人，手格猛獸」，無論是頭腦還是四肢，都很發達。有一次，王宮裡面的一根頂梁柱壞了，工匠準備搭一個架子，把梁給頂住，然後再換一個新的柱子。帝辛見到後，對工匠說：「你們不要麻煩了，我用手托著房梁，你們就可以換了。」

紂王剛剛即位的時候，他的所作所為，可以稱得上英雄明君主，他親自率領大軍東征徐夷，在戰場上英勇殺敵，可以說是驍勇無比，嚇得徐夷酋長反綁著雙手，嘴裡銜著玉璧，身穿著孝服，拉著棺材向紂王投降。紂王率領軍隊一直打到長江下游地區，東夷部落紛紛臣服。當紂王凱旋時，比干帶著文武大臣，步行幾十里前來迎接紂王。

沒有過多長的時間，紂王很快就「腐化墮落」了，他不但大興土木，而且還強迫奴隸為他修建宮殿，還建造了一座高高的摘星樓，整天在摘星樓上與美女、美酒相伴，朝朝笙歌，夜夜曼舞，從此商朝的國都就改名為朝歌了，也就是現在的淇縣。

史書上記載紂王的種種劣跡完全能讓後人忘記他曾經有過的功勞。紂王有一次正和妲己飲酒的時候，遠遠望見一老一少正在渡河，小的走在前面，已經過河而去，老的還在後面猶豫不敢向前進。紂王看到這個場面就說：小孩骨髓旺，不怕冷；老人骨髓空，怕冷。妲己不信，於是紂王就命士兵把一老一少抓來，用斧子砸開他們的腿骨讓妲己看。這條河從此被叫做「折脛河」。

比干看到紂王的所作所為，心裡很難過，就坦率地直諫，並且帶著紂王去太廟祭祀祖宗，還給他講歷代先王的故事：商湯創業時的艱難，盤庚用茅草蓋屋，武丁和奴隸一起砍柴鋤地，祖甲約束自己，喝酒從來不過三杯，唯恐過量誤國……雖然紂王表面點頭稱是，可是他並無真正改過之心，而且變

得愈加荒淫暴虐。他不但在王宮裡「流酒為池，懸肉為林」，而且還表演「真人秀」，「令男女裸而相逐其間，是為醉樂」。

紂王的愛妃妲己很喜歡看到人受虐的情景，於是她發明了一種被稱為炮烙的刑具，這種刑具是用銅做成空心的柱子，在行刑的時候，需要把犯人的衣服脫光，然後綁在柱子上，再把燒紅的炭火放進銅柱子……

不但如此，妲己還說她有辨認腹中胎兒是男是女的本領，紂王不相信，就抓來了一百個孕婦來做實驗。妲己讓這些孕婦們先坐下然後再站起來，然後就對紂王說：「先抬左腿者是男，先抬右腿者是女。」紂王為了驗證妲己的說法，於是就命人當場剖腹來進行檢驗……

比干看到紂王和妲己把害人當成是一種樂趣，氣得渾身發抖，一邊自言自語「我是皇伯，強諫於王」，一邊疾步走到紂王面前，直言他所犯的錯誤，並且請求將妲己斬首，全門賜死！紂王憤憤地坐在那裡，一句話也不說。比干繼續說：「當年湯王時，天下大災，餓殍塞途，湯王下車撫屍而哭，自責自己無德。又立即開倉濟貧，饑者得食，寒者得衣，天下稱頌。你今天的作為與先王的仁政背道而馳，若不悔改的話，天下就要大亂了！」紂王聽完之後氣得拂袖而去。

比干回到家中後，把箕子和微子請來商議，讓他們也向紂王進諫。第二天，箕子去勸紂王，紂王不但不聽，還把箕子的頭髮剪掉，並把他囚禁起來，微子進諫，紂王照舊不聽，微子沒有辦法，只好抱著祖先的祭器遠走他鄉。其中大臣辛甲進諫了七十五次，紂王絲毫沒有一點改過之心，辛甲無奈，於是投奔了周文王。許多大臣看到紂王已經無可救藥了，紛紛棄商投周。此時的紂王已經落到了眾叛親離的地步。而這個時候，周武王率軍東征已經打到了孟津，其中背叛殷商來和周會盟的大小諸侯有八百多個，商王朝已是風中殘燭了。

比干認為既為人臣子，就不應該像微子那樣說走就走，他認為就是殺頭挖心也要據理力爭。「主過不諫非忠也，畏死不言非勇也，即諫不從且死，忠之至也。」看到這種局面，他冒著滅族的危險，連續三天進宮抨擊紂王的過錯。

在比干連日責備之下，紂王無言以對，惱羞成怒地喝問：「你為什麼要這樣堅持？」比干說：「君有諍臣，父有諍子，士有諍友，下官身為大臣，進退自有尚盡之大義！」紂王又問：「何為大義？」比干答：「夏桀不行仁政，失了天下，我王也學此無道之君，難道不怕丟失了天下嗎？我今天來進諫，正是大義所在！」紂王聽到這裡勃然大怒，於是說：「吾聞聖人之心有七竅，信有諸？」說完後，命人剖胸取心，比干毫無懼色，慷慨就戮……

今天，透過讀《史記》，回到當年的歷史現場，仍能嗅到濃濃的血腥，三千多年前那慘烈的一幕幾乎抹去了整個商王朝的亮色，而比干捨生取義的浩然正氣卻永遠留在人間，引領著歷代諫臣前仆後繼，赴湯蹈火。

在中國幾千年的官僚歷史上，忠臣勸諫可謂是一道獨特的風景，為人臣者因直諫而遭迫害，甚至有的還付出了生命，這樣的事蹟幾乎歷朝歷代都有，文學作品中類似的情節更是比比皆是，其中無疑有比干的「模範」作用。三千多年前，比干第一個為後人創造了一個難以逾越的「死忠」標準，正如後世人所評論的「自古拒諫之君莫甚於紂，自古死忠之臣莫甚於比干」……

從另外一個方面來看，「比干剖心」的故事之所以在民間婦孺皆知、長盛不衰地流傳，也是因為它恰好符合傳統文化的模式，例如「報恩」的情節，紂王之所以能繼承王位，比干扮演最關鍵的作用，從這個意義上講，比干有恩於紂王，但紂王恩將仇報，立刻引起人們的巨大憤慨；比干忠心為國，更易激起老百姓的同情。

德表十一

夫天道極即反，盈則損。故聰明廣智，守以愚；多聞博辯，守以儉；武力毅勇，守以畏；富貴廣大，守以狹；德施天下，守以讓。

譯文

天道運行的規則永遠是物極必反，盈滿則虧。所以做人要想保持大聰明、大智慧的優勢，就必須使自己處於虛靈若愚的心理狀態中；要想保持多聞廣見、博學能辯的優勢，就必須讓自己覺得永遠孤陋寡聞，才疏學淺；要想保持武勇剛毅的優勢，就必須使自己明白天外有天的道理，永遠處在有所敬畏的狀態；要想保持富貴顯赫、廣有天下的優勢，就必須讓自己現在所享有的永遠有所節制，局限在最小限度內；要想兼濟天下，恩澤蒼生，就必須保持謙讓恭順的美德。

感悟人生

國家的興衰成敗往往與統治階級的用人原則有很大關係。而用人最重要的是要知道每個官員的優缺點，以及怎樣使用他們才能揚長避短。也就是我們說的要知人善任。

縱觀中國的歷史，但凡賢明的君主，大都是能知人善任、破格選拔、聽取意見，從而使國家出現太平盛世、人民安居樂業的局面。而一些昏庸的統

治者，往往不辯是非、任用奸臣，結果對不起自己的皇祖皇宗不說，倒使自己落得悲慘的下場。

春秋戰國時期，各個諸侯國為了在爭霸中占有優勢，都非常重視人才的選拔。如齊桓公重用管仲，確立了其中原霸主地位；秦孝公重用商鞅，為秦統一六國奠定了基礎。以後各朝各代的君主，也都有各自的用人方法，從而在中國歷史上演繹著一幕又一幕生動的用人故事。

漢武帝用人

漢武帝以前，由於前秦戰亂，百廢待舉，因而從漢高祖至文景之治，都是採用休養生息的政策。同時，漢朝歷代帝王都崇尚黃老學說，在管理上講究無為而治，這樣雖然有助於經濟的復甦，但對國家管理來說，則存在思想封閉、獎懲不明、人浮於事的弊端。出現了中央集權弱化、諸侯各霸一方、中央與地方溝通嚴重不足、政令不通的局面。在人才的任用上，裙帶關係和門第之風盛行，阻礙了對優秀人才的選拔。在對外政策上，漢朝一直以和親來換取和平，因而軍隊戰鬥力低下，致使匈奴邊患越發猖獗，不斷在邊境擄掠滋事，侵土擾民。如此囂張氣焰再不予以打擊，勢必會危及到漢朝政權。

漢武帝不愧是一位有著「雄才大略」的皇帝，他登基以後，深諳其危害，遂採取一系列的管理改革措施，且取得了很大的成功。

為了加強中央集權，他建立了一套選用官吏的制度。漢武帝以前，中央政府的大官，多是功臣或功臣子弟，一般官吏大都由郎官出身。郎官是侍衛皇帝左右的小官，人數很多，如果不是出身官家或有中等以上財產的人，是很難做到郎官的。這樣一來，官吏的來源很狹隘，不能適應中央集權制度下官僚機構擴大的要求。當時，新興的地主階級的力量更加強大了，他們迫切要求有政治上的地位。漢武帝為了取得地主階級的支持，又採用了所謂「破格用人」的政策，把地主階級中的知識分子大量提拔上來，充當中央和地方的官吏，從而加強了自己的統治力量。

他還把以前沒有被重視的「察選」制度，被擴大和發展：命令各級官吏保舉賢良、方正、直言、極諫之士，聽候甄別試用。著名的學者董仲舒和公孫弘，就是經過「賢良」的策試（考試）而被重用的。後來漢武帝又採納了董仲舒的建議，命令郡國每年舉孝（孝悌的人）、廉（廉潔的官吏）各一人。對於那些具有一定條件而又不肯「出仕」的人，則由政府來「徵召」。被徵召的人由漢武帝親自召見，被認為合格的，就授給官職。漢武帝還用「公車上書」的辦法，使官吏人民都可以上奏章給皇帝建議國事，意見合他要求的，就根據上書人的特長授給相關官職。像東方朔、主父偃、朱買臣等著名漢臣，都是由於上書言事而後被重用的。

此外，漢武帝還設立了「大學」，透過學校來選拔官僚。

透過以上的政策和改革，漢武帝大大加強了秦始皇曾經發展過的官僚制度。用從「民間」（實際上是地主階級中間）選拔出來的官僚來代替享有世襲特權的貴族，這就是官僚制度的特色。這種制度在以後兩千年的封建社會裡，一直被歷代的統治者所沿用。

漢武帝用人的思想，對當代企業管理的借鑑意義：

第一，強化中央集權，分散諸侯王的權力。西元前一二七年（漢武帝元朔二年），漢武帝採納主父偃的建議，頒布「推恩令」，規定諸侯王除以嫡長子繼承王位外，可以推恩將自己的封地分給子弟，由皇帝制定封號，以此從王國裡分出許多諸侯國。諸侯國列侯只能衣食租稅，不能過問政治。王國封地愈來愈小，權力也愈來愈分散，再也沒有力量跟中央抗衡了。這一舉措使中央的權威大大加強，成為他以後一系列政策實施的有力保障。

時間雖然相隔近兩千年，但很多東西還是很相似。當代一些企業，特別是駐外機構的企業，常常是總部的政策到了下面就嚴重變形，駐外機構負責

人擁權自重，對公司陽奉陰違，甚至採用一些欺騙的手段蒙蔽公司，使得公司的政策和策略無法順利實施，這正說明駐外機構的負責人權力過於集中，而總部又缺乏對駐外機構的有效管理和監督機制，最終導致「諸侯」各霸一方的局面。

第二，摒棄舊的人才觀，任人唯賢，並注重對人才的培養。漢武帝繼位後實行的「察選」政策，打破了傳統的門第之見，這是個非常了不起的改革。其中有名的賢臣良將董仲舒、東方朔、衛青和霍去病，就是這樣被選拔出來的。尤其值得一提的，是兩位有名的大將軍衛青和霍去病。衛青原為平陽公主家的騎奴，善劍術又通兵法，漢武帝沒有因為他出身卑微而棄之不用，而是讓其在羽林軍中接受嚴格而系統的軍事培訓後委以重任，直至做到大將軍。霍去病是衛青的外甥，少年熟讀兵書，極具軍事天賦。漢武帝不遺餘力加以培養，「年十八為侍中。善騎射，再從大將軍。大將軍受詔，予壯士，為驃姚校尉」，最終成為一代名將。霍去病也是漢武帝在人才儲備上的經典案例。當時，趙信返回匈奴，趙信在衛青手下為將多年，十分了解衛青的作戰方式。因此在攻打右賢王部的時候漢武帝改派年輕的霍去病，使匈奴摸不透其戰術。漢武帝當時對衛青說：「趙信深知你的作戰方法，幸虧我留有一個棋子，是該用他的時候了。」其深謀遠慮不能不讓人感嘆！

同樣的，選拔和培養人才也是令現代企業頭痛的問題之一。在一些企業（特別是一些民營企業），在用人上任人唯親，門第之見嚴重。翻翻現在的徵人廣告，滿目充斥的都是諸如高學歷和嚴格的工作經驗的要求。高學歷就一定意味著高能力嗎？而很多高學歷的人入職後根本無法勝任工作。在人才的培養和儲備上則做得更不如古人，一些企業甚至根本就沒有培訓，更談不上對人才從遠期目標上進行戰略儲備了。

第三，充分授權，注重目標管理。授權和管理一直是困擾現代企業的一個難題。而兩千多年前的漢武帝，早已是深諳其道理。上谷一役，就是充分授權衛青的結果。其強調的是在目標確立的情況下，「將在外軍令有所不受」，注重的是領導者的靈活性和自我判斷力，而漢武帝作為最高決策者，關注的是長遠的戰略規畫和發展目標乃至戰略目標的最終實現！

而現代很多企業卻責權不分，只強調責任而不授予對等的權利，高層領導者事無鉅細一把抓，下屬事事都要向其請示，最後使得員工的主動性和自我判斷能力越來越差。如果企業的高層領導者能有漢武帝那樣的用人膽略與智謀，那麼企業就不怕發展不起來了。

第四，法紀嚴明，獎懲分明。曾有人問過漢武帝，大將李廣屢有戰功，匈奴稱之為「飛將軍」，對皇上又忠心，可為何不封侯呢？漢武帝說：「我只按斬敵數封賞，如果按資歷封賞必將造成軍士的不服，使軍心渙散。」上谷大戰「衛尉廣為虜所得，得脫歸，皆當斬，贖為庶人」、「青至籠城，斬首虜數百。騎將軍敖亡七千……惟青賜爵關內侯」。

而在現代企業中，按資排輩，依個人的好惡獎罰。這種獎懲不明已經成了許多企業的一個通病。有些企業要等到領導者位置空缺，才提拔新的領導者，而不是按能者上、庸者下的原則。在對員工的考核上，憑主觀好惡，這在很大程度上打擊了優秀員工的積極性，使得人心渙散。企業凝聚力弱化，這才是企業難以蒸蒸日上的致命弱點。

古語云：「以古為鑑，可知興衰。」企業高層管理者如果悉心學習漢武帝不拘一格用人才，雄韜大略制國事的雄才、智勇之舉，對自己將是一個很大的進步。只有不斷提高自己，改善管理，才能引領企業不斷壯大！

思科公司：人皆有股

思科公司（Cisco Systems, Inc.）要面對每年百分之六十的增長速度，為了留住原有人才，並吸引優秀人才到思科來，安安心心地為思科進行研究

開發，總裁錢伯斯（John Thomas Chambers）採用了「人皆有股」的辦法。這一方法非常有效，而且對公司的發展功不可沒。

思科不像其他矽谷公司那樣，僅把公司期權全部或大部分分配給高級管理層，錢伯斯實行的是真正意義上的「人皆有股」，也即是它的每個員工都持有股份。思科的薪水結構由三部分構成：一為薪水，二為獎金，三即是股票。思科一年會做一至二次薪水調整，並且在不斷更新。薪水漲幅跟每個人的能力直接掛鉤，業績好會多漲，業績平平漲得少。而在思科，員工們對薪水多少並不是很關心，他們更關心的是透過自己的努力工作，可以擁有多少股票。因為，這幾年員工手中的思科股票，每年增值最少要翻一番，所以在矽谷盛傳著這種說法：年僅三十來歲的思科年輕技術人員隨隨便便就能丟下八十萬美元買下一幢人人稱羨的豪宅。

「人人皆有股」的股權制度成為它拴住人才的金繩：只要留在思科努力工作，自己也能有很大的「錢」途。從「人人皆有股」的制度中，依靠公司分配的期權股票，以錢伯斯為首的思科人才團隊也大幅度地增加了收入。比如在一九九九年度，思科支付給錢伯斯的薪金加上各種獎金及補貼僅九百四十五萬美元，但分配給他的期權股票卻使他當年的額外收入達到了十二億美元之鉅。

摩托羅拉公司：培訓「知識工作」

摩托羅拉公司（Motorola）的首席執行官經常對技術人員講，摩托羅拉不再需要有四年學歷的工程師而是有四十年學歷的工程師。他認為，摩托羅拉這樣的公司必須強調終身不斷學習，才能使人們向傳統發出挑戰。一九九三年七月公司設立摩托羅拉大學。

摩托羅拉大學校長介紹：「公司對員工的培訓是不管職位高低的，任何人每年都必須接受至少五個工作日的培訓。」而摩托羅拉大學遠遠超過了這

個目標，員工平均每年參加一百個小時的培訓。目前摩托羅拉大學每年提供一百七十多門培訓課程，摩托羅拉公司每年用於員工的培訓支出超過十億美元。

3M公司：發揮個人創造性

幾乎年年被《幸福》雜誌評為「最受企業界欽佩」企業的 3M 公司，一貫非常重視發揮個人的創造性。3M 公司以技術人員在工作時間安排上有極大的自主權而著稱。公司甚至鼓勵技術人員拿出三成的工作時間來研究個人的計畫。

公司還鼓勵每一位員工吸收他人成果，為己所用。這一點在科研以及開發新產品時尤其重要。有時，某個專案上出現的難題恰恰是公司裡做另一個專案的人早已解決了的。這種情況在 3M 公司科研過程中並不罕見。

此外，3M 公司還經常表彰那些最有創造力的員工，並且公司每年都舉行隆重的儀式，將其中表現最突出的個人吸收到正規的「科學院」裡來。

奇異公司：「三百六十度評價」

所謂「三百六十度評價」，是奇異公司（General Electric Company）的一大人才培養特色。每個員工都要接受上司、同事、部下以及顧客的全方位評價，由大約十五個人分五個階段做出。評價的標準也就是日常工作中是否按照公司的價值觀行事。總裁威爾許十分強調統一的價值觀。他明確表示，即使工作成績出色，但如果不能具備公司的價值觀，那樣的人，公司也不會要。

威爾許說：「在奇異工作，你每天都應該感到驕傲。」他強調，「奇異」從不在意員工來自何方、畢業於哪個學校、出生在哪個國家。「奇異」擁有的是知識界的精英人物，年輕人在「奇異」可以獲得很多機會，根本不需要

論資排輩。「奇異」有許多三十剛出頭的經理人，他們中的大部分則在美國以外的國家受教育，而且在提升為高級經理人員之前，他們至少在「奇異」的兩個分公司工作過。

理亂十二

論曰：夫能匡民輔政之臣，必先明於盛衰之道，通於成敗之數，審於治亂之勢，達於用捨之宜，然後臨機而不惑，見疑而能斷。為王者之佐，未有不由斯者矣。

譯文

結論：能夠匡扶世道人心、輔佐國家大政的權臣，務必要先明白盛衰的道理，精通成敗的氣運，研究造成大治或大亂的體制根源，通曉各級領導者的任用和罷免的規矩，再加上面臨紛繁複雜的時局而不迷惑，遇到疑難、棘手的問題能斷決。作為君王的輔相，古往今來，沒有不首先從這裡做起的。

感悟人生

假如一個國家處在混亂、危亡的時期，都會有什麼現象發生？又怎樣才能得到解決的辦法呢？或者說還能不能治理呢？

在每一個朝代，無論它建國時有多麼強大、威武，最終總是由於種種原因，不得不走向衰亡，合久必分，分久必合，這是歷史發展的規律。所不同的就是，有的朝代持續的時間長，有的朝代持續的時間短，有的朝代在國家面臨危亡、動盪不安的時候，能有賢明的人士救國家於危難，從而延長這個朝代的存在時間，有的朝代卻只能在動亂中曇花一現。究其原因是多方面的。以歷史為鏡子，可以知興衰，它總是給我們留下很多的教訓，而且也教

會了我們如何做事。

春秋歷史舞臺上的周天子，與西周時期的周天子不可同日而語，其政治、經濟地位一落千丈，變成了名義上的天下「共主」。

而最終導致王室衰落的主要原因是多方面的。

第一是王室經濟地位的下降。周王室東遷以後，關中地區為犬戎等少數民族所占據，周王室喪失了舊都關中地區廣闊而富饒的土地。而春秋時期王室能控制的地盤和人口也越來越少，經濟實力與西周時期差得太遠了。經濟地位的下降，顯然是導致王室衰弱的一個重要原因。

第二是諸侯國家的不斷壯大，也是導致王室衰弱的最重要原因。有些諸侯國地廣人眾，經濟實力雄厚。隨著諸侯國經濟地位的提高，他們在政治上也開始不服從周王室。春秋時期，周天子與一些諸侯的關係實際上顛倒過來了，經濟上需要諸侯的援助，政治上尋求諸侯的保護，天子調動不了諸侯，甚至還要朝見諸侯霸主。有的諸侯國不但在政治上不服從周天子，經濟上不向王室納貢，甚至還和周天子兵戎相見。到了春秋中晚期，周王室的地位更是一落千丈，如同小國一般。

春秋時期邦國成立，見於史書記載的就有幾十個。它們活躍在春秋歷史的舞臺上，相互展開了以奪取土地和人口、掠奪財物為目的的戰爭。

春秋時期出現大國爭霸的主要原因是：第一，周天子失去了對天下的控制，這是大國爭霸出現的前提。第二，各諸侯國家政治、經濟發展的不平衡，導致了弱肉強食的爭霸局面。第三，戎狄蠻夷等少數民族進入中原，為大國爭霸提供了有利時機。

春秋時期的爭霸主要是齊、晉、楚、秦四國，宋國也曾有過曇花一現的霸業。吳、越爭霸已是春秋晚期，且局限於東南一隅，對中原地區影響不大。

春秋歷史上的著名霸主被稱為「春秋五霸」，關於春秋五霸有兩種說法：一說是指齊桓公、宋襄公、晉文公、秦穆公、楚莊王；另一種說法是指齊桓公、晉文公、楚莊王、吳王夫差、越王勾踐。

春秋中期以後，晉、楚爭霸越來越激烈，黃河和長江流域的大小諸侯國幾乎都捲入了戰爭，兵連禍結，無有寧日。特別是地處中原地區的諸侯國，所受戰爭的危害更為嚴重，小國普遍厭戰。此外，晉、楚兩個大國勢均力敵，誰也無法吞併對方，加之國內政治鬥爭的複雜，也各想暫時休戰。在這種背景之下，常常會出現旨在停止戰爭的「弭兵」運動。

弭兵運動是由常常處於交戰狀態的宋國發起的，前後總共有兩次。第一次是在西元前五七九年，由宋國大夫華元發起，後因楚國撕毀盟約而沒有成功。第二次是在西元前五四六年，由宋國大夫向戌發起，會議確立晉、楚兩個大國同做盟主，除齊、秦外，其餘小國要同時朝見晉、楚，向兩國同時納貢。第二次弭兵大會以犧牲小國的利益，晉、楚平分霸權為條件取得了成功。在此後的日子裡，晉、楚兩國幾十年間沒有發生過大的戰爭，黃河流域的爭霸戰爭就此告一段落，從此以後，歷史就進入了春秋晚期。

在春秋時期，大國發動了爭霸戰爭，而不可避免地給社會帶來了種種慘禍、災害和痛苦，但也產生了有利於歷史前進的客觀效果，加快了中國統一的步伐，從而加速了新舊制度的更替過程，進一步促使了民族的大融合。

在西漢中後期，隨著地主經濟的發展，官僚、地主、豪商橫徵暴斂，當然還利用災荒大量兼併土地，逼得農民陷入「賣田宅，鬻子孫」的悲慘境地，土地兼併與奴婢問題是這一時期的主要社會問題。

在漢武帝時，因為頻繁的戰爭消耗了大量的人力物力，再加上統治階級日益奢侈腐朽，極度揮霍，進一步加重了人民的負擔。漢武帝晚期，各地相繼爆發起義，嚴重地威脅了西漢王朝的統治。漢武帝曾多次發兵鎮壓起義，再加上統治階級內部發生的嚴重政治危機「巫蠱之禍」，起義不但未因此而

銷聲匿跡，還使政治局勢日趨惡化。這一切都迫使漢武帝晚年改變其統治政策。他頒布了〈輪臺罪己詔書〉，表示要「禁苛暴，止擅賦，務本農」，停止了對外戰爭，轉向對內政整頓。他同時又積極發展生產，封丞相車千秋為富民侯，以示「與民休息」、「思富養民」，藉以緩和階級矛盾，以便社會逐漸安定。昭宣時期，他進一步奉行漢武帝的這一政策，減少徭役和賦稅，採取了一些促進經濟發展的措施，便於社會得到安定，稱之為「宣帝中興」。

西漢後期，因為統治階級日益腐朽，階級矛盾進一步尖銳。土地兼併，政治黑暗，是西漢晚期階級矛盾尖銳的主要原因。社會危機越來越嚴重，從而為王莽篡位提供了有利條件。

王莽在平帝時強奪了王位，建立「新」朝，並進一步推行了一系列改革措施，其主要內容有：

· 「王田、私屬」政策
· 「五均」、「六筦」
· 改革幣制
· 改革中央機構

王莽改制很快就以失敗告終，因為他的改制首先遭到貴族、官僚、地主階級的反對；同時改制也未給人民帶來好處；加之他又徵發三十萬人準備進擊匈奴和東北各族，激化了民族矛盾，也給人民造成負擔。王莽改制失敗進一步加劇了各方面的矛盾，但王莽能抓住西漢末年社會的主要矛盾進行改革，雖然遭受到失敗，但在某種程度上卻有其進步的社會意義。

西漢末年，大規模的起義爆發，在起義軍的強大威勢下，新莽政權上層統治集團也發生了分裂。王莽外有出師之敗，內有大臣之叛，朝廷一片混亂。這時，隗囂從天水（今甘肅莊浪）起兵，鄧曄、于匡從析（今河南西峽）起兵，三輔豪傑也紛紛起兵響應起義大軍。在反新莽大軍逼近長安時，王莽組織城中囚徒出城抵抗。後來，綠林軍攻入長安，王莽被殺，新莽政權也隨之滅亡了。

東晉後期，統治集團內部的矛盾鬥爭不斷。淝水之戰後，謝安因為聲望極高，招致東晉孝武帝的猜忌，驅出鎮廣陵，不久後病死。孝武帝遂將胞弟司馬道子任為司徒、錄尚書事，代謝安為相。司馬道子專權自恣，暴橫跋扈，又引起孝武帝的不滿，遂以王皇后之兄王恭為南兗州刺史，又以殷仲堪為荊州刺史，以分道子之權。道子又引王國寶和王緒兄弟為心腹，用以對抗王恭和殷仲堪。

王恭和殷仲堪看到司馬道子專橫暴虐，心懷不滿，遂相互聯合，於晉安帝隆安元年（西元三九七年）分別從京口和武昌向建康進攻，司馬道子被迫殺王國寶兄弟，請求退兵。不久，王、殷二人又聯合廣州刺史桓玄等，再次進攻建康。之後由於北府兵將領劉牢之受司馬道子誘降倒戈，王恭被殺，最後各路軍遂倉惶而逃。

開始進攻建康的諸路軍退至潯陽（今江西九江）後，共推桓溫之子桓玄為盟主，桓玄遂乘機火拼了殷仲堪，控制了荊州，兵馬日盛。元興元年（西元四〇二年），司馬道子發兵進攻荊州，桓玄又收買了北府兵將領劉牢之，遂長驅直入，攻占建康，道子被殺。過了不久之後，桓玄逼晉安帝退位，自己稱帝，建國號楚。

桓玄建楚後，為了進一步鞏固帝位，迫使劉牢之自刎而死，又起用了一批中下級年輕將領，企圖將北府兵變成自己的私人武裝。北府兵將領劉裕雖表面迎合，暗中卻進行倒桓準備。元興元年（西元四〇二年），劉裕在京口起兵，率北府兵攻入建康，擊殺桓玄，扶晉安帝繼位，遂控制了東晉大權。義熙六年（西元四一〇年），劉裕北伐，滅南燕；次年，擊敗了盧循起義；

十三年，滅後秦；年底，劉裕稱宋王。晉恭帝元熙二年（西元四二〇年），代晉稱帝，東晉亡。

唐玄宗天寶十四年（西元七五五年），身兼范陽、平盧和河東三鎮節度使的安祿山夥同部將史思明起兵反唐，先後攻陷東、西兩京，戰事持續了八年之久。直到唐代宗廣德元年（西元七六三年）才被平定，史稱「安史之亂」。從此之後，唐王朝由盛轉衰，一蹶不振。

大約長達八年的安史之亂，使北方的社會經濟遭到很大的破壞，並且釀成了藩鎮割據之禍，進一步破壞了唐朝的經濟發展。

藩鎮割據，從唐德宗開始，大概經歷了傳子制之爭、涇原兵變和淮西之役三個階段。

建中二年（西元七八一年），成德節度使李寶臣死，其子李惟岳請為留後，實行藩鎮傳子。德宗不允，戰事遂起。李惟岳雖兵敗被殺，但因在瓜分成德領地時，諸將不服，幽州朱滔又聯合魏博田悅、淄青李納和淮西李希烈等再次舉兵叛亂。

建中四年，李希烈圍襄城，唐德宗急忙抽調涇原兵五千人赴援。由於沒有賞賜出界錢糧及犒師飯菜粗糲，涇原兵士嘩變，並推原涇原節度使朱泚為帥，將德宗包圍在奉天（今陝西乾縣）城中達一月之久，後被入關赴援的神策軍將李晟率部平定。朱滔等人亦相繼表示歸順朝廷，由傳子制之爭引起的藩鎮叛亂至此平息。

唐憲宗元和九年（西元八一四年），淮西節度使吳少陽死，其子吳元濟自稱留後，並派兵四出搶掠。唐憲宗在宰相武元衡和大臣裴度的支持下，發兵進討。由於統兵將帥擁兵自重，軍令不一，加之淮西和河北同時用兵，戰線過長，故戰事拖延了三年，毫無進展。後來，名將李晟之子李愬被任為西線統帥，宰相裴度又親臨北線督戰，戰事才出現轉機。元和十四年，李愬於雪夜攻入蔡州，一舉俘獲了吳元濟，遂取得了淮西之役的全面勝利。

唐後期由於宦官掌握了中央禁軍的權力，權勢日盛，以致形成了宦官專權的局面，甚至可以廢立皇帝。於是，皇帝利用朝官，朝官依靠皇帝，向宦官展開奪權鬥爭。這種宦官與朝官之間的鬥爭大致有以下幾次：

唐德宗死於永貞革新貞元二十年（西元八〇四年），當順宗即位後。唐順宗因為有病不能理事，時任起居舍人和翰林學士的王叔文和王伾遂專制朝政。他們先後引進柳宗元、劉禹錫、韋執宜、韓泰、韓曄、陳諫、淩准、程異等，發布了廢「宮市」和五坊小兒，禁止節度使向皇室進奉財物的「月進」、「日進」等一系列革新措施。後又派大將范希朝接管宦官的神策軍兵權。以俱文珍為首的宦官集團當下發動宮廷政變，逼迫順宗禪讓帝位，立太子李純為帝，是為唐憲宗，並改元號為永貞，且王叔文、王伾二人被貶殺。

唐文宗即位後不久，就發生了甘露之變。唐文宗鑑於他的祖父憲宗李純、父親穆宗李恆、長兄敬宗李湛等都是被宦官廢殺或扶立的，故對宦官專權深惡痛絕，決心依靠和利用朝官李訓和鄭注剷除宦官勢力。太和九年（西元八三五年）十一月，李訓謊稱金吾廳石榴樹上夜降甘露，企圖在宦官前往觀看時，最後將其全部都殺害。不料事泄，宦官遂派禁軍大殺朝官，史稱「甘露之變」。

在唐宣宗之後，雖說牛李黨爭暫告平息，但是專權宦官與朝官之爭又趨激烈，並勢同水火。以皇帝為首的統治集團或盡情享樂，不理朝政，或肆意聚斂，賣官鬻爵。這樣就導致了貪汙成風，賄賂公行，吏治大壞。

自從浙江地區以裘甫領導的起義在唐宣宗大中十三年（西元八五九年）十二月爆發之後。緊接著起義接連不斷地爆發，特別是唐末起義，歷時已有十年，而且席捲了大半個中國，可稱為是中國封建社會歷時最長、地區最廣和聲勢最大的起義之一。這次起義徹底摧毀了唐王朝的腐朽統治，曾經一度

繁盛的大唐王朝如今終於走到了盡頭。

反經十三

知制度者，代非無也，在用之而已。

譯文

同樣的一個東西，人的聰明才智不同，用法不同，效果就有天壤之別。所以任何思想，任何制度不是有無滑動，而在於用與不用和會用與不會用。會用，就能求名得名，求利得利；不會用，就只有世代倒楣了。

感悟人生

莊子曾經講過一個關於讀書人的故事，他說：「讀書人都是盜墓賊，只不過他們偷的不是財物，而是文化罷了。有一次，一個大知識分子帶小知識分子去盜墓，大的問小的：『天快亮了，你挖的怎麼樣，有些什麼東西？』小的說：『死人已經挖到了，還沒有脫下他的衣服。他口中有一顆寶珠。』大知識分子一聽說死人口中有寶珠，就說：『一定要把這寶珠挖出來。《詩經》上說：綠油油的麥子，生長在山坡上，熟了以後就要給人吃。墳墓裡的這傢伙生前吝嗇得很，一肚子學問不告訴人，死了還含在嘴裡不說。快把它拿出來！不過，小子，你可得小心，你先把他的頭髮抓住，再按住他下巴上的鬍鬚，用椎子敲他的兩頰，慢慢撬開他的牙關，千萬不要把寶珠損壞了！』」

從這個故事蘊藏的含義中我們可以看出，文化知識其實是招引盜賊的財富。國家弱小的時候建築林園，那是為了使祖宗的靈位有個存放的地方，好

方便祭祀，平時則可以進行軍事訓練，用來防止意外的事故發生。到了國家變得強盛的時候，林園便喪失了原來的意義，變成了馳騁打獵的場所，結果勞民傷財，耽誤農時。建築林園便成了違背本意的事情。孟子講的故事就說明了這個道理。齊宣王見周文王的御花園很大，而老百姓卻認為很小，就問孟子這是怎麼回事。孟子說：「周文王的花園方圓七十里，割草打柴的人都可以進去，山雞野兔也可以進去，與民同樂，與民同用，老百姓自然不會嫌它大，這是理所當然的事。我聽說你在城郊也建了座花園，方圓四十里，老百姓如果進去打獵殺了一隻小鹿，你也要抓起來以殺人罪論處，所以老百姓議論你修這麼大的花園太奢侈了，這不也是理所當然的嗎？」楚靈王修了章華臺，伍子胥的祖父伍舉提出反對意見說：「我們祖先蓋大型建築，修亭臺樓閣，是為了訓練三軍，觀察氣象。國家蓋這樣的建築，要遵循四個原則：一不侵占老百姓的耕地；二不影響國家的財政；三不因用工而影響公家和私人的正常業務；四不在農忙時期動工。所以國家的大型建築，是讓國家和人民得到好處，這樣的建築，才不會勞民傷財，使國家財政出現匱乏。」

姜太公說：「刑罰太嚴明，就會被弄得戰戰兢兢，提心吊膽。人整天處在這種狀態就會生出變故，反而要出亂子。這就是明罰的反作用。什麼事都看得很清楚，人就覺得騷擾不安，為了逃避騷擾，大家就要遷到別的地方，不在原來的地方居住了。這樣就很容易發生動亂。這就是明察的反作用。」姜太公還說：「一有貢獻就獎賞或者動不動就獎賞，容易誘發人們不滿足的心理。不滿足就容易滋長怨恨，久而久之就會反目成仇。這就是明賞的反作用。賢明的國君統治管理一個國家的時候，一般不太去注意臣民愛好什麼，更多的是注意臣民不喜歡什麼；不太去注意為什麼要來歸順他，而注意為什麼要離開他。這樣做就能使所有的人安安靜靜、太太平平地過日子。只有做到全國上下人人平安，才是真正的天下太平。」

反經十三

劉頌是晉朝的一位名臣，他曾說：「政府中負責監督稽查的官員，為什麼只關注大案要案，而對於細小的違紀現象不大過問呢？因為他們知道，微不足道的過失、缺點，偶然的遺忘、疏忽，這是人之常情，人人都會犯這樣的錯誤，所以不應當將這類過錯劃入違紀犯法的行列而統統繩之以法，否則的話，朝野上下，就沒有一個人能站得住腳了。而且這樣做的結果，不但不會使國家的法治變得嚴明，反而會製造出許多的動亂。對於國家的治理，只能是害而無利。」

晏嬰是齊國的名相，他也曾說：「一個好的臣子，固然應對君主忠心，然而忠心得過分了，就變成專權，那就是不忠的表現；當兒子的孝敬父母是好事，但是如果只突出他一個人的孝順，把其他兄弟姐妹都比下去，那就是不孝的表現；妻子愛自己的丈夫是家庭和睦的保障，但是如果丈夫還有二房小妾（這是針對古代多妻制而言），做妻子的霸住丈夫獨專其房，醋勁太大不能容納別人，很可能導致家破人亡。」因此說，如果忠孝做得太過分，就會引起反彈。《呂氏春秋》說：「陰陽調和滋養萬物，香花毒草，一視同仁。甘露雨水，普澤天下，東西南北，不遺一隅。一國之君，普天同仰，老少美醜，平等對待。」戰國時的法家、韓國的申不害說過：「一個女人獨霸了丈夫，其他的太太就會來搗亂；一個大臣獨攬大權，其他臣子就會失去積極性。」所以嫉妒心太強的妻子很容易使家庭破裂，權力欲太重的大臣很容易使國家消亡。有鑑於此，一個高明的領導人，對於部下，絕不能夠偏聽偏信，也不能夠專權重用某個人，而是要大家同心協力，各自發揮自己的能力，就像車輪上的根根輻條一樣，不讓其中的某一根單獨起作用，這樣就不會發生一人專權的現象了。只有大家一起出謀策畫，才能做好事情，而且也不會發生專權的現象。

莊子說：「做小偷、扒手一類的盜賊，或是溜門撬鎖，或是從別人的口

袋裡、皮包裡偷東西。為了防止小偷，人們有了財寶，總是小心翼翼地放在保險櫃、珠寶箱裡，外面還要層層捆紮，加上大鎖，生怕不牢固。」這種防盜的做法，歷來被世俗的人們當作是聰明智慧的表現。可是如果一旦來的是江洋大盜，會把皮箱、保險櫃連鍋端走，這時大盜還怕你捆得不緊，鎖得不牢，他不好拿呢。這樣看來，那些被認為有腦子的人，不正是在為強盜儲蓄、保管財富嗎？這就是智慧的反彈。所以《孫子兵法》說：「敵人裝備得越好，對我們越有利，只要把敵人打垮了，把裝備拿過來，就成了敵人在為我們整理統合軍事裝備。」

是非十四

《易》曰：「天下同歸而殊途，一致而百慮。」此之謂也。

譯文

《周易》說：「天下人們的目標是一致的，而達到共同目標的途徑卻各有不同；天下的真理是同一的，而人們思考、推究真理的思維方式和表述方式卻千差萬別。」《周易》所說的正是這個意思。

感悟人生

變革法令制度的兩種不同的方法就是廢除和增加，而仁義和禮義是兩種不同的治國方略。有的人比較善於利用權力和計謀策略來整治國家，有的人推崇用道德教化來安定百姓。因此，古代眾多思想家、史學家和典籍中留下的方方面面的理論觀念，我們都可以從裡面找出來進行正反兩方面的論述。對於這一現象來做個怎樣的說明呢？

正方，司馬遷在《史記·遊俠列傳》中說：「韓非子這樣說，古代的文人來敗亂法度都是用筆和文章作武器，俠士以武力挾持而觸犯禁令。這兩種人都受到韓非子的批評，可是有學識的人卻常常稱讚他們。那些宰相、卿大夫的人用權力達到目的，輔佐他們那個時代的君王，他們的事蹟都已記載在史書裡，當然沒什麼好說的了。至於像孔子的弟子季次（季次堅絕不做官，所以孔子很讚賞他和原憲），本是窮人家的子弟，勤奮讀書，胸懷超凡脫俗

的德行，不肯與世沉浮，當時人們就譏笑他們。當代的遊俠之士，其行為雖然與傳統的法治觀念相抵觸，然而他們言必信，行必果，只要是答應了別人就肯定會辦到，即使是失去了，也要去搶救正在危險中的正人君子，做了好事也肯定不會去誇耀，以此為藉口去自吹自擂，這些行俠仗義的人，確實也有值得讚美的地方啊！再說，人生在世，危難困苦、走投無路的情況說不定會在什麼時候發生，就算是很多的賢人也是沒有辦法避免的。有一個很古老的故事，很久以前，舜的父親要害他，在他挖井的時候掩埋了井口，把他困在了井裡;伊尹曾是有莘氏送嫁娘到殷湯的陪臣，是個廚師，背著做飯的鼎，在向成湯講烹飪技術時才受到賞識；傅說是個在傅岩這個地方打土牆的奴隸；姜太公曾被困在壁高林深的滋泉以釣魚來度時光；管仲曾被齊桓公囚禁；百里奚以前還給人家餵過牛；孔子在匡地受困，在陳、蔡兩國挨過餓。這些人都是讀書人所稱道的有道德、有修養的仁人志士，都免不了遭受這樣的苦難，更何況中庸之才而又處在這種末世呢？對於他們遭遇到的不幸，不是一兩句話就可以說清楚的。出生在這種亂世之中，又是一個平民百姓，在江湖中到處遊蕩，自己給自己立下了濟世救人、一諾千金的行為準則，行俠仗義的英名便傳頌四方。所以，每當善良正直的人們走投無路的時候，就希望得到他們的幫助，而他們也不惜為之捨身赴難，這不是和人們所稱頌的聖賢豪傑一樣嗎？即便是鄉間村裡的普通俠義之士，跟季次、原憲這樣的賢德之士比較起來，就其對當今社會的作用而言，也不是可以同日而語的。所以俠義之士在信義和功德方面的意義，是不可以小看的。」

反方，對司馬遷的這一種理論，班固在《漢書》中表達出了這樣不同的看法，他說：「天子和諸侯建立國家，從卿、大夫到老百姓，從上到下，都應該有等級的不同。因此，人們才馴順地忠心敬上，基層的人也不敢有非分之想。孔子說：『天子統治有道，天下太平，那麼國家的政權就不會落在士大夫手中。』文武百官是各人負各人的責任，遵守法律聽從命令，以盡其

職責，越權被誅，侵犯受罰。這樣才會上下和順，把事情辦好。周王室衰微時，禮樂制度和征討叛逆的決策權落在了諸侯手裡。齊桓公、晉文公之後，大夫掌握了國家大權，臣僚替天子發號施令。這種衰敗的情況到了戰國時代，又是合縱，又是連橫，諸侯各國競相用強權和武力征伐稱霸。於是各國的公子 —— 魏國的信陵君、趙國的平原君、齊國的孟嘗君、楚國的春申君，都借著王公的勢力，收羅遊俠，導致了偷雞摸狗這樣的事情不斷發生，老百姓不得安寧，而他們卻受到了各國君主的禮遇。趙國的丞相虞卿拋棄國家的利益去救他的患難之交魏齊；信陵君魏無忌竊取虎符假傳國王的命令，讓朱亥用錐殺死了將軍晉鄙，奪取軍權，去為平原君趙勝解救被包圍的趙國。他們就是用這種欺上瞞下的方式得到諸侯的器重，因此而揚名天下。人們在興致勃勃地講起大俠的時候，都把信陵君、平原君、孟嘗君、春申君推崇為首領。這樣一來，就形成了背棄國家、結黨營私的局面，而忠守職責、為國效力的大義就被破壞了。到了西漢統一天下的時候，實施的國家策略是最為寬鬆的，這種不良風氣沒有徹底糾正。魏其侯竇嬰和武安侯田蚡這些人，在京城中互相競爭誰家的士兵更強；郭解、劇孟之類，在街頭巷尾橫衝直撞，騷擾民眾，他們的勢力可以達到郡縣城鄉，公侯王子對他們都得卑躬屈膝。很多的老百姓還對他們非常地羨慕，把他們當作大英雄，這些人即使是犯了國法進了牢房，還自以為會揚名後世呢，有如子路或李牧一類的勇士，死而無悔。曾子說:『國王已經喪失了統治國家的資格，人民妻離子散已有好久了。』如果不是明智的國王當政，向全民講清好壞的標準，然後用禮法來統一人們的思想和行動，人們哪裡會知道國家禁止的是什麼，從而走上正道呢？古代的正確看法是：對於像堯、舜和文王，春秋五霸就是罪人，而六國是五霸的罪人，以此類推，信陵君等四豪就是六國的罪人。何況像郭解這一類遊俠，以一個卑微的匹夫，竊取了生殺大權，他們所犯的錯，就算是殺頭，對他們

來說都是對他們仁義了。」

適變十五

故知治天下者，有王霸焉，有黃老焉，有孔墨焉，有申商焉，此所以異也。雖經緯殊制，救弊不同，然康濟群生，皆有以矣。

譯文

治國之道多元，有王霸、黃老、孔墨、申商之術，他們之間不但有差別，而且理論也不一樣，糾正前代政治流弊的方式也不同，然而他們都有振興國家、普濟眾生的願望。

感悟人生

商鞅變法

齊威王當了霸主以後，燕、趙、韓、魏等國因為都懼怕他三分，所以都紛紛前來朝貢，只有西方的秦國沒有來。原來，當時秦國在政治、經濟、文化各方面都比較落後，中原各國叫它「西戎」，把它看作野蠻民族，瞧不起它，很少跟它來往，有時候還會派兵去侵占奪取它的土地。

周顯王八年（西元前三六一年），秦孝公即位。他看到了秦國內憂外患的局面：外面是強鄰的欺壓，內有貴族的專橫，日子很不好過，決心奮發圖強，改變國家落後的面貌。為了尋求改革的賢才，就下了一道命令：「不管是本，還是外，誰有好辦法使秦國富強起來，就封他做大官，賞給他土地。」沒過多長時間，從魏國來了一個叫衛鞅的年輕人到秦國應徵。

衛鞅姓公孫，名鞅，他本來是衛國的一個沒落貴族，所以大家管他叫衛鞅。他看衛國弱小，不足以施展他的才華，就跑到魏國，在魏國當了好些時候的門客，也沒受重用。衛鞅正在鬱鬱不得志的時候，忽然聽說了秦孝公聘用人才的事，他就決心離開魏國來到秦國。

衛鞅到了秦國，經過別人引薦，見到了孝公，衛鞅把他一套富國強兵的道理和辦法與孝公講了一遍，他說：「一個國家要富強起來，就必須重視農業生產，這樣，老百姓有吃有穿，軍隊才有充足的糧草；要訓練好軍隊，做到兵強馬壯；還要賞罰分明，種地收成多的農民、英勇善戰的將士，都要受到鼓勵和獎賞，對那些不好好生產、打仗怕死的人，要加以懲罰。若是真的可以做到這幾點的話，國家就不可能不富強起來。」

秦孝公覺得衛鞅說的頭頭是道，越聽越感覺衛鞅的見解正確，連飯都忘了吃。兩個人議論國家大事，談了好幾天，十分投機。最後，孝公決定實行變法，改變以前的舊的制度，正式推行衛鞅提出的新法。

變法的消息傳開後，受到貴族大臣們的一致反對。不少大臣勸孝公要慎重，不要聽信衛鞅那一套。孝公心裡非常贊成衛鞅的主張，覺得不變法就不能使秦國富強起來，但是看到反對的人那麼多，又感到為難，他就招來很多的大臣到一起來讓他們進行討論。一個叫甘龍的大臣首先發言，他說：「現在的制度是祖宗傳下來的，官吏做起來得心應手，老百姓也都習慣了。不能改！改了一定會亂！」另外一些大臣也跟著說「新法是胡來」，是「謬論」，「古法、舊禮改不得！」衛鞅理直氣壯地駁斥他們說：「你們口口聲聲講什麼古法、舊禮，請問這一套能使國家富強起來嗎？從古以來就沒有一成不變的法和禮。只要對國家有好處，改變古法、舊禮有什麼不對？墨守成規只能使國家滅亡！」

衛鞅從古到今，舉出大量事實，說明變法的必要，把那些大臣駁得啞口

無言。孝公聽他說得頭頭是道，那些不贊成變法的大臣一個個被說得啞口無言。孝公於是非常高興，對衛鞅說：「先生說得對，新法非實行不可！」說完就封衛鞅做左庶長（古時候一種官名），給了他去推行新法的權力，叫他抓緊時間把變法方案制訂出來。並且宣布：誰再反對變法，就治誰的罪。這樣，大臣們才一個個沒有什麼可說的了。

衛鞅在最短的時間內就制訂出了變法的方案。孝公看後完全同意。衛鞅怕新法令沒有威信，老百姓不相信，推行不開，就想了個辦法。他叫人在都城的南門豎了一根三丈來長的木頭，旁邊貼了張告示說：「誰能把這根木頭扛到北門去，賞他十金。」沒過多長時間，很多的人都圍到了這個木頭的周圍。

每個人在心裡都暗自懷疑：這根木頭頂多百斤，扛幾里地不是什麼難事，怎麼給這麼多的金子呢？或許設了什麼圈套吧？到最後就是沒有人敢去扛。衛鞅看沒人扛，又把獎賞提高到五十金。這樣一來，人們就更加不敢相信了，都猜不透這新上任的左庶長葫蘆裡到底賣的什麼藥。這時候只見一個粗壯漢子分開人群，跨上前去，說：「我來試試！」扛起木頭就走。許多看熱鬧的人，好奇地跟著，一直跟到了北門。只見新上任的左庶長正在那裡等著呢。他誇獎那個大漢說：「好，你能夠相信和執行我的命令，真是一個良民。」說完就把那早已備好的五十金給了他。

這事很快就傳開了，大家都說：「左庶長說話算數，說到做到，他的命令可不是隨便說說的啊！」

周顯王十三年（西元前三五六年），衛鞅的新法令公布了。

剛剛開始推行新法令的時候，就有很大的阻力出現。那些貴族宗室不去打仗立功，就不能做官受爵，只能享受平民待遇，失去了過去的許多特權；實行新法以後，他們也不能為所欲為了。所以，連他們都對新的法令進行強

烈的攻擊，更不要說保守勢力的代表甘龍他們了。在他們的唆使下，就連太子也出來反對。衛鞅把甘龍罷了官，可是，太子是國君的繼承人，不便處分，衛鞅去找秦孝公，對他說：「新法令現在推行不開，最大的原因還是因為上面的人反對。」孝公說：「誰反對，就懲辦誰。」衛鞅把太子反對、故意犯法的事一說，孝公既生氣又為難，沒有言語。衛鞅說：「太子當然不能治罪，但是新法令如果可以隨便違犯，今後就更不能推行了。」孝公問：「那怎麼辦呢？」衛鞅說：「太子犯法，主要原因就是來自他老師的指使，就該去好好地處罰他的老師。」孝公表示同意。這樣，太子的老師公子虔就被割了鼻子，公孫賈就被刺了面。所有的人看到孝公和衛鞅的態度如此堅決，就不敢再跟新法令過不去了。

過了幾年，秦國逐漸地走向了富強。因為新法令上規定了增產多的可以免除一家的勞役，老百姓都一心務農，積極種田織布，生產得到了很大發展，人民的生活也有所改善；由於新法令規定了將士殺敵立功的可以升官晉級，所以將士們都英勇作戰。老百姓很高興。孝公看到衛鞅制定的新法令有這麼大的成效，又提升他為大良造（當時一種大官名稱），並且派他帶兵去攻打魏國。原來十分強盛的魏國，這時候已經變得不堪一擊，更別說是抵抗慢慢強大的秦國了，結果連都城安邑都被秦軍攻占了。魏國只得向秦國求和。衛鞅凱旋而歸。接著，衛鞅在國內又進一步推行新法令，主要內容有：把國都從雍城（雍，今陝西省鳳翔縣）遷到東邊的咸陽，以便於向中原發展；把全國分成三十一個縣，全部是中央下派的縣令縣丞去實行整治。治罪不稱職的縣官；廢除「井田」制度，大力鼓舞老百姓開荒，是誰開的土地就是屬於誰的；統一度量衡等。這些都是發展生產的有力措施，對於鞏固和發展新興地主階級的勢力起了很大的作用。新法令實行了十年以後，秦國慢慢地變成了當時最富有最強大的國家。周天王派人給孝公帶來禮物，封他為

「方伯」（一方諸侯的領袖），中原各國都紛紛前來祝賀，都對這個新的強盛國家投來不一樣的目光。

秦孝公十分歡喜。後來把商、於一帶十五座城鎮封給了衛鞅，表示酬謝。從此以後，人們就把衛鞅稱作商鞅了。

又經過了幾年的時間，秦孝公病死了，太子即位，即秦惠文王。惠文王以前反對商鞅的新法令，商鞅給他定了罪，給他的老師判了刑，所以他一直懷恨在心。他一當國君，那些過去反對商鞅的人就又得勢了。他們串通一氣，隨便給衛鞅加了個罪名，非要說商鞅圖謀不軌，惠文王就把他抓住處死了。商鞅雖然死了，可是，他推行的新法令已經在秦國紮下了根，再也無法改變了。所以，為後來秦國統一中原打下堅實基礎的，還是商鞅的變法。

以前的王者都是依據當時的實事政治情況，根據當時的任務制定政策，制度和政策與當時的實際情況相符合，國家才能治理好，事業才會有成績。形勢和任務變了，制度和政策還要死搬已經過時的那一套，這樣就會造成制度和政策的不符合，這樣一來，即使有好的制度和法規，也是勞而無功，到最後只是增添混亂而已。所以對聖人治國，一不法古，二不貪圖一時之宜，因時變法，只求實效。這樣的話，碰到什麼困難都會比較容易處理。

正論十六

故知有法無法，因時為業，時止則止，時行則行，動不失其時，其道光明。非至精者，孰能通於變哉？

譯文

有法與無法，應當根據時代的不同加以討論，時代結束了，適用於那個時代的政治方針也就失去了效用；時代向前發展了，政治制度也要隨時代而發展。只要行動不錯過時機，前途必然光明。不具有聰明智慧的人，誰能夠通曉權的奧妙呢？

感悟人生

秦王朝的時候，為了鞏固統一的局面，防止人民的反抗，秦王朝制定了一套較為完備的封建法典。

《秦律》中的〈盜律〉明確規定：嚴禁侵犯私有土地和國有土地。有一條律文明確規定：私有田界（盜徒封），要判處耐刑（剃去鬢髮，表示犯罪），因為移動田界是對私有土地的侵犯。

《秦律》中的條文，同時也反映了秦王朝對農民的殘酷剝削。《秦律》中之〈田律〉、〈倉律〉就是有關於田租剝削的法令，〈徭律〉、〈戍律〉、〈傳律〉等就是徵發徭役和兵役的法令，這些律文規定是非常嚴格的。如徵發徭役時，應役農民「不會」（不按期報到），將要用荊條或竹板打脊背五十下，如果逃亡的話，還要加倍處罰。

〈屯表律〉還規定：服役期滿歸來的農民，凡沒有文卷證明的，即罰戍邊四個月。這反映了當時秦政府的殘酷統治，還表現了《秦律》對人民實行專政的階級實質。

《秦律》規定：士伍偷盜一百一十錢者，要被判六年徒刑，即使盜採別人桑葉不滿一錢者，都要判處勞役三十天。對於盜竊者來說，不但本人要處以嚴刑，而且對共犯、知情者或偷盜竊者的家屬也要同樣處罪。而貴族官吏犯法的時候，可以用各種手段逃避制裁，例如可以用錢贖罪免刑。由此可見，《秦律》的階級性是非常明顯的。

秦代的刑法種類眾多。如，遷（流放）、髡（音「昆」剃去頭髮）、黥（在面上刺字）、鋈（音「屹」斷足）、斬左趾（砍左腳）、宮或腐（男子閹割、女子幽閉）、劓（音「義」割鼻子）等。由此可見，秦代的刑法是十分嚴酷的，這直接導致了秦朝的覆亡。

但是，今天如果我們從正面來看的話，秦國的法律雖然很嚴酷，但是秦國之所以會取得天下，就是用了這種手段。在當時，這也只是統一全國的一種手段而已。

而今天我們所處的時代，已經不是遠古那個含哺而嬉、鼓服而遊的時代了，人們的欲求不容易得到滿足。世界上的道理千頭萬緒，人們千奇百怪的欲望和情感也在不斷地萌生。即便有應付一切事物的智慧，也不可能去窮盡這世道人心的變遷；就是高山大川的險峻幽深，也無法用之比喻人心之難測。那麼，順應時事和世事之推移變化，就不能用常規的辦法解決了。為什麼要這樣說呢？假如讓大聖來治理天下的話，那麼所要達到的天下大同和最高典規，以及為普天下的老百姓謀幸福的政策措施，其政治應該有所不同。然而法規、制度的增補或廢除或交替使用，文明和樸素的交替施行，或者是發揚光大，或者是保守傳統，也只能在過去的範圍內轉來轉去。興兵打仗與和平交往，也只是與上一代的方式不相同而已。就是坐在帝王的寶座上，擺出皇

帝的架子，穿上天子的服裝，雖然說厚薄華美不同，但是要把國家治理得井然有條的宗旨卻是一樣的。執政者有時為了政治的需要，為達官貴人平反昭雪，對亂臣賊黨施以刑罰，雖然寬鬆的程度有所不同，但是其統治所要達到的目的一定是相同的。這就是說，不同時代的政治制度，形式雖然不相同，但是本質卻是相同的；在思維方式上雖然是天差地別，但目標卻是一致的。至於故意矯情用事，就會出現矯枉過正的弊端。假如說，穿著涼鞋過冬，就犯了過分儉樸的毛病；天天都要衣冠楚楚，就應力戒窮奢極欲；禁令不嚴，對下屬過多的寬容，就又容易出現尾大不掉、欺凌弱小的情況；權力過於集中，刑法過於嚴酷，又容易導致分崩離析的局面。在曹魏時期，文人寫詩撰文，極力地去諷刺別人。從這件事上，就可以明白那個時期的國家風氣；周王朝末期和秦朝末年的政治衰敗，在許多細小的事情上就已經顯而易見了。所以採用或是捨棄什麼樣的制度，是決定一個國家興盛還是衰敗的先決條件。

懼戒十七

《易》曰：「安不忘危，存不忘亡。是以身安而國家可保也。」故知懼而思誡，乃有國之福者矣。

譯文

《周易》說：「平安的時候要不忘危難，生存的時候要不忘消亡。」能做到這一點，全家性命就能長保平安，全家也就不會淪喪了。因此有危機感而又常存警覺，這實在是國家之福啊！

感悟人生

在以前，秦始皇巡行天下時，南至會稽山，但不幸的是在返回的途中來到沙丘時，因為病得很重，於是就叫趙高寫遺詔賜公子扶蘇。遺詔寫好後，還沒來得及交給使者送走，秦始皇就匆匆地離開了人世。其實，當時秦始皇有二十幾個兒子，可長子扶蘇因為屢次勸諫，觸怒了始皇，所以被派到上郡監督軍隊防禦匈奴，而當時統帥大軍的是蒙恬。秦始皇的幼子胡亥最得始皇的歡心，所以請求跟隨一同出遊，始皇答應了，而其他兒子都沒有跟著一起出來。當時丞相李斯認為皇上在外去世，而現在朝廷又沒有事先立太子，唯恐有人叛亂，就隱瞞消息，不發布喪事，所以百官都不知道秦始皇已去世。

而趙高也因此扣留了賜給扶蘇的璽印和遺詔，對公子胡亥說：「皇上去世，沒有遺命封立諸子為王，只賜給了長子扶蘇遺詔。等長子回來，有可能

就會被立為皇帝，可你卻連一點封地也沒有，那該怎麼辦呢？」胡亥則說：「事情本來就應該是這樣啊。我聽說賢明的君王最了解他的屬臣了，而聰睿的父親最清楚自己的兒子。父親既已過世，而且沒有封賜諸子，那我們還有什麼好說的呢！」可趙高卻說：「話怎麼能這樣說呢！現在天下的大權，都在你、我和丞相李斯手中。我們要誰生存誰就生存，要誰滅亡誰就滅亡，希望你能考慮一下。況且讓別人向自己稱臣和自己向別人稱臣，控制別人和被別人控制，怎麼可以相提並論呢！」胡亥說：「廢長立幼是不義；不遵從父親的遺詔，妄想嗣位為帝，或者害怕長兄嗣位後自己失寵被殺，因而陰謀篡位，是不孝；自己無才，勉強借助別人的功勞，是無能。三樣都違背道德，天下人不會心服。」趙高說：「商湯、周武王殺了他們的君王，天下人都稱讚他們的行為符合道義，不算不忠。衛出公殺了他的父親，衛卻感念他的恩德，孔子還在《春秋》中特別記載，不算是不孝。心懷異志，危害邦國的惡人，從古至今就有。生來就是秦人，卻說這種沒有教養的話，胡亥真讓人感到痛心疾首啊！做大事的人不必拘泥小節，盛德不拒絕謙讓。各地有各地的風俗，朝廷百官也無須建立同樣的功勞。因此凡事只顧細節而忘大局，必有禍患；猶疑不決，事後必然後悔。要是能勇敢果斷，放手去做，連鬼神也會畏懼逃避，結果必定成功。希望你會依照我的意見去做。」胡亥長嘆了口氣，說：「現在皇上剛去世，還沒有發喪，又怎麼好拿這件事去打擾丞相呢！」趙高有些著急地說：「機遇太重要了，稍一遲緩就無法把握了。即使準備充足的乾糧，策馬飛馳，恐怕都來不及了！」

最後，胡亥還是同意了趙高的話。之後趙高去找丞相李斯，他說：「皇上去世，賜遺詔給長子，叫他趕來參與喪事，到咸陽會齊，準備嗣位為帝。不過遺詔還沒來得及送出，皇上就先去世了。所以說現在還沒有人知道皇上去世的消息。那依丞相來看這事該怎麼辦？」李斯則說：「怎麼可以說這種亡國的話呢？」趙高則說：「你可以自己估量一下你的才能比蒙恬怎樣？你對國家的功勞可比蒙恬高？你可曾比蒙恬更能深謀遠慮不致失算？你果真比蒙恬更不會結怨於天下人？你比蒙恬和長子扶蘇更有交情且又深得信任？」李斯說：「這五樣我都比不上蒙恬，但你為什麼對我如此苛求責備呢？」趙高說：「我原本不過是宮禁裡一個供人驅使的奴役，僥倖因為嫻熟獄法，得以有機會進入宮廷，掌管事務，到如今已有二十多年，從來沒有看到被秦王所罷免的丞相或功臣，是曾經連封兩代相繼為官的，這些大臣最後都被誅戮而死。皇帝的二十幾個兒子，他們的為人你都知道。長子扶蘇剛強果斷，威武勇敢，肯相信人，又奮發有為。他繼位後，必定任命蒙恬為丞相，你不可能身懷元老之印回家享福，這是很明確的了。我承皇上之命，教胡亥學習法令。胡亥慈祥仁愛，敦厚篤實，輕財重士，其餘諸公子都比不上他，所以他可以繼承皇位。你最好計畫一下，確定他為太子。」李斯說：「我李斯原不過是上蔡（在今河南上蔡縣西南）民間的一個普通百姓，皇上僥倖提拔我做丞相，原本是要把國家存亡安危的重擔交托給我。我怎能辜負皇上對我的厚望呢！忠臣不會因為怕死而心存僥倖，孝子不會因辛勤侍親而有危險。所以請你們不要再說了。」趙高還是不死心地說：「我聽說聰明人處世，凡事靈活應變，從不冥頑不化，能抓住局勢變化的關鍵，順應潮流。看到事物的枝微末節，就能知道它的根本。看到事物發展的動向，就能知道最後的結果。事物的發展本來就是這樣，哪有永恆不變的準則？現在天下的安危都掌握在胡亥手中，我有辦法實現我的夙願。再者說，依附外面的扶蘇來挾制掌握中樞的胡亥，那是糊塗；以臣子的身分挾制君上，就是亂臣賊子。秋天霜降，草木自然凋零，春風春水動盪，萬物自然生長，這是大自然的規律。你怎麼到現在還不明白這道理呢？」李斯則說到：「我聽說晉獻公廢太子申生改立庶子奚齊，結果招致三代政局的不安定;齊桓公和他的弟弟公子糾爭奪王位，

後來被公子糾給殺了；商紂王殺了叔父比干，不聽臣子勸諫，因此國都變成一片廢墟，國家也滅亡了。這三件往事都是違背天理的例子，弄得宗廟都沒人祭祀。我終究還算是一個有良知的人，哪能與你合謀呢？」趙高又說：「假如上下同心協力，那麼就可以保有長久的富貴；如果內外相應，外人就難言是非。你要是聽我的計策，你世代都可以封侯受爵，而且你也可以像有王子喬和赤松子兩位仙人那般長壽，像孔子和墨子兩位聖賢那樣聰明智慧。現在你舍此良策而不從，必將殃及子孫，那可真叫人寒心啊！一個善於自處的人能因禍得福，你打算怎麼辦？」李斯舉頭望天，流淚嘆息道：「既然不能殺身報國，還能向哪兒寄託我的命運呢！」最後李斯還是聽從了趙高的陰謀，改立胡亥，篡改秦始皇的遺詔，還殺了扶蘇和蒙恬。

時宜十八

權不可預設，變不可先圖。與時遷移，應物變化，計策之機也。

譯文

權謀是不可能提前預先周全設置的，機變也是預先不能計畫出來的。謀略的關鍵是做到根據時機的變化而變化，依據事情的發展而變通。

感悟人生

井陘之戰

西元前二〇六年，雄霸一方的秦帝國滅亡後，中國歷史進入了一個新的階段。當時西楚霸王項羽和漢王劉邦，分別形成了兩個新的集團，雙方為爭奪天下，展開了歷史上有名的楚漢戰爭。在這場歷時近五年的戰爭中，漢大將韓信表現出了「連百萬之軍，戰必勝，攻必取」的卓越智謀和用兵韜略，其戰績堪稱軍事史上的奇觀，井陘之戰則是他輝煌戰例中的精粹，也是這一戰略計畫的重要環節之一。

漢高祖三年（西元前二〇四年）十月，韓信率一萬餘新召來的漢軍穿過太行山，向東行進，去攻打項羽的附屬國趙國。趙王歇和趙軍統帥成安君陳餘集中二十萬兵力於太行山區的井陘口（今河北井陘東），占據有利地形，準備與韓信決戰。井陘口是太行山八大隘口之一，在它以西，有一條長約百

里的狹窄通道，很難攻打，不利於大部隊行動。當時，趙軍先期扼守住進陘口，居高臨下，以逸待勞，且兵力雄厚，處於優勢和主動地位。反觀韓信，麾下只有萬餘之眾，且系新募之卒，行了很長的路程，人和馬都很累，當時正處於不好的狀態和被動的地位。

趙軍謀士李左車向陳餘建議：正面堅壁不戰，用一部分兵力繞到敵後切斷漢軍糧道，使韓信「彼前不得鬥，退不得還，吾奇兵絕其後，野無所掠鹵，不至十日，兩將之頭可致膝下」，最後前後夾擊，一戰而擒韓信。但陳餘卻是一名崇尚正面攻擊的古典派軍人，拘泥於「義兵不用詐謀奇計」的教條，且認為韓信兵少而疲，不應避而不戰。李左車的建議被他拒絕了，執意地遵從兵書上「吾聞兵法，十則圍之，倍則戰」的公式而去行事。

韓信深謀遠慮，雙方兵力相差懸殊是眾所周知的。如採用強攻，必會受挫，於是決定在離井陘口很遠地方駐留下來，反覆不斷地研究地形地勢和趙軍部署。當韓信探知李左車的計策沒有被採納，趙軍主帥陳餘有輕敵情緒和企圖速決的情況後，立即指揮部隊進到離井陘口三十裡遠地方紮下營來。半夜時分，韓信選拔了兩千輕騎，每人帶一面漢軍的紅旗，趁天黑悄悄從山間小道迂迴到趙軍大營的側後方埋伏，等翌日見趙軍出動，營壘空虛之時，攻入趙軍大營，把趙軍旗幟拔下，插上漢軍旗幟。隨後，韓信傳令部隊就餐，他對將校們說：「少餐即可，待天明破趙之後再飽餐。」將校們半信半疑，只好聽命於他。韓信遂即傳令擊鼓，出大將旗仗，向井陘口出發出兵，他說：「趙軍早就占據了有利的地形，築壘以待，看不到大將旗仗，怕他們懷疑我還在後軍，不肯發起進攻。」

漢軍快到井陘口時，韓信連騎哨都不派，立即傳令中軍主力全部前出到河邊背水列陣，營壘上的趙軍遠遠見漢軍背水列陣，沒有路可逃，於是就紛紛譏笑韓信不懂兵法。不時，天色已然大亮，漢軍陣營揚起一陣輕塵，隨著激越的鼓聲，一隊旗仗轉出，韓信在眾將校的簇擁下縱馬來到陣前。陳餘眼見韓信兵少，自己又占據有利地勢。於是率輕騎銳卒蜂擁而出，欲生擒韓信。韓信令棄旗鼓儀仗，迅速轉入陣中。陳餘見此情景，當下下令全營出擊，直逼漢陣。漢軍因臨河而戰已無路可退，所以人人奮勇，個個爭先。雙方廝殺半日有餘，趙軍仍未能獲勝。這時趙軍營壘已空，韓信預先伏下的兩千輕騎直馳而入，在趙軍營壘遍插漢軍紅旗。鏖戰中的趙軍突然發現背後營壘插滿漢旗，隊形立時大亂。韓信揮軍趁勢反擊，將二十萬趙軍殺得大破血頭，趙軍統帥被斬殺，抓住了活生的趙王，從而趙軍失敗。

戰後，漢軍將士們喝酒擺宴互相慶賀，他們紛紛問韓信：「將軍叫我們背水列陣，這是有悖兵法的啊，為什麼竟然能取勝呢？」韓信哈哈大笑：「兵法上不是都說了嗎？置之死地而後生，置之亡地而後存。如果我給他們一條生路，士卒們就不能拼死作戰了。」諸將這才領悟了背水列陣致勝之奧妙，為此他們就對韓信大大地敬佩。

井陘之戰，韓信以萬餘的劣勢兵力，背水列陣，靈活巧妙的用兵，一舉擊破二十萬趙國大軍，滅亡了項羽分封的趙國，譜寫了中國軍事史上的精彩篇章。

釣情十九

孔子曰：「未見顏色而言謂之瞽。」又曰：「未信，則以為謗已。」孫卿曰：「語而當，智也；默而當，智也。」尸子曰：「聽言，耳目不懼，視聽不深，則善言不往焉。」是知將語者，必先釣於人情，自古然矣。

譯文

孔子說：「只有瞎子不看對方臉色就貿然開口說話。」他還說：「還沒有得到對方的信任，就貿然提出不同的意見，人家就會認為是誣衊他。」荀子說：「該講話的時候，講話恰到好處，這就是智慧；不該講話的時候則保持沉默，這也是智慧。」尸子說：「對人講話的時候，聽話的人如果耳目不專注，精神不集中，就不要向他講什麼有價值的話。」從這些前人先賢的話中，我們可以想像，凡是要遊說君主的人，一定要先摸清對方的態度。從古到今，只有這樣做的才是成功的遊說者。

感悟人生

勾踐困會稽與夫差困姑蘇

吳、越是春秋時期的兩個國家，它們世世代代都是仇家。後世的人們也許是囿於「臥薪嘗膽」之故吧，談論越王勾踐志復吳仇者的多，而談論夫差復越仇者的則少。其實，「臥薪嘗膽」並不是吳、越之間爭鬥的原因。

釣情十九

西元前五一〇年，吳王闔閭出兵攻打越國。當時允常是越國的國君。這一次是吳國打敗了越國。過了五年，允常乘闔閭遠征楚國之機，出兵伐吳，這一次是吳敗越勝。到了西元前四九六年，吳乘允常病死、勾踐新立之機，出兵伐越，這一次又是越勝吳敗。在戰鬥中，越國的大夫靈姑浮以戈擊傷了闔閭，闔閭因「病傷而死」。闔閭臨死時遺囑太子夫差說：「你一定不要忘記，是勾踐把你的父親殺死的。」夫差回答說：「絕不忘記！」闔閭死後，夫差日日夜夜一刻都不曾停下來休息，忙於訓練軍隊，累積兵器、資財，立志報復越國，為父親報仇。

對於夫差報仇一事，越王勾踐也不會坐視不管的。他心中有數，知道夫差是一定會來報復的。於是決定先發制人，於西元前四九四年，興師伐吳。越國大夫范蠡認為，發動戰爭是一件冒險和逆德的事情，爭強好勝更是眼光短淺，極力諫阻勾踐，勸他不要那麼做，勾踐說：「我的決心已經下定，無可改變了。」仍然按計畫出兵。夫差得知越軍來侵襲，調動全部最有英才的人傾城而出，奮起應戰。兩軍初戰於夫椒，吳國又一次打敗了越軍。勾踐帶著殘部五千人潰退到會稽，夫差就從後面抓住時機不放，追上越國，把會稽圍了個水泄不通，越國敗給了吳國。

勾踐在無路可走的情況下，便去向范蠡求教，說：「只因當初沒有聽從你的勸告，結果陷入眼前的困境，現在我們應該用什麼辦法來收拾這種殘局？」范蠡說：「事情到了這步田地，還能有什麼好辦法？唯有降低自己的身分，用卑下的言辭，帶著豐厚的禮物，去向敵人求和了。倘若連求和也不答應，那就只好把整個越國，包括你這位國君在內，統統交由吳國支配，去向夫差做交易，求生存了。」勾踐說：「好，也只好這樣了。」於是派大夫文種去向吳求和，跪伏於地磕著頭，對夫差說：「君王，你的亡命之臣勾踐特地派陪臣文種來通告君王手下的管事人，勾踐請求讓他做你手下的臣，他

的妻子給你做妾。」夫差即將表態答允求和時，吳臣伍子胥對夫差說：「如今越國已成囊中之物，唾手可得了。這是上天有意把越賜給吳啊，還講什麼和？」夫差便也不作肯定答覆了。文種不得要領，回去後把情況報告給勾踐。勾踐決定殺掉妻子，銷毀珍寶，然後再去衝擊吳軍，一死了之。文種勸他不要那樣的絕望硬拼，給他出主意說：「吳國的太宰伯嚭，秉性貪婪，見利忘義，可以暗中跟他交涉。」勾踐於是精心挑選出兩位絕色美女和一些稀世珍寶，命文種悄悄地去奉獻給伯嚭，同時也是巴結他，伯嚭顯得很高興地接受了，並帶他去，讓文種面見了夫差。文種跪下磕著頭向夫差哀求說：「希望大王寬赦勾踐的罪過，把他的全部珍寶都接收過來。要不然，他就會盡殺其妻子，焚毀寶器，帶著他那五千人來拼搏死戰;就算你能把他們全部殲滅，一個對一個，吳軍也總得犧牲一些人才行呀，那就會使大王也受損失了。」伯嚭忙在一旁插嘴附和說：「越國國君已經屈服，願意俯首稱臣了。如果赦免他，這於國家有大利呀！」伍子胥諫勸夫差說：「從前有過氏殺斟灌以伐斟，滅夏後帝相，僅僅剩下帝相的一位妃子；妃子已經懷孕，逃到娘家後生下了兒子少康。只因有過氏未能除掉少康，少康僅有田一成（方十里），有眾一旅（五百人），結果卻逐漸強大，反而把有過氏消滅掉了，夏朝廷得以全面復興。如今吳國不如有過氏之強，勾踐的實力要比少康大得多。不趁此時滅越，一旦讓他們喘過氣來，想再次制服他們那就難了。勾踐為人，最能吃苦耐勞，不失為賢明的君主；文種、范蠡都很能幹，不失為良臣。他們議和返國以後，他們一定會商議作亂復仇的事。」不管伍子胥說得如何有理有據，夫差就是不聽他的勸告，而是聽伯嚭的。和議告成，雙方紛紛罷兵回國了。

勾踐困於會稽時，他曾經無可奈何地嘆息說：「我真的就是這樣的結局嗎？」文種說：「那可不一定。從前成湯被拘留於夏臺，周文王被囚禁於美

里，晉文公曾逃亡到翟，齊桓公曾逃亡到宮，後來他們不都成就了霸王事業嗎？你現在吃點苦，受點罪，又焉知不是福呢？」勾踐回到越國後，在座位旁懸掛苦膽，行也好，坐也好，飲食也好，都要一面先嘗一嘗苦膽，一面質問自己：「勾踐！你忘記了會稽的恥辱了嗎？」他親自下地耕作，夫人也親自紡織，生活上厲行節儉，不吃肉，不穿好衣服。放下國君的架子重新做人，尊重賢人，厚待賓客，貧者賑濟，喪者弔唁，與百姓一樣共過節儉的生活，和人民一起工作。內政由文種掌管，軍務教給了范蠡。范蠡曾一度被派到吳國去做人質，他在那裡停留了兩年，又被夫差遣送回來了。

勾踐慘澹經營了七年，覺得自己的力量已經可以了，與吳國對抗是沒有問題了。大夫逢同勸他說：「國家在大損之餘，剛剛稍為富裕一些，如果擴軍備戰，必然會驚動吳國，就有可能招致不必要的麻煩。你難道沒有見過凶猛的禽鳥嗎，它們在出擊捕捉獵物前，總是把自己隱蔽得十分嚴密，絕不會暴露出絲毫形跡來。當今的吳國，與齊、晉都打過仗，與楚、越怨仇更深，德少而功多，驕傲得很啊！從越國的角度來看，最正確的策略莫過於結齊、親楚、附晉而厚待吳。先讓晉、楚、齊去與吳較量，而越跟隨在後面見機行事。等到把吳國拖得疲憊不堪，對它下手就可能一戰即勝了。」逢同的意見勾踐完全同意了，表示一定等到時機成熟時再出擊。

又過了兩年，夫差決定出兵去攻打齊國。伍子胥諫阻說：「不行啊！勾踐離開會稽回國後，連日常衣食也講究儉約，與百姓同甘共苦，此人不死，一定對吳國帶來危害。對吳國來說，越是心腹之疾，齊只不過是癬疥罷了。應該先擱下齊國而把注意力集中在勾踐身上才對。」夫差哪裡肯聽？當在艾陵擊敗齊軍，俘獲了齊國的國惠子和高昭子，班師回國時，便去指責伍子胥，說他的勸阻是錯誤的。伍子胥說：「大王不要高興得太早了。」夫差大怒，伍子胥於是決定自殺，直至夫差聽說後加以制止，才沒有死成。文種為檢測夫差是否還把越國放在心上，建議勾踐故意去向夫差借糧，看他給不

給。結果，伍子胥主張不借，夫差卻還是借了，越國君臣內心不勝歡喜。事後，伍子胥對人說：「我的話他（夫差）一句也不聽了，這樣搞下去，大約三年後吳國就要成為一片廢墟啦！」此話被傳播，讓伯嚭聽到了，跑去對夫差進讒說：「單看伍員（伍子胥）的外貌，他似乎很忠厚，其實他很刻毒。從前楚平王要殺他的父、兄，他不顧父、兄死活，只顧自己逃命。連父、兄都可以不顧，哪裡還會顧及大王！上次大王出兵伐齊，他極力攔阻，後來大王打了勝仗，他反而怨恨得更深啦！伍員必將作亂，大王不可不防呀！」開頭夫差還有點將信將疑，當後來聽說伍子胥出使齊國時，曾委託齊國鮑氏照看他的兒子，便完全墜入了伯嚭的圈套，說：「伍員果然蒙哄我！」於是賜給伍子胥屬鏤劍，逼迫他自殺。伍子胥接劍後大笑著說：「夫差呀！你父親（闔閭）的霸業是我協助他完成的，你是我帶起來的。從前你主動要把半個吳國分給我，我沒有接受，如今倒要聽信讒言誅戮我！罷，罷，一個國家要敗亡了，不是一個人可以獨自挽救得了的。」臨自殺前特地囑咐：「一定要把我的眼珠子挖出來放置在東門上，讓我親眼看到越兵打進來。」伍子胥死後，伯嚭便大權在握了。西元前四八二年，夫差統領著全部精兵往北到黃池去與諸侯們會盟，僅留下一些老弱將士與太子留守。勾踐就此乘機發兵五萬人，直向吳國都城進攻。吳軍一觸即潰，太子友被殺。國內派人去向夫差告急，夫差正在跟晉定公爭論應以誰為長呢！為了避免讓諸侯們知道他的後院已經失火，他竟殺人滅口，一連處決了七個洩漏消息的人。因為吳國的始祖太伯是周文王的伯父，夫差對晉定公說：「以周朝廷內部長幼次序而論，應以我為長。」晉定公說：「按姬姓家族來說，我的爵位是侯伯。吳太伯雖然輩份居長，卻並無爵位。」爭來爭去，激怒了晉國的實力人物趙鞅，打算對吳國動武。夫差這時心虛膽怯，擔心真的打起來，吃虧的還是自己，只有忍氣吞聲，尊定公為長。盟會結束後，帶兵回到了自己國家，一看，太子已死，十室九空，自己在外日久，士卒早已累得筋疲力盡了，哪有時間去理那些事了。

越國他們是打不過的了，被迫拿出大筆錢財去與越國講和。

西元前四七四年，勾踐再次去攻打吳國，夫差被打敗，被圍困在姑蘇。前後經歷三個年頭，吳軍多次作戰都失敗。最後，夫差幻想照會稽先例依樣畫葫蘆，派遣大夫公孫雄光著脊背，跪地爬行，前去哀求勾踐說：「你的孤臣夫差昔日得罪於會稽，不敢抗拒你的旨意，曾與你議和而各罷兵歸國。如今勞動你的大駕來誅伐我，我寧願唯命是從，你大約也會像當年在會稽那樣寬赦我的罪過吧？」勾踐見他說得那麼可憐兮兮的，本來打算答應的，范蠡卻說：「會稽的那件往事，是天以越賜吳，而吳硬是不肯接受。如今則是天以吳賜越，難道越也要逆天而不接受嗎？大王早朝晏罷，念念不忘的難道不是報吳仇嗎？辛苦了二十二年得來的成果，一旦拋棄掉，太可惜了。你能忘記在會稽時所處的窘境，不怕吳翻過身來再制服自己嗎？」勾踐對范蠡說：「我很同意你的看法，但又不忍心拒絕吳的使者。」范蠡於是擊鼓進兵，勒令夫差的使者：「大王已把權力交給他手下的管事人執掌了。你趕快離開吧，否則就要對不起你了！」吳使者只好哭著回去了。於是勾踐就派人去通知夫差，他打算把夫差留在甬東（海中小島），分給他一百戶人家。夫差婉言謝絕說：「我已經年老啦，不能再身為臣民效勞越王你了。伍子胥的勸告當初我沒有聽，現在後悔也來不及了，把自己弄到眼前這樣的地步。」以巾蔽面，說：「我沒有顏面見伍子胥於地下！」於是用劍自殺了。

勾踐滅掉了吳國，將夫差安葬之後，隨即就殺了伯嚭，因為勾踐認為他對吳王都不忠，又怎麼可能對自己忠呢？

詭信二十

故知譎即信也，詭即忠也。夫譎詭之行乃忠信之本焉。

譯文

欺騙就是誠信，詭詐就是忠實。欺騙詭詐的做法是以忠實誠信為本啊！

感悟人生

齊國在攻打燕國的時候，占領了燕國的十座城池。在這種情況之下，燕王就派蘇秦去齊國遊說齊王，齊王沒有說什麼就又把十座城池歸還給了燕國。蘇秦回到燕國之後，把這件事告訴了燕王。結果有些人就在燕王面前毀謗蘇秦說：「蘇秦是一個賣國賊，反覆無常的奸臣，恐怕將來他會做亂。」燕王聽信了小人的讒言，於是就想方設法地疏遠他，不願意再重用他了。在這種情況之下，蘇秦害怕自己再被加罪，就入見燕王說：「我本來是東周王城郊外的鄙野之人，並沒有一點功勞，可是大王你在宗廟裡面親自隆重地授予我官職，並在朝廷上給予我崇高的禮遇。現如今我為大王阻擋了齊國的軍隊，收回十城的國土，建立了大功，本來說這應該更加受到信任才對。可是我現在歸來，大王卻不加官於我，這肯定是有人用不守信用的罪名在大王面前中傷我。然而，我的不守信用，正是大王的福分啊！」燕王對蘇秦說：「我非常不喜歡謊言。」蘇秦回答說：「東周的風俗是看不起媒人的，因為他們兩頭說好話。到了男方家中就說：『女孩長得非常美！』到了女方家中又

說：『男方十分富有。』然而，東周的風俗又不能親自娶妻，而且，女孩沒有媒人說媒，即使到老的話也嫁不出去。如果不用媒人，到處去自誇如何美貌，那不但不會得到人們的誇獎，反而會讓人恥笑，那樣就更嫁不出去了。只有順應這種風俗，不說壞話，只說好話，才既能把女孩嫁出去，又不招人恥笑，這些也只有媒人才能做到。而且，如果不懂通權達變，不懂順應形勢，事情一定不會辦好的。能讓人輕而易舉辦成事的，只有謊言啊！」蘇秦說完後，接著說：「假使我守信用像古代尾生那樣，廉潔像伯夷那樣，孝敬父母像曾參那樣，以三個人那樣的高潔品行來侍奉大王，你認為可以嗎？」燕王說：「那當然好啦！」蘇秦說：「有這樣品行的臣子，就不會來侍奉你了。孝敬父母就像曾參一樣，只有不離父母身邊才可以稱之為孝子，這樣的孝子，連在外面過夜都不肯，你又怎麼能讓他不遠千里來侍奉弱小的燕國及其地位並不穩固的國王呢？廉潔自好就像伯夷那樣，為了高義之名，連孤竹國國君的繼承人都不願做，連周武王的臣子都不願當，自己甘心餓死在首陽山上，你又怎麼能讓他步行千里來遊說，建功立業來博取功名富貴呢？守信用就像尾生那樣，與女子約會在橋梁下面的柱子旁邊，女子未能按時赴約，大水來了，也不離開，最後抱著柱子淹死了。這樣的人，他怎麼肯極力吹噓燕國、秦國的聲威以嚇退齊國強大的軍隊呢？韓非曾經說：『許由、續牙、卞和、隋侯、務光這幾個人，都是那種看到厚利不喜歡，遇到危難不畏懼的人。如果見到厚利也不喜歡，那麼賞賜再重也不會對他起任何的作用；如果遇到危難不畏懼，即使用嚴刑峻法來脅迫他，也不會達到目的。這就是人們所說的沒有辦法使用的人。連古時候的聖明之君都不能使他們臣服，在當今世上，他們又有什麼用呢？』再者說，講信義，是用來完善自己的品行，而不是為別人效力的，是為自保而不是為建功立業的。然而夏、商、周三代聖王相繼而起，齊桓公、晉文公、秦穆公、楚莊王、越王勾踐相繼稱霸，都不

是為自保，你認為自保是對的嗎？那麼齊王遠在營丘（今山東臨淄，當時是齊國都城）就足以使你不敢窺視邊境之外的地方。過去鄭國的子產向晉國報告入侵陳國並勝利的消息。晉國的國君問他：『為什麼要欺負小國？』子產回答說：『根據先王的遺命，只看誰有罪過，而不管它是大國小國，都要治它們的罪。再說，過去天子的領地方圓千里，諸侯國的領地方圓百里，以下依次遞減。而如今大諸侯國的領地大都已經方圓千里了。假如我們不侵占小國的領地，怎麼能使自己的國土擴大呢？』他這樣說，晉國的國君也沒有辦法再責難他了。」蘇秦接著說：「再說了，我還有老母親遠在東周故鄉，我離開了母親來侍奉你，我拋開自保之道來建功立業，我所追求的本來是不符合你的意願的。你不過是只求自保之君，而我卻是建功立業之臣。我就是人們所說的因為過於忠誠了才得罪了君主的人啊。」燕王說：「忠誠守信又有什麼過錯呢？」蘇秦回答說：「你是不明白這個道理的。我有一個在遠方做官的鄰居，他的妻子有了外遇，就在丈夫快要回家的時候，她的情夫非常擔憂，而那個妻子卻說：『你用不著擔心，我已經準備好毒酒等著他回來。』等到他的丈夫回來了，妻子就讓侍婢捧著毒酒給丈夫喝。侍婢心裡知道那是一杯毒酒，讓男主人喝下去，就會毒死主人；如果說出真相的話，女主人肯定會被趕出家門的。在這種情況之下，她就假裝跌倒，把酒灑到了地上。男主人看到後很生氣，用竹板狠狠抽打侍婢。侍婢潑掉藥酒，對上是為了保護男主人的生命，而對下呢？保護了女主人的地位。這樣忠心耿耿，但還是免不了要被主人鞭打。這就是忠誠過度的不幸啊！我所做的事，恰恰與那侍婢倒掉藥酒一樣，也是好心不得好報啊。再說，我侍奉你，是為伸張正義，希望有益於我們的國家，如今卻好像是犯了罪，我怕今後來侍奉你的人，再沒有哪一個敢伸張正義了。況且我遊說齊王的時候，並沒有欺騙他，今後誰再為你遊說齊王，恐怕都不會像我這樣誠摯，即使有堯舜那樣的智慧，也不敢學我的樣子了。」燕王說：「說得對。」蘇秦的一番話，說得燕王心服口服，從此以後又重用他了。

從這件事上可以知道，有時候，欺騙就是誠信，詭詐就是忠實。欺騙詭詐的做法是以忠實誠信為本的啊。

忠疑二一

夫毀譽是非，不可定矣。以漢高之略，而陳平之謀，毀之則疏，譽之則親。以文帝之明，而魏尚之忠，繩之以法則為罪，施之以德同為功。知世之聽者，多有所尤，多有所尤即聽必悖矣。

譯文

人世間的毀謗與讚譽、是與非，是很難有一個客觀標準的。以漢高祖劉邦那樣的雄才大略和丞相陳平那樣的足智多謀，有人毀謗陳平時，漢高祖都疏遠他，而有人讚揚陳平時，漢高祖又親近信任他。以漢文帝那樣的英明和雲中太守魏尚那樣的忠誠，由於呈報戰績時，誤報幾顆首級，便被繩之以法，就地免職。經馮唐在文帝面前為他辯解後，又被法外施恩，重新重用，建立了大功。由此可知，人們在做出判斷時，往往出錯，一出錯，結論必然相反。

感悟人生

雖然忠言逆耳，但總會有進忠言的臣子，而聽不聽忠言關鍵在皇上。

忠言會經常損害奸臣的利益，所以奸臣就會想法設法去誣陷忠臣。

奸臣之所以常常誣陷別人，是因為誣陷的風險很低。而忠臣，卻不會去做誣陷別人的事情。我們經常看到忠臣被陷害，而沒看到過奸臣被陷害。

奸臣很難被剷除。因為他們很會說好話，迎合皇上的心思，讓皇上開心，讓皇上高興，當那些奸臣犯了錯誤的時候，皇上也捨不得懲罰他們，而對於忠臣，皇上根本沒有對奸臣一樣強烈的體會。這並不是沒人指出，而是因為忠言逆耳，忠誠的話會讓皇上聽了生氣。

三月飛雪忠臣冤死

六月飛雪是因為竇娥有很大的冤屈，而三月的飛雪也與此有類似的原因，回眸中華的歷史，冤死者不計其數，但死得轟轟烈烈，又能讓我們感觸頗深的卻不多見……

晁錯是西漢初期偉大的政治家，但他卻不是壽終正寢，而是穿著朝服被腰斬於市的，處死他的不是匈奴人，也不是謀反的吳王劉濞，而是他忠心輔佐的漢景帝 —— 劉啟。文帝時代青年政治家賈誼的青春夭折，與景帝時期晁錯這位傑出政治家的蒙冤而死，成為了文景時代最有名的兩大政治悲劇。

晁錯之所以蒙冤而死，錯在他的〈削藩策〉，不是說他不應提出〈削藩策〉，削藩是先帝的遺願，它是鞏固中央集權、防止叛亂發生的最好政策。只是他削得不是時候，並且操之過急。早在高祖剛定天下時，異性諸侯就發動了叛亂，後來高祖把天下分封給自己的兄弟來管理，以此防止異性諸侯再次叛亂。但他沒有想到的是，過了五十年，居然是他劉家的兄弟反了！文帝時期就有削藩的想法，但沒有去實踐，變成了景帝時期的遺詔。但不削又不行，皇帝總覺得自己好像是躺在一堆乾柴之上，下面還有個火把，只是未點著罷了，誰也不知道哪天就會被點燃了。削藩的事情，應慢慢來，用文火煮，而不應用烈火烤，以免激怒諸王。謀劃叛亂已久的吳王劉濞打著「誅晁錯，清君側」的旗號奪天下。「君要臣死，臣不得不死！」身為學生的景帝在太后、朝野和叛軍的壓力下，揮淚處斬了恩師晁錯！晁錯就這樣成了景帝保天下的犧牲品！但是，晁錯的死並沒有換來天下的安定，晁錯冤死後，吳楚反軍揭下了偽裝，暴露出他們真正的野心。最後，景帝只得下定決心平

亂，任命周亞夫為平定叛亂的將領。周亞夫率軍在三個月之內，終於平定了叛軍。對於這樣的結果，想必晁錯的在天之靈也會覺得安慰吧！結果證明，晁錯並沒錯，他對當時的分析是完全正確的，他削蕃的出發點也是好的，但他為什麼還是不能避免一死呢？只能說還是封建制度所造成的。晁錯是當時代表進步思想和先進理論的開創者、先行者，他提出與推行〈削藩策〉，需要面對來自各方面的舊勢力的巨大壓力，朝野上下除了皇帝外，都持有反對意見，然而他卻依舊正氣凜然，面對固守派咄咄逼人的氣勢，毫不退縮，堅持自己的原則。有一句話可以看作是晁錯的人生信條：「臣認為，對的，到頭來還是對的！錯的，到頭來它還是錯的！」

縱觀晁錯的一生，不能抿滅他對漢朝的貢獻，首先他是提出「師夷長技以自強」的第一人，他充分發動邊疆的人民，推行家族兵制，即從小就接受軍事訓練，與其他農民不一樣，成績好的編入漢軍，還對他們獎勵，成績不好的可以卸甲歸田。許多士兵都與匈奴有血仇，在戰場上很拼命。另外，他鼓勵朝廷收納長城以北的小股匈奴遊民，從而獲取與匈奴作戰的經驗、戰術以及良種馬匹。為後來的武帝劉徹反攻匈奴奠定了堅實的基礎。所以說，晁錯對漢朝的貢獻是功不可沒的。

用無用二二

原其無用，亦所以為用也。而惑者忽不踐之地，賒無用之功，至乃誚訕遠術，賤斥國華，不亦過乎？

譯文

推究起來，無用就是有用，不懂這個道理的人很容易忽視足下的無用之地，看不起無用之物的特殊作用，甚至於嘲笑這一理論是迂腐的空談，輕視排斥國家的英才。這不是太過分了嗎？

感悟人生

你知道莊子嗎？你了解莊子嗎？也許只有在對莊子有深刻的了解後，你才會發現莊子的思想真是博大精深，每一個篇章都包含著一些我們以前從來沒有想到過的層面，對我們有新的啟發。像以前我們都認為，所有的事物當然是有用比較好，但是莊子就「違反」了一般人的想法，提出其實無用方有大用。像現在的社會崇尚外表、金錢。沒有的人，就容易感到自卑、慚愧。但仔細想一想，有了這些真的會比較好嗎？外表較好的人易自負，以致只重視外貌的修飾，而疏於內在的充實，日子久了人們就會看穿他的真面目。多金的人成日只想著能不能賺更多的錢、小偷會不會來盜竊、小孩會不會被綁架等等。這麼多的憂煩和危險，都是伴隨著有用的財富而生的。而相對來說，眾人所認為的無用的乞丐就沒有這種煩惱。莊子的「無用之用」便說

明了這層道理。進一步來說，萬事萬物其實都沒有所謂的有用無用，有用的另一面便是無用，無用的另一面也就是有用。當我們受限於主觀的有用無用時，個人的創造力和靈感就被抹殺掉了，我們便無法突破傳統的框架，忽略了一件事物真正的好處。其實我們只要先除去世俗的想法，從一個新的觀點來探討一切我們所熟知的事物，如此才能夠更接近大道，而不會因為因循固定的思考模式，而失去吸收新知的機會。

以前，陳平由於智謀有餘而被劉邦疑忌，但沒有想到周勃因質樸卻被認為忠誠而受到信任。在仁義不足以使人們互相信任的時候，聰明人因智謀有餘而被疑忌，但是不聰明的人卻因智謀不足而取得了信任。東漢時，徵召隱士樊英、楊厚入朝做官，朝廷盼他們兩個就像盼神明一樣。可是他們到了朝廷之後，並沒有什麼過人之處。李固、朱穆認為隱士純屬欺世盜名之輩，對國家一無用處。然而，正是因為朝延對他們的徵召，隨後慕名而來了許多人，從而使皇帝招攬了更多的人才。這就證明孔子說過的那句話：「把隱逸的人士推舉出來，天下的人就都會歸順你了。」燕昭王尊禮郭隗也就是這個用意。其實郭隗雖非傑出的人才，但是尊禮郭隗，所以劇辛、樂毅這樣的英傑就隨之而來了。齊桓公尊禮九九天道之術，也是這個用意，都是為招攬天下人才的。

恩生怨二三

《傳》稱諺曰：「非所怨，勿怨。寡人怨矣。」是知凡怨者，不怨於所疏，必怨於親密。何以明之？高子曰：「〈小弁〉，小人之詩也。」孟子曰：「何以言之？」高子曰：「怨。」孟子曰：「固哉！夫高叟之為詩也。有越人於此，關弓而射我，我則談笑而道之。無他，疏之也。兄弟關弓而射我，我則泣涕而道之。無他，戚之也。然則〈小弁〉之怨，親親也。親親，仁也。」

譯文

《左傳》上引用了一則諺語：「不該怨恨的不要怨恨。可是有的人我卻禁不住要恨。」由此可以知道，凡是有怨恨的人，不是恨他所疏遠的人，就是恨他所親近的人。怎麼來證明這一道理呢？高子說：「《詩經．小弁》一詩是小人做的。」孟子說：「何以見得？」高子說：「該詩充滿怨恨情緒。」孟子說：「真死板啊！高子竟是這樣來研究《詩經》的。假如有一個越人在這裡，彎弓射我，我卻可以一邊說笑一邊談論這件事，這沒有別的原因，只因我和他素不相識。可是假如是我的兄弟用箭射我，我就會哭著訴說這件事，這也沒別的原因，只因他和我是親人。〈小弁〉這首詩裡的怨恨情緒，正是熱愛親人的表現。熱愛親人，這是仁啊！」（〈小弁〉一詩是諷刺周幽王的。）

感悟人生

滿懷感恩之情

有時候，對於一個陌生人的點滴幫助我們會很感激，可是對於朝夕相處的人的關心，很多人卻認為這一切都是理所當然的。

有很多成功人士，談起自己成功的經歷時，往往過分強調個人的努力，而忽視別人的幫助。事實上，每個到達成功彼岸的人，都獲得過別人的幫助。如果你定出了成功目標並且付諸行動之後，不要忘了感謝那些曾經幫助過你的人，不要忘了感謝上天對你的眷顧。

每一個人，都要感謝父母的恩情，感謝師長的恩情，感謝眾人的恩情；沒有父母的辛苦養育，沒有師長的諄諄教誨，沒有眾人的點滴幫助，我們何能存於天地之間？所以，感恩是一種美德，一個人之所以為人，最基本的條件就是他有一顆感恩的心！

現在很多年輕人，從出生到長大，受到了父母的呵護，受到了師長的指導。可是，在他們對世界還沒有做出一點貢獻的時候，卻總是發牢騷，抱怨不已，看這不對，看那不好，視恩義如草芥，只知仰承天地的甘露之恩，不知道報答他曾享受到的恩情，讓我們不得不說他們的內心太冷漠。

現在很多中年人，雖然有社會的培養、老闆的提攜，自己還不能發揮長處，為這個社會做出貢獻，卻也不滿現實，有諸多委屈，好像別人都對不起他，憤憤不平。這樣的人，在家裡，不可能成為稱職的家長；在社會上，也很難成為一名工作稱職的員工。

羔羊尚且知道跪下吃奶，烏鴉也知道反哺，動物尚且有感恩之心，何況我們作為萬物之靈的人類呢？我們從家庭到學校，從學校到社會，重要的是要擁有一顆感恩的心。我們教導孩子，讓他們從小就知道所謂「一粥一飯，

當思來之不易；半絲半縷，應知物力維艱」，目的就是要他懂得世界上的很多東西來之不易，所以要學會珍惜，要學會感恩。

很多人會對一個陌生路人的點滴幫助感激不盡，但是對於朝夕相處的老闆給予的恩惠，卻認為是理所當然的事情，把它看成純粹的商業交換關係，這是許多公司老闆和員工之間關係緊張的原因。的確，勞資是一種契約關係，但是在這種契約關係背後，難道就沒有一點同情和感恩的成分嗎？老闆和員工之間的關係不是絕對的對立，從商業的角度，它是一種合作共贏的關係；從情感的角度看，也有一份親情和友誼在裡面。

在你感謝別人的時候，不要忘了感謝你身邊的人 —— 你的老闆和同事。你們一起工作，一起共事，他們更了解你、也更支持你。大聲說出你的感謝，讓他們知道你感激他們的信任和幫助。勇於表達你的謝意，並且能經常地向你的同事和老闆說出你的謝意，有利於增強公司的凝聚力，加強整個公司的團結。

永遠都要懷著感恩的心。作為一名推銷員，在遭到拒絕時，應該感謝顧客耐心聽完自己的解說，這樣才有下一次惠顧的機會！作為一名員工，老闆批評你時，應該感謝他給予的種種教誨。感恩是種不花錢的投資，對於未來，對於人生，都是很有幫助的！

真正的感恩應該是真誠的發自內心的感謝，而不是為了達到某種目的，迎合他人而表現出的虛情假意。與拍馬屁不同，感恩是自然的情感流露，是不求回報的。一些人從內心深處感激自己的老闆，但是由於害怕別人說三道四，只好將自己的感激隱藏在心中，甚至刻意與老闆劃清界限，以表自己的清白。這種想法是何等幼稚啊！如果我們能從內心深處意識到，正是因為老闆費盡心思的努力，公司才有今天的發展；正是因為老闆的諄諄教誨，我們才有所進步，才會心中坦蕩，又何必去擔心他人說些什麼呢？身正不怕影子

歪，做人不能總是去考慮別人怎麼看自己。

感恩並不僅僅只是對公司和老闆有好處。對於個人來說，感恩是富裕的人生。它是一種深刻的感受，能夠增強個人的魅力，開啟神奇的力量之門，挖掘出無窮的智慧。感恩也像其他受人歡迎的特質一樣，是一種習慣和態度。

感恩和慈悲是相近的。時常懷著一顆感恩的心，你會變得更謙和、可敬且高尚。每天都用幾分鐘時間，為自己能有幸成為公司的一員而心懷感激，為自己能遇到這樣一位老闆而心懷感激。世上的事情沒有絕對的，不論你遇到的情況有多麼糟糕，經常把「謝謝你」、「我很感激你」這些話掛在嘴邊。真誠地表達你的感謝之意，付出你的時間和心力，為公司為老闆更加勤奮地工作。這份精神，比物質的禮物更讓人覺得可貴。

當你的努力和感恩沒有得到別人回應的時候，當你準備辭職換另一份工作時，同樣也要心懷感激之情。沒有一份工作，也沒有一個老闆是盡善盡美的。在辭職前仔細想一想，自己曾經從事過的每份工作，多多少少都存在有益的人生經驗和感悟。失敗的沮喪、自我成長的喜悅、嚴厲的老闆、溫馨的工作夥伴、值得感謝的客戶……這些都是人生中值得學習的東西。如果你每天能帶著一顆感恩的心去工作，你會發現每天的心情都是愉快的，你的工作態度也會變得很積極的。

詭順二四

由是觀之，是知晉侯殺里克，漢祖戮丁公，石勒誅棗嵩，劉備薄許靖，良有以也。故范曄曰：「夫人守義於故主，斯可以事新主；恥以其眾受寵，斯可以受大寵。」若乃言之者雖誠，而聞之者未譬，豈苟進之悅，易以情納，持正之忤，難以理求？誠能釋利以循道，居方以從義，君子之概也。」

譯文

由此看來，晉惠公殺不忠於懷公的里克，漢高祖殺不忠於項羽的丁公，石勒殺不忠於西嚴明的棗嵩，劉備看不起不忠於劉璋的許靖，確實都是有道理的。所以范曄說：「人只有忠於舊日的君主，才能以忠心侍奉新的君主。只有以人云亦云而受寵為恥辱的人，才可以受到特殊的恩寵。假如進言者忠心耿耿，而在上者卻聽不進去，豈不是因為苟且求進的奉承話容易在感情上被接受，而立論嚴正卻多有冒犯的逆耳忠言在理性上就難以得到原諒嗎？如果確實能放棄追求功利，站在大道的立場，遵循義的原則，那就是君子的風度了。」

感悟人生

辭職員工搖身變對手

八名到職還不到兩個月的新員工，突然走到 A 老闆面前說：「老闆，我們不做了。」突然同時遞上辭呈，此舉讓 A 老闆感到特別地困惑。二十天過

後，A 老闆終於明白了到底是為什麼。在老客戶的競標場上，昔日員工組成的新公司，搖身一變成為競爭對手。A 老闆表示，他打算以盜竊商業祕密為由起訴對方。A 老闆說：「當時他們還熱情地和我打招呼，我卻怎麼也笑不出來。」A 老闆回憶起在競標場上的那一幕，心情仍無法平靜。A 老闆說，九月七日，他們為市場行銷部新招了八名新員工，之後還把他們中的紀某提拔為市場行銷部代理經理。但沒想到十月二十六日，兩個月的試用期還沒有過，八名新員工卻突然同時遞上了辭呈。

A 老闆說，這八個員工走後的二十天當中，他始終想不明白他們為什麼要一同離開公司，捫心自問，自己也沒有虧待過員工們。他還說，為了這一批新員工，也不知道自己花了多少心血，在薪水上，他不但按合約給付了員工薪水，給他們每人發獎金，每到星期六的時候，他還專門請專家過來培訓，自己更是手把手地來教他們，算起來，從技術到資源，僅僅只算培訓費就花掉了公司將近十五萬元。

前天，A 老闆參加了某鋼材集團的招標會。在會場的一個小角落裡，A 老闆突然看到了幾個熟悉的身影，當時還以為是自己看錯了，但是仔細一看，那確是離開公司的陳某及其他幾個人。正在心裡面納悶的時候，對方已經在熱情地向他打招呼了，並且還遞上了自己的名片，A 老闆仔細一瞧，上面印有「某某科技有限公司總經理」。再一問，此前離開的所有新員工，都到了這家公司。

A 老闆感到分外揪心，為什麼呢？因為這批新員工不僅帶走了公司多年的絕密技術，而且由於當時他們都是行銷部人員，還挖走了該公司七八十個客戶。A 老闆聲稱，新員工的集體離開是有預謀的，他打算以盜竊商業機密的罪名來起訴這些人。

但是八名員工之一的陳某聽到這個消息後，承認自己和其他人曾經在 A

老闆的公司工作過，之後他們就一起來到了這個新的公司。對於為什麼要離開，陳某卻說：「A 老闆對他們的承諾很多都沒有兌現，並且還很摳門。」陳某還說，他們八個在一起覺得很投緣，而且對於 A 老闆的這種做法很不滿，便成立了這家公司。

陳某還承認，他們確實從 A 老闆的公司帶過來幾個客戶，但是絕沒有 A 老闆說的那麼多；其次，「 作為一個新公司，是不可能靠他們以前的幾個客戶存活下來的，而且我一直告誡員工不要再用他們以前的客戶。」至於技術方面的問題，陳某說能在別的地方學到，不存在機密的問題。

針對此案，律師聲稱，對於盜竊商業祕密的這種說法，要看陳某公司採用的技術是否是公開的，如果不是的話，是否是 A 老闆公司自行研發的技術，如果屬於後者的話，那麼涉嫌盜竊商業祕密的可能性就存在，至於客戶資源這方面，從嚴格的意義上來說，這不屬於商業祕密的範圍。

從這個事例上我們可以看出，陳某等八名員工對老闆根本就沒有忠誠度可言，即使他們認為 A 老闆存在某方面的不是，他們也應該向 A 老闆指出來，畢竟他們也是 A 老闆看重的人才，如果是集體辭職的話，會給該公司帶來多大的傷害，他們心裡想必也是清楚的。

他們集體離職，不但要被 A 老闆起訴，還有可能被別人認為是不講信用的人。即使以後他們到別的公司上班的話，別人知道了他們的事情，就有可能不會用他們。

公司需要忠誠的員工

某工廠剛創立的時候業務蒸蒸日上。到後來，主攻的螺絲釘產品沒有多少技術含量，逐漸地被其他地區價格更便宜、品質更好的產品取而代之。

面對產品的滯銷，工廠的日子當然是一天不如一天，慢慢地工廠裡面只能發給員工七成的薪水，有時候甚至連七成的薪水也不能保證。有許多員工

對這種現象十分不滿，有的員工開始在下班的時候往工具包裡裝釘子，然後拿到市場上以低的價格賣出，工廠虧損越來越嚴重。

該工廠為了防止工人下班之後偷釘子，也採取了一些措施。比如說在大門口安放了大型的吸鐵石和報警器，這樣搞得工廠裡的人個個自危。結果如很多人所料的那樣，工廠到最後還是垮了下來。

垮掉的結果是什麼呢？除了有點技術的年輕人離開了工廠，絕大多數的工人從此再也找不到工作。

但是如果站在一個員工的角度來看，無論怎麼樣，這是自己賴以生存的地方，沒有了工廠，自己也就失去了工作的場所，失去了創造價值的地方，失去了薪水的來源，苦的還是自己。

對老闆而言，公司的生存和發展也需要員工的忠誠。

現在許多公司都是老闆辛苦創辦的，老闆投入了大量的資金，主要目的就是賺錢，同時老闆還承擔著難以收回的投資，甚至破產的風險。但是，老闆的利潤是由員工創造的，所以，老闆只有首先支付員工的薪水、保險和獎金，才能獲得剩餘的利潤。

為了保全自己的利益，對每一個創辦公司的老闆來說，他們都會盡可能地留用那些對公司忠誠的員工，這主要是因為:即使是在老闆不在的情況下，他們也會一樣地努力工作，為公司服務，把公司作為自己施展才華的平臺。

一個優秀的員工必須深刻地意識到:自己的利益和公司的利益是一致的，必須全力以赴，努力工作，用創造出來的成績贏得老闆的信任。

嚴格一點來說，對於老闆的忠誠也就是對公司的忠誠，對自己的忠誠，一個沒有忠誠感的員工怎麼也不會得到老闆的信任和重用，因為他存在人格與品格的缺陷，這樣的員工在社會上也很難找到自己的立足之地。

劉老漢應徵

詭順二四

劉老漢原來在一家公司裡做電焊工作，在那裡工作的四年間，劉老漢從來都沒有遲到過，更沒有早退過，對自己的工作更是負責任。但是就在第五年的時候，由於公司不景氣，面臨倒閉，因此公司決定裁員，在這種情況下，劉老漢自動離開了公司，離開公司之後，劉老漢重新找工作。

劉老漢去過幾家公司，都以失敗告終，不是嫌他的年齡大，就是別的原因，總是有理由。有一天，劉老漢在徵才廣告上看到一則和自己以前的工作性質差不多的職位，他就去應徵了，應徵的人大概有幾十個。

應徵很簡單，每人發了一張紙，要求把以前所在公司的技術寫下來，劉老漢猶豫著，不知道要不要寫，最後劉老漢決定不寫就交上去了。但是沒有過幾天，該公司就通知劉老漢被錄取了。

從這個故事上我們可以看出來，只有對舊公司忠誠，才能得到新工作的信任。

難必二五

夫人主莫不欲其臣之忠，而忠未必信，故伍員流於江，萇弘死於蜀，其血三年而化為碧。凡人親莫不欲其子之孝，而孝未必愛，故孝己憂，而曾參悲。此難必者也。何以言之？

譯文

做為君主，沒有不希望他的臣子是忠誠的，可是臣子忠誠未必能獲得信任，所以忠於吳王闔閭的伍子胥卻被沉人錢塘江，萇弘忠於周靈王，卻被流放蜀地，刳腸而死，其血藏之三年，化為碧玉。凡是做父母的、沒有不希望兒子孝順的，然而孝子卻未必獲得父母的喜愛，所以孝己儘管對父親殷高宗非常孝敬，卻由於後母的讒害而憂慮，曾參對父母非常孝敬，卻不被父母喜愛而悲泣。這就是事物難以有定準的道理。為什麼這樣說呢？

感悟人生

每個員工都要講究忠誠。

智慧和經驗兩者是金子，而比金子還要珍貴的則是忠誠。從古到今，沒有哪一個人不喜歡忠誠的。皇帝需要他的臣民忠誠，領導者需要他的下屬忠誠，丈夫需要妻子忠誠，妻子需要丈夫忠誠，產品需要忠誠的消費者，每個人都希望有忠誠的朋友。這個社會中，無人不喜歡忠誠。忠誠在所有的特質中是最受歡迎的。例如在國外，有人做過精確調查，對各項品德的重要性進

行排序，忠誠始終位居第一位。在外國企業聘用員工的五十五種能力和要求中，忠誠可靠性是居第一位的。

忠誠究竟是什麼呢？忠誠不是叫你從一而終，它是一種職業道德。在如今的社會中，人員的流動是很正常的。但變化的只是環境，而不變的是你的忠誠。它是一種自始至終的責任，它牽涉著對公司的責任，對老闆的責任，每人都要負起這個責任。

忠誠的意義也就是真誠地去支持老闆。無論在什麼情況下，千萬不要讓自己與老闆平起平坐。所有的老闆都希望自己的公司在不斷地慢慢成長與發展，因此他很希望有忠誠和有能力的員工。所有的員工都希望自己有所發展，都想發揮自己的聰明才智，這就必須利用老闆提供給你的平臺。事實上，為了自己的利益，老闆只會保留忠誠和有能力的員工。與此同時，員工為了自己的利益，首先必須要弄清楚，自己與老闆的利益是一致的，只有證明自己的忠誠和才能，才會取得老闆的信任，才會得到自己所希望的東西。任何一個老闆，都只會培養忠誠的員工，假如你不具備這一條，那麼你就不會得到老闆的重用。

忠誠就是真誠地理解和同情老闆的艱辛。請相信，沒有一個老闆會存心與哪一個員工過不去的。處世的黃金原則是設身處地。大家要站在老闆的立場上去考慮一下，換個角度來說，假如自己去當老闆又是怎樣的呢？俗語說得好：「不當家，不知柴米貴，沒有兒，不知養育難。」老闆之所以是老闆，不是因為他的完美，而是肯定存在我們所不具有的特質。成功學中最偉大的定律是待人如己，而不是以己度人。不要總看到老闆的風光，老闆的榮耀，還要從另一方面看到老闆的辛苦，老闆的壓力。有人常常犯這樣的錯誤：老闆是別家的好，孩子是自家的好。

在公司裡，忠誠就是要對老闆持有感恩的心。古往今來，感恩一直都是

人類的美德。有人說，西方人之所以比東方有禮貌，是因為他們每年有一個感恩節。試想一下，工作是不是老闆給的？薪水是不是老闆給的？經驗是不是老闆給的？機會是不是老闆給的？難道不需要感恩嗎？有三件事必須馬上行動，否則的話就趕不上了，這三件事即盡孝、行善、感恩。

在公司內，忠誠就是要向老闆學習和借鑑。這並不完全因為他是老闆，而是因為他優秀。這樣我們就會多學到一點東西，且從中找出老闆的成功因素，找到他閃光耀眼的那一面。假如你想成為老闆，就必須要這樣做。

忠誠就是不吹毛求疵和抱怨。世上完美的人是不存在的，上帝也會犯錯誤。古人云：「金無足赤，人無完人。」就是這個道理。人生之事，不如意者十之八九。哪有老闆願意聘任滿腹牢騷的人？無論哪一個人，都不會因為抱怨而得到進步。喜歡抱怨的人，一生都不會有所成就的，更談不上成功了。有人說過，人生的毀滅，往往是從抱怨開始的。我們深深地相信：機會不是因為抱怨，抱怨也不會帶來機會。抱怨是由於心態的失衡。假如不斷抱怨，那麼危險就在眼前，離找工作就不遠了。

忠誠就是要誠實可靠。

總結起來，忠誠就是不該說的不說，不該做的不做，不該要的不要。

運命二六

夫天道性命，聖人所希言也。雖有其旨，難得而詳。然校之古今，錯綜其紀，乘乎三勢，亦可以彷彿其略。何以言之？荀悅云：「凡三光、精氣變異，此皆陰陽之精也，其本在地而上發於天。政失於此，而變見於彼，不其然乎？」

譯文

天道、性、命等問題，孔子很少談論它們。孔子不是不明白這些道理，但他也很難說得清楚具體。然而考察古往今來錯綜複雜的記載，憑藉「三勢」，也可以知道個大概。為什麼這樣說呢？東漢末史學家荀悅曾說：「凡日、月、星辰與精氣的變異，這都是陰陽之氣的精華。它的根原本是在地，向上生髮而達於天。國家政治有所缺失，就會在天地間顯現出異變，難道不是這樣嗎？」

感悟人生

扁鵲救虢太子

扁鵲經過虢國的時候，恰好正碰上虢太子死去，扁鵲來到虢國王宮門前，問一位喜好醫術的中庶子說：「太子有什麼病，為什麼全國舉行除邪去病的祭祀超過了其他許多事？」中庶子說：「太子的病是血氣運行毫無規律，陰陽交錯而不能疏泄，猛烈地爆發在體表，就造成內臟受傷害。人體的正氣

不能制止邪氣，邪氣蓄積而不能疏泄，因此陽脈遲緩陰脈急迫，所以突然昏倒而死。」扁鵲問：「他什麼時候死的？」中庶子回答：「雞鳴時候。」又問：「收殮了嗎？」回答說：「還沒有，他死還不到半天呢。」「請稟告虢君說，我是渤海郡的秦越人，家在鄚地，未能仰望君王的神采而拜見侍奉在他的面前。聽說太子死了，我能使他復活。」中庶子說：「先生該不是胡說吧？怎麼說能使太子起死回生呢！我聽說上古的時候，有個叫俞跗的醫生，治病不用湯劑、藥酒，鑱針、砭石、導引、按摩、藥熨等辦法，一解開衣服診視就知道疾病所在，順著五臟的腧穴，然後割開皮膚剖開肌肉，疏通經脈，結紮筋腱，按治腦髓，觸動膏肓，疏理橫隔膜，清洗腸胃，洗滌五臟，修煉精氣，改變神情氣色，先生的醫術能如此，那麼太子就能再生了；不能做到如此，卻想要使他再生，這樣的話連剛會笑的孩子都不能欺騙。」過了很久一段時間，扁鵲才仰望天空嘆息說：「您說的那些治療方法，就像從竹管中看天，從縫隙中看花紋一樣。我用的治療方法，不需給病人切脈，察看臉色、聽聲音、觀察病人的體態神情，就能說出病因在什麼地方。知道疾病外在的表現就能推知內在的原因；知道疾病內在的原因就能推知外在的表現。人體內有病會從體表反應出來，據此就可診斷千里之外的病人，其中決斷的方法很多，不能只停留在一個角度看問題。假如你認為這話不真實可靠，那麼你就嘗試著進去診視太子，定會聽到他耳有鳴響、看到鼻翼搧動，順著兩腿摸到陰部，那裡一定還是溫熱的。」

中庶子聽完扁鵲的話之後，兩眼呆滯一直瞪著不能眨，舌頭也翹著說不出話來，後來才進去把扁鵲的話告訴虢君。虢君聽後十分驚訝，走出內廷在宮廷的中門接見扁鵲，說：「從聽說您有高尚的品德到如今已有一段時間了，但不能夠在您面前拜見您。這次先生您經過我們小國，真心地希望您能救助我們，這個偏遠國家的君王真是太幸運了。有先生在就能救活我的兒子，沒有先生在他就會拋屍野外而填塞溝壑，永遠死去而不能復活。」話沒說完，他就悲傷抽噎氣鬱胸中，精神散亂恍惚，長時間地流下眼淚，淚珠滾落沾在睫毛上，悲哀不能自我克制，容貌神情發生了變化。扁鵲說：「您的太子得的病，就是人們所說的『屍蹶』。那是因為陽氣陷入陰脈，脈氣纏繞衝動了胃，經脈受損傷脈絡被阻塞，分別下注入下焦、膀胱，因此陽脈下墜，陰氣上升，陰陽兩氣會聚，互相團塞，不能通暢。陰氣又逆而上行，陽氣只好向內運行，陽氣徒然在下在內鼓動卻不能上升，在上在外被阻絕不能被陰氣遣使，在上有隔絕了陽氣的脈絡，在下有破壞了陰氣的筋紐，這樣陰氣破壞、陽氣隔絕，使人的面色衰敗血脈混亂，所以人會出現身體安靜得像死去的樣子。太子實際沒有死。由於陽入襲陰而阻絕髒氣的能治癒，陰入襲陽而阻絕髒氣的必死。由此看來這些情況都會在五臟厥逆時突然發作。精良的醫生能治癒這種病，而拙劣的醫生會因困惑而導致病人更加危險。」

於是扁鵲就叫他的學生子陽磨礪針石，取穴百會下針。過了很長的一段時間後，太子竟然甦醒了。又讓學生子豹準備能入體五分的藥熨，再加上八減方的藥劑混和煎煮，交替在兩脅下熨敷，太子能夠坐起來了。進一步調和陰陽，僅僅吃了湯劑二十天，身體就恢復得和從前一樣了。因此天下的人都認為扁鵲能使死人復活。扁鵲卻說：「這不是能使死人復活啊，他應該可以活下去的，我能做的只是促使他恢復健康罷了。」

大私二七

由是言之，夫唯不私，故能成其私。不利而利之，乃利之大者矣。

譯文

由此說來，只有不存小私之心，才能成就最大的私；只有不貪圖小利，才能獲取最大的利。

感悟人生

絞王貪小利兵敗國破

在西元前七〇〇年，楚武王發動兵馬攻打絞國，包圍了絞城。

絞國的守城將士採取堅守城池、閉門不戰的政策，不管城外楚兵怎樣辱罵，絞城始終沒有殺出一兵一卒。而一旦楚軍向絞城發起猛攻，守軍就勇猛抵抗，楚兵每次攻到城邊，都被雨點般的箭射得退了回來。

因為絞城久攻不下，楚王心中很煩悶。有一天他獨自在帳中喝起了悶酒，莫敖（楚國官名）屈瑕求見，說是有誘敵出城之計，楚王喜出望外，立命左右退下，與屈瑕商議。

到了第二天，有一批楚國樵夫繞過絞城到北面山上砍柴，他們總是早晨上山，下午三三兩兩地挑著柴回去，又無軍卒護送。絞城守將很驚奇，報告國君。可是國君對守城將士們說：「這是楚軍的計策，想引誘我們出城，千

萬不可輕舉妄動。」

不過絞城被困了很久，柴草缺乏，現在已經到了只得拆屋煮飯的地步。而一連數日，楚國樵夫依舊是成批上山砍柴，陸續擔柴回營。而絞國的國君此時也相信楚軍上山打柴是為久戰之計，所以就暗中命令兵士悄悄打開城門抓人搶柴。沒用多大的工夫，絞軍就抓回了好幾十人，搶了一批柴。

又過了一天，楚國的樵夫依舊上山打柴，絞國兵士第一天已獲利，此刻不等守城將領發令，就爭著開城抓人。早已埋伏在北門外的楚軍忽然擂響戰鼓，猛衝過來，絞兵慌忙轉身奪路回城，但早被楚兵截斷歸路，最後絞兵傷亡慘重，被楚國抓住了許多。

本來弱小的絞國，遭此重創後，實難再守，只得在城下簽訂了屈辱的和約，淪為楚國的附庸。

敗功二八

故知智者之舉事也，因禍為福，轉敗為功，自古然矣。

譯文

明智的人辦事，往往因禍而得福，轉敗而為勝。這一道理，自古以來都一樣。

感悟人生

波音公司因「險」得「福」

一九八八年四月二十七日，在檀香山機場，美國阿羅哈航空公司（Aloha Airlines）的一架波音737客機剛剛起飛沒多長時間，突然，「轟隆」一聲巨響，飛機前艙頂蓋被掀開一個直徑達六公尺的大洞，一名空姐當下就被掀出機外。駕駛員採取緊急措施，讓飛機在最近的機場上降落。令人驚異的是：除了那名不幸的空姐外，全機八十九名乘客和其他機組人員無一傷亡。有關人員馬上趕到事發現場，詳細調查飛機發生事故的原因。

面對這一嚴峻的考驗，波音公司的人沒有一點驚慌，他們派出高級技術人員參與調查。並且，隨著調查的深入，波音公司還借助電臺、電視臺、報紙、雜誌等新聞媒體大造輿論，對空難事件大加宣揚。波音公司得出這樣的最後結論：這是一架已飛行了二十年、起落九萬多次的客機，飛機已經很陳舊了。按照技術規定，它原來早就應該退下陣去了，金屬疲勞是造成事故的最主要原因。但即使是一架如此陳舊的波音 737，它還能保證乘客無一傷亡，這證明了什麼呢？這只是能說明，這架來自波音公司的飛機在品質上確實是任何人都無法否認的。

波音公司遇到事情時沉著冷靜，不慌不亂，從容查清了造成空難的原因，並大加宣傳，不但沒有損傷波音公司的形象，反而使公司因「險」得「福」。事故之後，波音公司的訂貨成倍增加，就光是波音 737 這一型號，國際金融集團和美國航空公司就訂購了一百三十架。在五月分，公司的訂貨金額就達到了七十億美元。

不准留，只能走—— 西拉斯因禍得福調教「小皇帝」

成為「小皇帝」勒布朗· 詹姆斯（LeBron James）的第一任職業生涯教練—— 被黃蜂解雇的保羅· 西拉斯（Paul Silas）在一個月後終於有了一份非常讓人羨慕的新工作。

前不久，騎士發言人宣布，俱樂部在主場岡德體育館召開新聞發布會，「發布一項重要消息」。據相關人員透露，進行和西拉斯的簽約儀式，才是這次活動真正要做的。

在打敗強大的競爭對手范甘迪（Jeff Van Gundy）之後，西拉斯才得到了這個熱門的職務。兩人同時與火箭會談後，又與騎士高層管理人員進行了會談，不過最後的勝利者是西拉斯。「我和他們兩支球隊都沒簽約。」范甘迪率直地最先說明自己輸給了西拉斯。

也有人說，年滿六十歲的西拉斯能夠打敗原尼克斯主帥范甘迪的原因除了開價較低，個人權利欲望不高也是吸引騎士老闆岡德的重要因素。而西拉斯願意執教老牌爛隊騎士的最大原因則是能與詹姆斯合作。「這樣天才的孩子不是你能輕易遇到的，他能成為偉大的球員。」西拉斯坦陳真實意願，「但他需要正確的引導和父親般的慈愛，我正想給他的也就是這些。」

經歷十六年 NBA 的風風雨雨，西拉斯曾贏得三次 NBA 總冠軍，兩次是在凱爾特人隊，一次在超音速隊，並兩次當選 NBA 全明星球員。可是西拉斯的職業教練歷程卻不是那麼一帆風順。在一九八〇年代早期短暫執教聖地牙哥快艇之後，他足足等待了十五年才得到了黃蜂的賞識。在那裡他很快成為球員最喜愛和信賴的教練，在他任教的五年時間裡，黃蜂季後賽達到了兩百零八勝一百零五負的總成績。

近幾年來黃蜂流年不是很順利，但是黃蜂在西拉斯的率領下，前兩個賽季都闖入東部半決賽。而本賽季，備受馬許本（Jamal Mashburn）和貝倫·戴維斯（Baron Davis）缺陣困擾的黃蜂止步季後賽首輪，雖然經過以大衛斯為首的球員苦苦挽留，可西拉斯面對的還是慘遭解雇的事實。

好在現在接手的騎士顯然不會急功近利，鑑於四年來每個賽季失利場次都在五十場以上的成績，西拉斯的新任務就是培養詹姆斯迅速成長，帶領年輕的騎士走出低谷。

付出讓小劉因禍得福

小劉畢業於外語學院，取得國際貿易學士學位和頂尖英文證照。後攻讀經濟學碩士學位。歷任總經理助理、總裁助理及市場總監。

從大學畢業到現在屈指算來已是七年有餘。七年裡小劉只換了三個工作，且從未遠離過行銷領域。他的成功，也許歸結於他的英文功底、堅忍不拔的精神以及對全域的掌握上。

權威的「職業翻譯」資格

畢業後，小劉的起點很高，直接坐到了總經理助理的位置上。企業看重的是他優秀的學習成績和較高的外語能力。但很快，他經常被一些工作中要用到的機械行業專用術語所難倒。於是，每天在業餘時間會強迫自己去學習

專業英文單字，不出半年，他就成了企業當中最有權威的「職業翻譯」，不管企業碰到了什麼樣的翻譯難題都會來問他。正因如此他也有幸參與了不少國際投標的項目，輾轉於美國、加拿大等地。兩年時間下來，在整個國際招標項目的投標、參與、談判、運作的過程中，小劉掌握了國內外不少大企業的行銷運行模式和企業文化。他不但懂得商業運作構成，而且還有良好的與外國客戶溝通的能力，更有助於他今後的工作走向嶄新的歷程。

執著與耐心讓小劉贏取了客戶的認可

執著與耐心是行銷工作中最重要的。在絲綢品生產出口企業工作時，小劉主要負責公司的市場及產品開拓。有一次為了要見到一位重要客戶，他經過五天的行程到客戶所在地。上面的管理者幾次都讓他回去，但他不想就這樣回去了。當他終於見到這位客戶時，這位客戶又給了他一道道的難題。於是，小劉決定單獨拜訪。首先，他再一次核算了專案的費用，在允許的範圍內再一次做了讓步，以表示出己方合作的誠意；其次，憑藉這幾天來對其的了解及對項目的精准分析，客戶被小劉說服了。「是你的誠意打動了我」，這是在簽協定的時候這位客戶說的一句話。

全域觀念是小劉「補課」的重點

小劉本身並不是行銷相關科系畢業，雖然在工作中不斷累積經驗，但隨著工作層次的提升，全域觀念成為他所欠缺的。例如，由於小劉對公司內部財務運作的不了解，使得銷售部門與財務部門產生了很多的矛盾，累積的結果是財務部並不配合小劉的工作，甚至是消極對抗，導致銷售業績的相對下降。小劉開始想去了解整個公司的所有運作流程，就這樣，他報考了經濟學碩士。

在這裡，小劉知道了銷售並不只是買賣東西那麼簡單，更主要的是了解

企業內部的各個部門的運作方式，從不同角度思考問題、解決問題。這個觀念使小劉掌握從部門管理到整個公司運作的能力。

付出最多，因禍得福

在員工活動的時候，每個隊都有五百元費用，讓三位選手分別帶著隊員背著石頭最快、最安全地爬到山頂。沒想到爬到半山腰的時候其中一個隊員的腳扭到了，面對這種情景本可以放棄她繼續自己的行程，但是小劉沒有。當時他想到，一個真正的英雄不一定是在戰場上打死多少敵人，更應該做的是在千鈞一髮的時候能夠拉一把自己的戰友。就這樣他花了兩百元的錢找當地醫生替她治療，讓她不用疼痛難忍地到達山頂。當隊員累的時候小劉幫他們承擔負擔，把石頭分到自己的背筐裡。當隊員口渴的時候他花掉了五十五塊錢為大家買水、買西瓜，讓隊員們保持最好的體力堅持到最後。到達山頂的時候其他兩名對手一個是沒花費任何資金、另一個只花費了幾十元，這樣的情景讓小劉覺得自己一定會輸，但是他從不後悔，因為他所花費的資金是用在團隊中的。他覺得，企業一方面是追求利潤，另一方面企業的文化也是非常重要的。對於企業來說，在運行一個項目的時候，應該對資金有一定的規劃，有一定的應付彈性的資金，所以在計畫內的資金支出是沒有失誤的。最後，在這一輪的比賽中企業和專家都給了小劉最高分，這是最讓小劉高興而又沒想到的。

昏智二九

夫神者，智之淵也，神清則智明。智者，心之符也，智公則心平。今士有神清智明而暗於成敗者，非愚也，以聲色、勢利、怒愛昏其智矣。

譯文

精神是智慧的源泉，精神清爽智慧就會明朗。智慧是心靈的標誌，智慧公正代表心神平和。現在卻有精神清爽、智慧明朗而偏偏不明白成敗道理的人，這不是因為他愚蠢，而是因為音樂、美色、財物、利益、發怒或偏愛把他的智慧弄得昏暗不明了。

感悟人生

黃濬，被美女拖下水

據傳，在一九三七年「七七盧溝橋事變」後，蔣介石在南京行政院召開絕密的最高國防會議，簽署了絕對保密的命令：立即封鎖江陰至漢口段長江水域，先行殲滅在上海的日本海軍陸戰隊，攔截和獵取泊於江陰以上長江各口岸的全部日軍軍艦和商船。但是，一夜之間，日軍在上述水域內的六十餘艘戰艦和三千多名官兵卻全部撤走了。

蔣介石氣急敗壞。洩密！有日本間諜潛伏在高級軍政長官身邊。

差不多同時，蔣介石準備出席南京中央軍校的一次會議，日本特務正想

偷偷進入會場，被門衛發現，倉惶逃走。又過了幾天，蔣介石準備乘英國大使專車前往上海視察，因故未能成行，但就在大使開車離開南京時又遭到日本飛機轟炸掃射，受了很重的傷。

戴笠不分日夜地開始調查，他發現汪精衛的主任祕書黃濬經常出入國民黨軍政要員光臨的湯山招待所，和一個叫廖雅荃的女招待關係極不正常，再一查，廖雅荃 —— 她的真實姓名叫做南造雲子，潛伏南京多年的日本間諜就是她。

戴笠以最快的速度把黃濬向日本間諜傳遞情報的方法摸清了：1. 黃濬每天到玄武湖公園散步，把情報放入公園內的一個樹洞內；2. 緊急重大情報送到新街口一家外開的咖啡店中。

戴笠火速把黃濬及其兒子逮捕歸案，鐵案如山。黃濬父子供認不諱，兩人即刻被處以極刑。

日本竊取到吳淞口要塞的炮位分布圖，用大口徑火炮將要塞幾十個遠程大炮一一摧毀，全體官兵無一生還。

日本軍隊逃跑的七十餘艘戰艦和三千多官兵捲土重來，給中國的地面部隊以重創，中方的旅團長級軍官傷亡達一半，官兵傷亡約有十萬餘人。

戴笠最先是想把南造雲子抓捕後，再去捕捉黃濬父子的，但南造雲子竟用鉅金買通一名獄卒逃出戒備森嚴的南京老虎橋監獄。南造雲子狂妄至極，只潛藏一年就又出現在上海。一天，南造雲子驅車行駛到百樂門咖啡廳附近，她停下車，推開車門時一連三顆子彈射入她的身體，她永遠地走向另一個世界。

美人計誘印尼學子上賊船

印尼萬隆大學理工科的一個高材生 —— 阿丹脫拉，被印尼政府免費送入蘇聯明傑列夫大學化學系深造。一天，阿丹脫拉正專心致志地在學校圖書館讀書，一個身材修長、美麗溫柔的俄羅斯女孩走到他的身邊，「請問，我可以坐在這裡嗎？」

「當然可以。」女孩的聲音猶如一陣春風，吹得阿丹脫拉心頭熱乎乎的。他們的美好故事就從這裡開始。

娜塔莎是這位女孩的名字。有一次，娜塔莎約阿丹脫拉在校園裡散步，天忽然下起了大雨，把兩個人澆成落湯雞。娜塔莎把阿丹脫拉領入自己的單身宿舍，讓阿丹脫拉換掉濕衣服，而自己進入浴室洗澡。阿丹脫拉擦乾身上的雨水，娜塔莎從浴室出來了——娜塔莎只穿了一件薄薄的睡袍，雪白的肌膚、豐滿的乳房、蓬鬆的長髮、含情脈脈的雙眼……阿丹脫拉就這樣拜倒在娜塔莎的石榴裙下。

其實，娜塔莎是蘇聯克格勃第一總局七處的情報員，收集日本和東南亞各國經濟情報是她身上背負的任務。阿丹脫拉天天與娜塔莎在一起鬼混，一離開娜塔莎就像失了魂似的。這時候，克格勃當局向他攤牌了，他們將阿丹脫拉與娜塔莎在一起做愛的一組組照片放在阿丹脫拉面前，並說要把這向印尼有關部門寄去，無奈的阿丹脫拉只好任憑他們擺布。

阿丹脫拉離開蘇聯後，進入日本企業的東京工廠當研究生，日本導師對他的勤奮和獨創精神非常地賞識，這樣，他就有機會接觸機密檔案。當時，日本人正集中力量進行「塑膠成型技術研究」。這個高科技成果將非常廣泛地應用在軍事領域中。後來，蘇聯人根據阿丹脫拉竊取的技術情報，迅速研製出居世界領先地位的超級塑性炸藥和塑性地雷，令北約集團大為震恐。阿丹脫拉因此而得到了十萬美元的獎賞。

此後，阿丹脫拉又成功地竊得有機化工合成產品氯乙烯配製表這份價值連城的工業技術情報，克格勃又獎賞阿丹脫拉十五萬美元。

被美色和金錢迷暈了的阿丹脫拉，頻頻與蘇聯駐日本的間諜來往，傳送偷竊到手的各種情報，終於露出了馬腳。就在他幻想即將成為百萬富翁的時

候，日本警視廳的警官出現在他面前，將他帶進了牢獄。

劉備因怒伐吳敗夷陵

三國的時候，孫權使用計謀奪取荊州，關羽敗在麥城。關羽死後，孫權將關羽的頭顱獻給曹操，企圖嫁禍曹操。曹操識破孫權的詭計，以重禮安葬關羽。蜀中人知道後，個個對孫權痛恨至極。

為了能給關羽報仇，劉備不聽諸葛亮和上將趙雲的苦苦勸說，率水陸兩軍四萬多人馬，遠征吳國。劉備深入吳境數百里，在夷道縣（今湖北宜都）包圍了東吳先鋒孫桓。東吳的各將士都要求主將陸遜派兵增援孫桓，陸遜認為孫恆能夠守住夷道，不同意增援；諸將又要求去迎擊劉備，陸遜認為劉備連克吳軍，士氣正旺，吳軍不宜出戰，各位將領的建議又一次遭到了拒絕。

就這樣，蜀軍與吳軍從西元二二二年的二月一直對峙到六月，吳軍沒有退後半步，蜀軍也未能前進半步。

當時正是夏天最熱的時候，烈日當空，蜀軍水兵在船上難耐酷熱，只得離船上岸，在夷陵一帶依溝傍溪建營寨，躲避酷暑。陸遜見劉備的軍營綿延百里，且都在樹林茂密的地方，就想到了用火去攻擊蜀軍的方法。他命令水路士兵用船艦裝載裹有硫磺、硝石等引火物的茅草運到指定地點；又命令陸路士兵數千人拿著茅草到指定地點去放火。這一天傍晚，蜀軍相連的數十座軍營自東向西北連續起火，蜀軍毫無防備，亂作一團，幾十座軍營全被燒毀，陸遜乘勝追殺，蜀兵死傷不計其數。

受眾將拼死保護的劉備好不容易逃到夷陵馬鞍山（湖北宜昌西北），陸遜隨後追至，將馬鞍山團團圍住，又在山下四周放起火來。劉備實在是沒有辦法，只好連夜逃離馬鞍山，殺開一條血路，向西逃命。吳軍緊追不捨，蜀將傅彤身負重傷仍拼死搏殺，才讓劉備撿回一條命。

劉備因怒出兵，大敗而歸，蜀國元氣大傷。劉備逃到白帝城後，又氣又

悔，不久就一病而死。

楊玄感怒而失謀

隋朝末年，隋煬帝窮兵黷武，到處跟別人交戰。西元六一二年，隋煬帝率三十餘萬人馬去攻打高麗，結果一敗塗地，狼狽地逃回長安時，只有兩千多人了。然而，隋煬帝不但不吸取教訓，反而又在全國徵召了數十萬人馬，又一次跑很遠的路去攻打高麗。

一意孤行的隋煬帝招來了全天下百姓的不滿。督運糧草的禮部尚書楊玄感平時就對隋煬帝不滿，於是乘機起兵造反，揮師直取東都洛陽。楊玄感的隊伍迅速擴大到十萬餘人，在西部的代王楊侑聽說東部有危機，連忙撥了四萬精兵強將趕去支援；遠征高麗的隋煬帝得知楊玄感造反後也急忙回師支援；帶兵到了東萊正準備渡海去進攻高麗的隋朝大將屯護兒也帶著軍隊趕回洛陽營救。

楊玄感急召好友李密和大將李子雄商議道：「東都援軍越來越多，我軍處境不妙，二位有何高見？」

李密和李子雄建議說：「洛陽城固兵多，一時攻打不下，如果我們直取潼關，進入關中，開永豐倉賑濟百姓，贏得人心，以關中為落腳之地，再伺機東向，爭奪天下，未嘗不可。」

楊玄感認為二人說的有理，立即撤去洛陽之圍，率大軍向潼關急進。

楊玄感大軍進入潼關，弘農（今河南陝縣）是他的必經之路。弘農太守楊智積對屬下說，「楊玄感被迫放棄洛陽是因為我方援軍即將趕到。如果讓他進入關中，以後的勝敗就很難預料了，我們應該把他們滯留在這裡，待援軍來到，把他們一網打盡，全部消滅。」

楊玄感帶著大隊人馬經過弘農時，本來是想從城外繞道走。突然，楊智積高高站立在城頭，對著楊玄感破口大罵，語言汙穢之極，不堪入耳。楊玄

感勃然大怒，立即命令大軍停止前進，將弘農城團團包圍起來。

李密苦苦相勸，「追兵即在身後，此城非逗留之地，小不忍則亂大謀，將軍當三思而行！」

楊玄感道：「量一小小城池，能奈我何？待我捉住楊智積那匹夫，以泄我心頭之恨！」

楊玄感下令攻城。萬萬沒有想到的是，楊智積是有備而來，設下陷阱讓他跳的。任憑楊玄感如何進攻，弘農城就是巋然不動。一連三天過去，城未攻克，探馬向他飛報，「追兵已經接近弘農！」楊玄感大吃一驚，這時候才慌慌忙忙地撤下包圍的軍隊，帶領大軍急急忙忙地往潼關去。

但是，這個時候已經晚了，隋煬帝的大軍在潼關外追上了楊玄感的軍隊。楊玄感連戰連敗，在逃往上洛的途中，連戰馬也倒斃了，剩下的殘兵卒能跑的都跑了，只剩下他和兄弟楊積善兩個人。楊玄感又悔又恨，對兄弟說：「我因一念之差，不聽取忠言相勸，導致了今天的失敗，再也沒有面目去見人了，你把我殺死吧！」

楊積善舉劍殺死哥哥，然後自刎。

卑政三十

使賢愚不相異，能鄙不相遺，此至理之術。故叔孫通欲起禮，漢高帝曰：「得無難乎？」對曰：「夫禮者，因時世人情而為之節文者也。」張釋之言便宜事，文帝曰：「卑之！無甚高論，令今可施行。」由是言之，夫理者，不因時俗之務而貴奇異，是餓者百日以待梁肉，假人金玉以救溺子之說矣。

譯文

使聰明的人和愚笨的人不互相輕視，奇巧的和粗俗的不互相拋棄，這是最好的治國之道。所以叔孫通要制定禮儀，漢高祖說：「不會很難吧！」叔孫通回答說：「禮這種東西，是隨時事人情制定出來，用以規範文明的。」張釋之向文帝講治國之道，文帝說：「講得淺近些，不要太高深了，只要現在可以施行的就好。」由此看來，如果治理國家不依從世俗急需的去做，而以奇異為貴，那就是犯了挨餓多日的人卻讓他等待黃粱米飯和肉食，用金玉珍寶去拯救溺水者一樣的錯誤。

感悟人生

做事要切合實際

有一個小故事：有一天，一群老鼠聚集一處討論如何防備貓對牠們的危害。斟酌了半晌，一隻小老鼠提出了一個巧妙的計策：在貓的脖子上掛個小

鈴鐺。如此一來，貓還未近身，老鼠們便可溜之大吉了。但有一隻老鼠問派誰去掛時，小老鼠又哭喪著臉不知怎麼回答了。

其實，小老鼠能想出這麼一條妙計也算是聰明的，牠們認為這個主意很好。但仔細想想，這是多麼可笑的事呀！因為這個主意只是小老鼠的美好設想，並沒有根據現實情況來考慮問題。

我們要知道，做事是絕不能脫離實際的，要看實際情況允不允許那樣做。這樣，我們所想的就不是天方夜譚，就能站得住腳了。即便是忽略了一件微小的事實，也會功虧一簣。因此，做事要有根有據，忽視和鄙視只會導致失敗。

一次，某人與友下棋，下到局勢變僵時，某人設計出一個極具迷惑性的圈套，並為此感到得意，以為勢必成功。於是放車、馬、炮，按著計謀行事。但一走炮，便出現了一連串的問題：先是失馬，接著失車……結果被殺個落花流水，慘不忍睹。原因是他忽略了最明顯而且最重要的：炮是全域的命脈所在，它決定著棋盤的勝敗。說抽象一點，即是「做事」和現實不相聯，脫離了實際，是不能如你所願的。

不僅下棋如此，學習知識也是一樣。有些同學的學習計畫訂得天衣無縫，但卻是不可能實施的，因為他們看著簡單，但做的時候卻不那麼容易了，沒有根據實際情況，充滿幻想地列出計畫，後果不用說也知道了。

因此，無論做什麼事，我們都要切合實際，一步一個腳印地去做，認真地去完成，這樣才能取得成功。

一個三十歲女人的目標

一個女人在一個男人的世界裡一直工作了九年。一天，這個女人問同事：「人們形容女人如花，如酒，如魚，如煙，在你眼中，那個女人如什麼呢？」他眼睛瞇著微微笑地說：「如草。」

卑政三十

那女人在每年年初習慣於為自己訂三個目標。前年的三個目標是：煲一手好湯、熟練應用電腦、脫口而出流利的英文。然而，目標好定，執行起來才知道自己當時定下目標是多麼地狂妄與不切實際。為了實現這三個目標，女人在整整一年裡常常覺得自己愚笨不堪，並往往惱羞成怒。不管怎麼努力去做，這三個目標離自己總是那麼遙遠，也不知什麼時候才能做到。無可奈何之下，在前年年終的時候，女人厚著臉皮重新調整了期限，將這三個目標改為了五年計畫。

後來女人吸取了教訓，將目標落到了切實可行的地方：筆記型電腦、數位相機、車子。一年的辛勤工作，女人省吃儉用，努力開源節流下來，終於跌跌撞撞完成了任務：雖然不是最好的，好歹也是中規中矩的文書機；雖然不是名牌數位相機，好歹也有足夠的畫質去記錄生活；雖然不是自己喜歡的吉普車，好歹也是四個輪子的車了。

正當女人以為可以悄悄鬆了口氣而內心有些高興時，卻被網路上一個男孩一段文字重擊心靈。在那段文字裡，男孩無限神往地描寫了他的夢中情人：她是一朵花，是一尾魚，是一襲黑衫，是一頭黑髮，是一雙柔弱無骨的纖手，是一對嫵媚動人的酒窩，是一張無邊無際無窮無盡的網……

不用說，文字裡的女人是男孩為之癡迷的，女人也不由自主地為之心馳神往起來。

可是，女人覺得這段文字所描寫的目標如同女人給自己定的目標一樣，離現實太遠了，不可想像地遠，又完美。女人看完這段文字甚至覺得這段文字刺傷了她！在痛恨自己的同時，下一年，女人三個新的目標又形成了：

第一，開車走世界 —— 酷女型。

第二，音樂美酒咖啡 —— 小資女人型。

第三，相夫教子 —— 賢妻良母型。

這三個目標是女人因痛恨自己而定出來的。踏入職場九年來，女人一直生活在一個男人的世界裡。同事幾乎都是男人，女人本想做萬綠叢中一點紅，但女人的美卻抵不過環境，甚而漸漸被他們同化，為了保持女兒本色，女人經常去找她的大學同學，陪她買衣，看她化妝，補充一點雌激素；女人現在見了男士應答自如，與女士說話卻心裡膽怯有點害羞；她現在最關心的就是欣賞漂亮的女孩們。

女人決定今後的目標就是從男人堆裡走出來，做一個精緻的女人。開車走世界是她的夢想；音樂、美酒、咖啡代表她要求的良好的生活環境；相夫教子是她認為遲早該面對的責任。如果這三個目標能夠實現，完整的美麗人生女人便擁有了，不必再去求別的了。

三十歲的女人，一切才剛開始

—— 僅將此三個目標送給女人新的一年和即將到來的三十歲生日，以及女人現在還看不到卻美好的未來。

梁秋榮：好高騖遠要不得

有一個人，因一件小事被老闆炒了魷魚。不是因為能力不行。他在短短的一年時間內，從一位普通職員做到只在老闆一人之下的副總，業務進行得很順利，在公司上下讓人羡慕。離開公司後，這個人就揚言，憑自己在原公司累積下的業務經驗，一定要找機會大幹一場，不再受別人的氣。他處處與別人大談自己曾經的輝煌，幻想自己美好的未來。就在這樣的回憶和設想之中，人生中風華正茂的兩年被他碌碌無為地度過了，最後連生活都陷入了困難。

這個人的經歷告訴我們：把握現實是在任何時候都要施行的，萬萬不能總是往高處想而不去做。近年來，年輕的球員迫切希望能夠到歐洲高水準的

俱樂部去鍛鍊。這樣的心情是可以理解的，但真的走出去就一定能行嗎？不是也有一些球員去到歐洲後或者苦坐冷板凳，或者只能夠在「垃圾時間」得到一點上場的機會，他們中途不得不打退堂鼓，即使留在了國外也是在苦苦支撐。即便他們尷尬的處境有著各式各樣的原因，但自身實力不強卻是最重要的因素。因此一定要先從提高自身的能力做起，具備進軍頂級聯賽的能力，如果沒有這塊敲門磚，就算真的去歐洲了，又有什麼前途呢？

烏龜與鷹

烏龜看見鷹在空中飛翔，就請求鷹教他飛行。鷹勸告他說烏龜是不能飛行的。但是烏龜再三懇求，於是鷹便抓住他，飛到高空，然後將他鬆開。烏龜落在了岩石上，摔得粉身碎骨而死。

那些好高騖遠、不切實際的人必將失敗。

好高騖遠的結果

一天清晨，一個女人和兒子還在睡夢中，幾天沒回家的丈夫突然回來把她搖醒，他滿眼血絲，樣子很可怕。他說還錢的期限已到，債主要來上門討債，他只有到外面去躲些日子。女人聽了，頭轟一下子就變大了。

這個丈夫是一家期貨公司的交易員，他的薪水由基本薪水和傭金收入組成。但他覺得當經紀人太不過癮，賺的錢都流進了客戶的腰包。於是，兩個月前他借了一筆錢開始自己做。他跟女人說只借了二十五萬，其實他借了七十五萬！然而，他萬萬沒有想到的是，因為可怕的爆倉，他的錢全部賠了進去。

在六月的早晨，女人卻渾身哆嗦，像是掉進了冰庫。門鎖嗒一響輕輕合上的瞬間，女人清醒了過來，看見書桌上亮晶晶的東西，是丈夫的鑰匙在晨曦中閃光。女人抓起鑰匙奔了出去，放進丈夫手裡：「你還要回家的呀！」

女人叫他等一下，返身進門取出家裡所有的現金，大概一萬多元，塞進他的衣袋。丈夫的眼裡有了淚光，吻了女人一下，匆忙下樓去了。女人站在樓梯口聽著那熟悉的腳步聲融進早晨的寧靜中，身子一軟坐了下去，眼淚在不知不覺中流下來。

上午九點左右，三個男人來到女人家裡，為首的那個人長了一臉鬍渣，進門就嚷：「你丈夫呢？給老子出來！」女人心裡害怕，表面卻裝出很冷靜的樣子說：「他不在家，有事和我講吧。」鬍渣男人一揮手說：「跟妳說沒用，老子今天是來拿錢的！」女人一狠心說：「我還！請你給我一段時間！」那個男人問要多長時間，女人說由自己來定。那個男人有些惱火的問：「為什麼？」女人說：「因為這是夫債妻還，要不然你別想從我這裡得到一點東西。」

幾個男人走了，女人已汗濕衣衫。女人說了夫債妻還，可是女人拿什麼還七十五萬？

丈夫離家出走好多天了，他媽媽、弟妹都不知道他去了哪裡。女人試著向他們家人借點錢，並保證以後一定還。他們面有難色，說要回去與家人商量，最後只有他媽媽拿了兩萬五千元出來。看著老人在風中飄揚的白髮，女人沒有接過那些錢，不忍心。最後沒有借到錢，女人兩手空空地回到了家裡，想哭，但卻哭不出來。

每天，兒子從幼稚園回來總是問：「爸爸呢？」看著兒子幼稚的臉和期待的眼睛，女人想到了以後的生活。為了讓兒子能天天見到他爸爸，開心地度過每一天，女人一定要找到丈夫讓他回來，因為他們是一家人！那段時間，女人從來沒有如此深切地體會到一家人在一起的美好與圓滿。女人必須為這個家以後的圓滿而奮鬥！

女人取出了存在銀行裡的十三萬元，留下三萬元以備不時之需，還給了債主十萬元。他們收到錢後，鬍渣男人有些吃驚，說沒想到你還真守信。他寫了紙條，蓋了印章之後，便走了。

女人心裡很清楚，只有靠自己賺錢才能解決以後的生活。男人可以離家出走，那是因為他覺得家裡還有女人。而女人，尤其是做了母親的女人，是沒有權利也不可能丟下家裡的一切獨自去逍遙自在的。

女人是個高中老師，在學校的工作已經夠忙的了，但所有收入加在一起也只夠生活，要替丈夫還債，只有另尋出路。

對於老師來講，補貼家用的主要方式就是到校外兼課。當然，這得看你的身體狀況，是否能夠堅持下來。女人患有慢性咽喉炎不適合多講課，但是她顧不得那麼多了。於是偷偷聯繫了幾間補習班，學生大部分都是在職進修的人。就這樣，每週七個晚上，女人都在外面奔波賺錢。

上完課走出教室，女人的身心是疲憊的。拖著沉重的步伐走進五彩斑斕的城市夜色，女人心裡卻是愉快的，因為又有了新的收入。女人是這樣打算的：以兩萬五千元為一個償還單位，即便如此對自己來說也還是個可怕的數字，於是，就再細分成五個五千元，朝著每一個五千元努力。每當有了新的收入時，想著離五千元又近了一步，女人心裡既會好過一點，即便她清楚這就是自我安慰。

兒子是最可憐的了，他只有四歲啊，每天晚上只有電視和一堆不會說話的玩具陪伴著他。那天講課，本來講得很熟的內容卻老是出錯，下面一陣陣騷動，迎著幾十雙眼睛。最後女人不得不告訴他們：自己的兒子病了，心裡有些亂，請求同學們諒解。說完，女人裝作擦黑板背過身去，淚水卻不自覺地流了下來，模糊了雙眼。

因為上課太多，女人的慢性咽喉炎惡化得很嚴重，聞到異味就會一頓咳，咳得翻腸倒肚，喉頭撕裂得幾乎要被咳出來了。最後只得含著潤喉糖入睡，到了半夜，又會因為滿口苦澀難忍而醒來。望著窗邊無邊的黑暗，女人

總是會在心裡想：「丈夫啊，你在哪裡？你知道妻兒為了你能回家團圓，為你付出了多大的代價嗎？」

丈夫在遠方一個城市為朋友打工。後來他打電話回家對女人說工作很苦，很想家，想兒子，也覺得滿懷罪過，對不起家人。女人的心一下子軟了，責備的話一句也說不出來。

男人啊，為什麼要走到這一步才會想起「責任」二字來？安頓好自己才是最起碼的，不給親人添不必要的麻煩，這是一個男人做事時首先要考慮到的。看得遠卻做不到的結果只能是連帶親人一起走進泥潭。

善亡三一

《易》曰：「積善之家，必有餘慶。」又曰：「善不積，不足以成名。」何以徵其然耶？孟子曰：「仁之勝不仁也，猶水之勝火也。今之為仁者，猶以一杯水救一車薪之火也。火不熄則謂水不勝火，此又與不仁之甚者也。又，五穀種之美者，苟為不熟，不如稊稗。夫仁亦在熟之而已矣〔熟，成也。〕。」《尸子》曰：「食所以為肥也，一飯而問人曰：『奚若？』則皆笑之。夫治天下，大事也。譬今人皆以一飯而問人『奚若』者也。」

譯文

《易經》上說：「積善之家，必有餘慶。」又說：「不積善，不足以成名。」這種說法怎麼才能證明呢？孟子說：「仁者戰勝不仁者，就像水能滅火一樣。」但是如今為仁的人就像用一杯水去熄滅一車乾柴燃起的烈火，火不滅就說水不能滅火。這和用一點仁愛之心去消除不仁到極點的社會現象是同樣的道理。又如：」五穀的品種再好，假如沒有成熟，那還不如稗的種子。所以，仁愛也在於是否成熟啊！」《尸子》說：「吃飯是為了健康，假如只吃一頓飯，就問別人說：『怎麼樣，我胖了嗎？』那麼大家都會恥笑他。而治理天下，是最大的事情，不是一朝一夕就可以看到成效的。現在人們都想快點得到利益，就像吃了一頓飯就問別人『我胖了嗎？』一樣。」

感悟人生

隱患不斷緣於微軟急功近利

在使用 IE 瀏覽器的時候會出現問題，這個原因可以上溯到一九九〇年代微軟公司在瀏覽器大戰中的急功近利的思想。

一天，小李隔著窗戶看見鄰居正在離其房屋約兩英尺的牆跟種一棵小樹。小李就想，幾十年後這棵樹會長得非常高大，現在栽得離房子這麼近，樹長大了一定會破壞他的房屋地基。小李本來想告訴他這一問題的，但一想到每當自己的狗出去時，這個人總是大聲斥責，就沒有提醒他。常言道：君子報仇，十年不晚，就算等上五十年也值得。

小李在院子周圍種樹和種植其他植物時，都是按照其長大的距離在它們之間預留空地的。小李為什麼會這樣做呢？因為小李是一個安全顧問。

作為一名安全顧問，他人為將來的災難播下種子是小李經常看到的。小李發現人們總是重複犯同樣的錯誤。到目前為止，在一定程度上，這還是可以原諒的：我們日常使用的許多軟體程式碼是在對開發人員進行培訓前編寫的。許多軟體編寫高手都是從人才輩出、異常激烈的競爭環境中勝出的。

現在，以 IE 瀏覽器為例子來說，IE3 和 IE4 版本引入了使用者端指令碼、流式媒體、DHTML、ActiveX 控制項和其他許多很酷的功能。因為當時人們並不會因安全原因而改變使用的瀏覽器，故安全問題並沒有受到重視。微軟以加快開發週期在瀏覽器大戰中取得勝利，它並不是以高壓手段或行銷方式讓使用者改變他們所使用的瀏覽器，而是靠功能取勝。在 IE4 發布後的第一個二十四小時內，使用者每六秒鐘就下載一份拷貝，總數據下載量達到了 10TB。很快，IE4 就確立了其霸主地位。

但是現在，人們選擇瀏覽器首先考慮的是安全問題。因此，微軟的瀏覽器客戶正在逐步減少，消費者紛紛轉向諸如 Mozilla 基金會的 Firefox 瀏覽器，儘管 Firefox 瀏覽器的功能少得多，但其安全性能要好得多。經常出現新危機缺陷的產品是很容易讓使用者失去信心的。

看來，微軟是該吸取教訓了。小李認為，微軟已經在別人發現缺陷之前，悄悄修正了 IE 中數以百計的安全缺陷，並改進缺省的安全設置，增加功能 —— 如彈出式視窗過濾和外掛程式管理等。微軟以前不重視安全，現在正在為過去的不重視而付出巨大的代價，它正在努力修正產品中的不足之處。

雖然微軟做得還不能夠滿足人們所需要的，但最起碼他們已經開始行動了，而且是朝著正確的方向前進的。但小李對微軟為預防未來出現的問題所採取的措施表示懷疑。微軟可曾回過頭來修正了 URL 的欺詐缺陷？再退一步，微軟是否考慮過這一缺陷？微軟對這種與作業系統緊密連結的策略是否提出過質疑？微軟目前編寫的程式碼能否抵禦將來的攻擊或我們意想不到的威脅？小李覺得自己可以忍受 IE 中的缺陷，但是希望微軟能夠為將來播下正確的種子做些實際的事情。

有人也許會這樣問，如果你對將來的威脅並不了解，怎麼採取預防措施呢？答案很簡單：遵守最基本的安全準則，永不背離原則。在所有的安全缺陷歷史上，許多問題是可以預測的，如果當時能夠遵守安全的基本準則，那些問題都是能夠避免的。

成功從小事做起

從某種意義上講，在校園裡，你是一位「自由人」，你可以任憑自己的興趣愛好做事，選擇自己所喜歡的科系，聽自己喜歡聽的課程，與自己投緣的人交往，參加自己感興趣的課餘活動。也許只有考試是許多人唯一不想做的事。只是一旦進入社會，你就必須被迫做許多自己不喜歡做的事，有些人因此很不適應，緊張、苦悶。不過，能夠強迫自己去做自己不喜歡或不感興

趣的事情，也不一定就是件壞事，因為這有可能是一個人走向成功的過程。

從現在開始，不管任何工作，試著讓自己樂於接受它並且習慣性地去做。尤其是那些其他同事不願意做的工作，更應如此去慢慢接受。這樣，上司會認為你是一位努力工作的人，他對你的信賴，就等於把你更進一步地推向幸運之神了。反之，如果走上工作職位，挑剔工作，只憑自己的興趣幹活，對上司下達的自己不喜歡做的事情不做或馬虎應付，會讓上司覺得你是一個很差勁的人。

下面的這兩個故事，可以讓我們從正面和反面來感悟人生：從某知名大學中文系畢業的瑞杰，到一家出版公司工作。一心想做一番大事業的他，一開始卻被公司分配為校對文稿。其實這是公司有意鍛鍊他的耐心與毅力，讓他以後在這個公司裡有所作為。可是他卻認為這是大材小用，終日提不起興趣來，對工作毫不認真，經他之手校對的文稿錯誤百出。因此上司就認為，他連文稿都校對不好，還能做什麼重要的工作呢？與此人相反，他的一個朋友，碩士畢業後到一個研究機構工作。一開始上司讓她做內部刊物的排版、校對工作，做些雜七雜八的事情。熟悉她的人都覺得是浪費人才，可他這位朋友每天卻抱著極大的熱情去工作。她認為排版也是需要學問的，甚至校對文稿也不是一件容易的事。有時為了趕刊物出版時間，她連星期天都搭進去。她不但把自己負責的事情做好，還主動分擔理論研究相關工作，文章也寫得非常有深度，她的才能與品行很快得到了上司的認可與好評。不到兩年的時間，她已經成為單位的工作幹部，提升為該刊物的實際負責人。而她以後的情況，也就可想而知了。

對於追求晉升的人來說，做好這些微不足道的小事，本身就是一種磨練和培養。同時，在這些事情當中，也有很多是小事中的大事。做好這些事並不容易，如果做得不好，往往容易釀成大錯，影響大局。例如接電話、傳

真、列印檔案、傳遞資訊等等，如果沒有認真負責的工作態度，往往會給公司造成很嚴重的經濟損失。因此，也只有那些負責任的下屬才能得到晉升。

湯姆是一個有著極強的個人欲望的人，他總希望能夠儘快取得驚人的突破，寫出劃時代的論文或著作，躋身科學家之林。而且他也一直堅信自己的想法是高尚的、無可指責的。因為他認為，有威望的大科學家，是國家和民族的驕傲。其次，他覺得自己具備這方面的天才與條件，只要上司能把自己安排到位，充分信任和理解，要想取得重大突破，雖然不是一件很容易的事，卻也並不困難，只不過是時間問題。

湯姆總自以為高人一等，而不去認真研究行動的真實性與可行性。結果上司替他三易工作，最後依然是到一處煩一處，走一處鬧一處。因為在他看來，讓他拿燒瓶、燒杯，做測量紀錄無異於用牛刀殺雞，純屬大材小用。而這樣從基礎做起，再加上工作內容又不具備什麼突破性，何時才能實現自己的宏偉抱負呢？這豈非扼殺天才，埋沒英雄嗎？於是他總是要求上司給他特殊待遇，一而再、再而三地要求給自己重新安排工作。

但是，事與願違，願望是一回事，而現實又是一回事。很多已經在科學戰線上苦苦奮鬥了幾十年，目前兩鬢染霜，成果纍纍（當然不是湯姆所設想的那種震驚世界之作）的老學者，依然默默地重複著在湯姆看來「沒意思」的平凡工作。科學是最講究認真而不能浮誇的，任何重大的發明與突破，都離不開一點一滴的日常實驗累積。成功只能孕育於千萬滴汗水與千百次失敗之中，而不可能出現在天才的夢想之中。這些原本都是十分簡單、明顯的道理，可是湯姆卻把這些統統斥為老生常談，認為這是扼殺自己一個天才的藉口。由於他的要求無法得到滿足，上司的多次引導與解釋又都被他認為是壓制新生力量，甚至笑裡藏刀，純屬另一種形式的打擊報復。於是最後他不得不離開那個地方，到另一個可以施展才華的新研究機構去了。也許他認為，

只有那些可以一展才華的地方才是他應該待的地方。

不要將使用與擁有混為一談，一旦產生了將公物據為己有的念頭，應該立刻給自己忠告，不屬於自己的東西就根本不要去想。

十八年過去了，可惜的是，當老熟人在湯姆待過的第四個單位碰到年已不惑的他的時候，他依然無所事事，甚至一篇像樣的論文也沒有發表過。只不過交談之中，他依然雄心勃勃，但也依然慨嘆著自己命運的多舛，既沒遇到過賞識自己的老闆，也沒有找到可以一展長才的馳騁場地，並且照舊鄭重宣布：很快他又要被調到另一個學校的研究部門去了，聽說他在那裡將有機會大展自己的聰明才智，實現一直以來的願望。

湯姆有無天才我們尚且不說，但是我們可以肯定，到頭來扼殺天才的還是他自己。一個人的才能不管有多大，關鍵在於不能自我欺許過高。如果堅持這一想法不放，整日怨天尤人，甚至認為生不逢時、天不佑己，把自己泡在牢騷裡過日子。要知道，即使是真有天才的人，也必須適應環境，先由點點滴滴的基礎工作做起。一個人能用自己的實有成績去敲開成功之門，喚起別人對自己的理解和信任，而不能在什麼都沒有幹的時候硬要人家承認自己，非要破格任用不可。當然，做事不能強人所難，硬要別人為自己去創造實際上無法達到的環境與條件，就算是上司也是沒有這個權利的。

不要嫉賢妒能

不要嫉賢妒能。現在，嫉妒之心是許多管理者身上都有的，這對管理工作會產生很大的負面影響和不必要的差錯。有一家公司，原先該公司的總經理與副總經理能通力配合、管理協調，員工積極性得到較好的發揮。後來，總經理進修，來了個代理經理，這位代理經理是位嫉妒心很強的人，他認為副總經理在公司裡根基深，業務能力比他高，他新上任，在不少問題上等於副總經理說了算，嚴重影響了他的威信。於是，找藉口將副總經理調至其他

部門，將一直跟他工作的祕書提為副總經理，並把一批唯命是從、不學無術的人提拔到各級職位上來。結果公司裡空氣沉悶，不少能力強的人也都先後離開公司到別的公司去了。該公司當年產值就下降了百分之九，下一年又下降一成五。直到總經理回來，挽回了困境，局面才得以扭轉，公司才又慢慢地走上了正軌。

從心理角度分析，一般人際關係中個體最容易犯的毛病就是嫉賢妒能。嫉妒有兩種：一種是害怕別人超過自己；另一種是醉心或是故意炫耀自己的成績，激起對方的嫉妒之心，以此作為一種樂趣來享受。嫉妒之心是頑固、持久的心理現象，這是在人類的情欲中所產生的。

事業合作中的最大的障礙就是嫉妒心的產生。它是一個人虛偽自私的反映。一個有著強烈事業心的人，時時想著如何為人類多做有益的事情，懂得事業成功要靠大家的努力；一個充滿自信的人，會努力地充實自己，相信靠不懈的奮鬥和追求定能獲得成功。他無暇去想方設法找別人的毛病，挑別人的不足之處。對於別人的成功，他從來不嫉妒。

查理斯·加菲爾德是美國加州大學的教授，他在對各行各業一千五百個事業上有成就的人進行研究後認為，這些成功者有一些共同特點，其中一條就是這些人是在與自己競爭而不是與他人競爭。他們想的是盡最大努力把事情做好，樂於集體合作。他們懂得，集體的智慧更利於解決棘手的問題，而很少想到怎麼去打敗對手。試想一下，一個總是擔心別人勝過自己的人，過多地分心去考慮如何戰勝對手的人，把精力放在為如何為別人的成功設置障礙的人，這樣的人，事業上可能取得真正的成功嗎？

有著高尚的思想品格的人，胸中裝滿崇高的理想與追求，面對這樣的人，嫉妒這個惡魔是不會有一席之地的，也不會在他們的腦海中產生。

不管怎麼講，嫉妒之心對人對己都是不利的。因此，我們必須將這種無

聊有害的情緒從自己的心靈中清除出去。為此需要從下列四個方面去努力：

- **認清危害**：嫉妒完全是一種於人有害、於己無益的不道德心理。糾纏在這種情緒中，就連自己都不能邁步前行，而且這種心理本身就是一種見不得人的猥瑣和卑鄙。因此，必須將這些心理完全掃除。
- **克服私念**：在現實生活中，嫉妒者對家人、親戚的進步和成就總是很有度量的。而惟有對自己的同事，尤其是同資歷、低資歷者過不去。之所以如此，主要是因為嫉妒者將親人看作「自己人」，只是放大了的「自己」而已。因此，消除嫉妒心的基礎條件是克服私念。
- **認識自己**：心存嫉妒者，首先自己也是想出人頭地的，無論怎麼掩飾，嫉妒的表現已經反映了這種心態。對此，嫉妒者應當正確地審視自己，在生活和工作中盡可能地發揮自己的優勢，只要恰如其分地好好工作，努力表現自己，至少可以在某些方面取得重大的成就。養成一個良好的習慣，最好在做一件事情之前，隨身帶著紙筆做筆記。預先寫下要分析或要問的問題，提前預備一份包括所有相關問題的計畫表，以確保所有的決定、行動以及職責都已有明確的規範。如有一點不懂之處，就必須要問明其中的道理，問清楚才能罷休。另外，你必須要承認，你即使天資過人、精力旺盛，也不可能永遠領先、永遠不被別人超過。因此，要學會正確地看待自己和別人。因為好勝嫉妒心是從心理上產生的。
- **替人著想**：俗話說「將心比心」就是這個道理。當你感到嫉妒之心在不知不覺中產生時，你可以想一想：「假如是我取得了成績，對別人這種無端的怨恨，自己心中會有什麼感受？」這種換位思考常會十分有效地幫助你擺脫苦悶的嫉妒心理。與嫉妒心抗爭，的確是一場艱苦的磨難。克服嫉妒心不能尋求任何外來的幫助，而全在於自己心中的調理。

不要牢騷滿腹

在現實生活中，不少人由於心態沒有調整過來，總是動不動地大發脾氣。他們或因工作暫時受挫；或因不受上司賞識，哀嘆懷才不遇；或因經濟入不敷出，自愧囊中羞澀……積怨愈深，無名火愈大，到處發洩不滿，甚至大放厥詞。日久天長，養成惡習。不是指桑罵槐，就是含沙射影，成了一個自由放任者。這種人多半心胸狹窄，爭強好勝，自視甚高，旁若無人。即使生就一副伶牙俐齒，畢竟惹人討厭。對於這種下屬，上司也許投鼠忌器暫時不作任何處理，但肯定不會對其長期慫恿姑息的。

有個大學畢業的高材生剛到新公司時，做什麼事都有些不甘願，大家都被搞得很彆扭，最後，讓上司和同事也覺得不太痛快。他確實有才氣，但從未得到重用，便不免牢騷滿腹。一些人乘機有意無意地在上司跟前打他的小報告，搞得上司對他心煩。他要調走，上司放他走，可是後來因為別的原因，那個新單位又不要他了。至今他仍在現在的工作單位無所作為，他的才氣也沒有人再認同了，因為他什麼成果也沒有。牢騷讓他落得這樣的下場。

所以，如果你有才，在別人不知的情況下，不要抱怨他人，或者在現有位置尋求施展才能的機會，或者換個環境，找到適合自己的位置。發牢騷不能解決事情，對你自己也是沒有好處的。

有真才實學的人，最終會被他人賞識，從而發揮出你的才能。但是，在被人賞識重用前，為什麼不能心安理得地接受命運的安排呢？你可以隱居以求志；或者自薦於人。牢騷或抱怨在工作中是不能有的。

把精明智慧放在心上

把精明智慧放在心上的人才是鋒芒畢露者。我們要知道，智慧不是一個戴在臉上的華麗面具，不是老掛在嘴角旁的口頭禪，精明智慧只應表現在踏踏實實的人生過程中。所以，我們在待人接物時，要善於發現別人的長處，尊重別人，不要口無遮攔地對待別人。

要學會努力地表達自己。為了爭取自己應有的權利，要向對你有過分要求的人坦白講明自己的感受。對他說你有權拒絕在假日加班，如果沒有補償，不要超時工作。讓他檢閱你的工作範圍及職責，禮貌地拒絕替他處理私人事務，並將推辭的日期及時間記錄下來。如果他不斷提出不正確、不合理的要求，可以考慮採取別的方法對付他。

不要對別人品頭論足，也不要議論別人的美醜賢愚，更不要老揪住別人的小過失不放。須知一個人長得醜些、笨些或犯了一些小過失，大多數情況下不一定是他的過錯。

尊重形形色色的人是我們要做到的，只有這樣才不會影響人與人之間的親密關係。同理，平日不可因追求一時的口舌之快而作意氣之爭，不可因意氣用事而得理不饒人……總之，學會收斂鋒芒，真誠寬厚地待人，掌握話語含蓄和行動穩重的技巧。所謂「敏於行而慎於言」，也正是君子「內精明而外渾厚」的表現，是不露鋒芒的好辦法。

當然，這些表現都應是自覺的，不得去假裝，因為假裝忠厚的面貌去欺騙別人，是很難瞞過有識之士的。有人認為，不露鋒芒，自己的才能和才華就會被埋沒。其實不是這樣的，不露鋒芒者最終都會實至名歸。

那些深得不露鋒芒之道的人，以喜怒不形於色、少言寡語、平和恬淡的神態和從不嘩眾取寵的態度投入生活。做到為人周到、處事練達，從而得到上司的重用而獲得晉升。在這方面，初涉社會者不妨從多動手、多動腦、多動耳朵與眼睛，少用嘴巴，避免與人爭強好勝、計長較短做起，人生的美好旅程將會因此而開始。

詭俗三二

夫事有順之而失義，有愛之而為害，有惡於己而為美，有利於身而損於國者。

譯文

事情有順著行事卻不合道義的，有本為愛他反而害了他的，有討厭自己卻於自己有好處的，有利於自己卻有損於國家的。

感悟人生

被呂后害成人彘的戚姬

呂后這個人為人剛毅而富有謀略，自一開始便輔佐高祖打天下，為建立劉氏江山立下了汗馬功勞。西漢初年，她又多次為高祖出謀，誅殺功臣、平定諸侯王的反叛，為漢家天下消除了許多心腹隱患。

然而，呂后為人極其陰狠毒辣、殘酷無情。劉邦死後，惠帝即位，呂后便立即加害其情敵——劉邦生前所寵愛的戚姬和趙王如意母子。西元前一九四年，她將趙王如意召回京，意圖加害。但是惠帝知道以後，將趙王如意親自接到宮中，同吃同睡，想要保護他。但有一天，惠帝外出練箭時見劉如意還在熟睡，就沒有叫醒他一同去。等到惠帝練箭回宮後，只見趙王如意已經被毒死在床上。

沒有過多久，呂后又將戚夫人砍去手足，挖出雙目，熏聾耳朵，用藥啞喉

嚨，然後扔進豬圈，稱為「人彘」，並把惠帝叫來觀看。惠帝見到人彘，知道是戚姬，又嚇又悲，大驚大哭一場之後，竟然得了一場重病，多年不能起床。惠帝曾經派人對母親說：「此事非人所為，臣為太后子，終不能治天下。」從此終日飲酒為樂，不問政事，一切大權全部委交母后。這樣，劉盈當了七年傀儡皇帝，便於西元前一八八年八月戊寅病逝於長安未央宮，年僅二十四歲。

漢文帝的故事

漢文帝寵愛慎夫人，在後宮時，慎夫人和皇后同席而坐。待到漢文帝遊上林苑，安排座位時，把慎夫人和皇后安置在不同的席位上。文帝看到後大怒，袁盎上前說道：「我聽說尊卑之間是有一定的次序，只有這樣，上下才能融洽。如今陛下既已冊立了皇后，慎夫人不過是侍妾，女主人與侍妾是不能在同一席位上平起平坐的。如果你寵愛她，多賞賜她財物就行了。你認為讓她與皇后同席是為她好，其實恰恰是給她製造後患。你沒有見過高皇帝的寵妃戚妃的下場嗎？高皇帝死後，呂后把戚姬剁去雙手雙腳，扔在豬圈裡，被稱作『人彘』。」文帝這才不生氣了。由此說來，愛他反而是害他，是早已有的現象。

息辨三三

由此言之，夫立身從政，皆有本矣；理亂能否，皆有跡矣。若操其本行，以事跡繩之，譬如水之寒、火之熱，則善惡無所逃矣。

譯文

由此說來，立身也好，從政也好，都有一個最根本的準則。政治清明或昏亂，人是否有才能，也都有跡象表現出來。如果能把持住根本，以辦事的跡象作為考核的依據，那麼就像水是涼的、火是熱的一樣，人的善惡就無法掩飾了。

感悟人生

元帝與西漢衰落

西元前四八年初，宣帝太子劉奭繼位稱帝，改年號為「初元」，是為元帝。從此以後，漢家王朝開始走向衰亡。可以說，強大的西漢劉氏帝國的衰落，是與這位漢元帝分不開的。

漢元帝劉奭是宣帝與曾與他共患難的原配皇后許氏生的長子，早年被立為太子，二十八歲時繼位為帝，在位十七年，直至西元前三時三年去世。

史稱漢元帝劉奭自幼在宮中長大，飽讀詩書，精通儒家經典，又精於音樂律呂，是一個頗有才華的人。然而，這位年輕的皇帝性格氣質卻過於溫文爾雅，仁厚善良有餘，剛毅果斷不足，又沒有雄才大略。如果當時讓他做一

個學者或是文人的話，那麼說不定會名揚天下，但是他卻是皇帝，這就顯得他特別的柔弱無能。據說在當年，他的父皇漢宣帝就已經很清楚地看到了他這方面的缺陷，但是也無可奈何，漢宣帝曾經預言道：「今後亂我劉家天下者，太子也！」

元帝十分相信儒學，執政後就開始推行儒家政治，即所謂的仁政，先後任用貢惠、孽廣德、韋雲成、匡衡等儒生為丞相。但是因為他所用的都是那種不通事理、無治世之才的俗儒，所以並沒有取得任何成果。漢元帝由於自己做事猶豫不決、不果斷、柔弱無能，因此對朝中的那些奸佞小人一點辦法也沒有，再加上他身體不好，常得病，致使他不能親自處理政事。因此，被元帝所寵信重用的宦官弘恭、石顯和奸臣史高利用這個機會，結黨營私，導致朝政腐敗、奸佞當道，賢能忠臣者遭到他們的迫害。可以說，漢元帝開了西漢末年宦官專政的惡例。

不但如此，漢元帝即位後封王政君為皇后，又大封王氏族人為侯。結果皇后王氏家族有十人封侯，五人當大司馬，勢力極度膨脹，又為後來外戚專政埋下了禍根。

總之，元帝在世的時候，西漢王朝中央集權被削弱，豪強兼併之風盛行，社會危機日益加深，西漢皇朝從此開始走向衰落。

劉奭去世後，葬於渭陵（今陝西咸陽市東北十二里處），廟號高宗，尊諡「孝元」皇帝。

元帝劉奭與王皇后、薄昭儀等共生三子：長子劉驁，立為太子，即成帝；次子劉康，封定陶王；三子劉興，封中山王。

從元帝的用人和他推行的政策，我們就可以看出元帝是一個軟弱無能的人。

齊威王

過去，齊威王召見即墨大夫，對他說：「自從你到了即墨任職以來，說你壞話的每天都有。可是我派人去巡視即墨，看到荒地都開墾出來了，人民豐衣足食，官府沒有積壓的工作，東方一帶因此寧靜安定。這是因為你不花錢收買我身邊的親信以求榮譽啊。」因而將萬家封給即墨大夫做采邑。又召見東阿大夫，對他說：「自從先生做東阿太守後，每天都能聽到有人說你的好話。然而我派人巡視東阿，只見到處荒蕪，百姓貧困。趙國攻打甄城，你不能救助；衛國攻取薛陵，你竟然不知道。這是因為你常用錢收買我身邊的親信，以求得榮譽啊。」當天，便殺了東阿大夫和身邊親信中說東阿大夫好話的人。齊國因此而治理得井井有條。

齊威王不是以別人的說法來處理事情，而是以真實的考證來做依據。這就說明一個人的善惡從他的表現中就可以看出來，就如即墨大夫一樣，雖然很多人說他的壞話，但是他卻能使一方人民寧靜安定；雖然很多人說東阿大夫好話，但是他卻使百姓貧困。這些都表明一個人的好壞，從他的所作所為中就可以看出來。

周幽王烽火戲諸侯

周宣王死了以後，兒子姬宮涅即位，就是周幽王。周幽王什麼國家大事都不管，每天就知道吃喝玩樂，並且打發人到處去尋找美女。其中有個大臣名褒珦勸諫幽王，周幽王不但不聽，反把褒珦關進了監獄。

褒珦在監獄裡一關就是三年。褒家的人想方設法要把褒珦救出來。他們在鄉下買了一個十分漂亮的女孩，並且教會她唱歌跳舞，把她打扮得花枝招展，獻給幽王，替褒珦贖罪。這個女孩算是褒家人，叫褒姒。

幽王得了褒姒以後，分外高興，就把褒珦釋放了。他非常寵愛褒姒，可是褒姒自從進宮以後，心情總是悶悶不樂，沒有露過一次笑臉。幽王想盡辦法讓她笑，可是她怎麼也笑不出來。

於是周幽王就想出了一個辦法：有誰能讓她笑一下，就賞他一千兩金子。

有個馬屁精叫虢石父，替周幽王想了一個餿主意。原來，周王朝為了防備犬戎的進攻，在驪山一帶造了二十多座烽火臺，每隔幾里地就是一座。如果犬戎打過來，把守第一道關的兵士就把烽火燒起來；第二道關上的兵士見到煙火，也把烽火燒起來。一個接一個燒著烽火，附近的諸侯見到了，就會發兵來救。虢石父對周幽王說：「現在天下太平，烽火臺長久沒有使用了。我想請大王跟娘娘上驪山去玩幾天。到了晚上，我們把烽火點起來，讓附近的諸侯見了趕來，讓他們上個當。娘娘見這許多兵馬撲了個空，肯定會笑起來。」周幽王高興的拍著手說：「這個辦法太好了，就照你說的辦！」

他們上了驪山，真的在驪山上把烽火點了起來。臨近的諸侯得了這個警報，以為犬戎打過來了，趕快帶領兵馬來救。沒想到他們急急忙忙趕到那裡的時候，連一個犬戎兵的影子也沒有，只聽到山上一陣陣奏樂和唱歌的聲音，大夥兒都愣住了，不知道是怎麼一回事。

此時幽王派人告訴他們說，辛苦了大家，這裡沒什麼事，不過是大王和王妃放煙火玩，你們回去吧！

眾諸侯知道自己上當後，心裡面憋了一肚子氣回去了。

褒姒不知道他們鬧的是什麼玩意，看見驪山腳下來了好幾路兵馬，亂哄哄的樣子，就問幽王是怎麼回事。幽王一五一十告訴了她，褒姒真的笑了一下。

幽王見褒姒開了笑臉，就賞給虢石父一千兩金子。

幽王寵愛褒姒，後來乾脆把王后和太子廢了，立褒姒為王后，立褒姒生的兒子伯服為太子。前任王后的父親是申國的諸侯，得到這個消息後十分生氣，於是就連結犬戎進攻鎬京。

幽王聽到犬戎進攻的消息，驚慌失措，連忙下命令把驪山的烽火點起來。烽火倒是燒起來了，可是諸侯因為上次上了當，誰也不來理會他。

烽火臺上白天冒著濃煙，夜裡火光燭天，可就是沒有一個救兵到來。

犬戎兵一到，鎬京的兵馬不多，勉強抵擋了一陣，被犬戎兵打得落花流水。犬戎的人馬像潮水一樣湧進城來，把周幽王、虢石父和褒姒生的伯服殺了。那個不開笑臉的褒姒，也被搶走了。

就在這時候，諸侯們才知道犬戎真的打進了鎬京，趕快聯合起來，帶著大隊人馬來救。犬戎的首領看到諸侯的大軍到了，就命令手下的人把周朝多年聚斂起來的寶貝財物一搶而空，放了一把火後就退走了。

從這件事上可以看出周幽王的昏庸無能，最終導致自己被殺和國家的敗亡。

量過三四

孔子曰：「人之過也，各於其黨。觀過，斯知仁矣。」

譯文

孔子說：「人是各式各樣的，人的錯誤也是百百種。什麼樣的人就犯什麼樣的錯誤。仔細考察某人所犯的錯誤，就知道他是什麼樣的人了。」

感悟人生

司馬遷曾說，過去管仲曾輔佐齊桓公，九次主持與諸侯的會盟，使天下得以匡正，可孔子還是說他：「管仲的器量狹小得很哪！」之所以這樣說他，是因為他沒有努力輔佐齊桓公成就王業，只成就了霸業。夔、龍、稷、契（虞舜的臣子），這是天子的輔佐；狐偃、舅犯（晉文公重耳的臣子）這是霸主的輔佐。孔子也曾稱讚管仲說：「假如沒有管仲，我們就會被夷狄之國所滅，恐怕我們早已成了野蠻人了。」這是孔子讚賞管仲有王佐之材。有王佐之材，卻只輔佐齊桓公成就了霸業，不是器量狹小又是什麼呢？由此看來，孔子是把管仲當作夔、龍、稷、契一流人看，所以才批評他的器量狹小呀。

虞卿本來是要勸春申君攻打燕國，以求取自身的封賞。但楚國若攻打燕國，必須借道魏國。虞卿怕魏國不准楚軍通過，所以才去遊說魏王借道的。他說：「楚國可是很強大的，可以說天下無敵。他即將攻打燕國。」魏王說：

「你剛才說楚國天下無敵，現在又說即將攻打燕國，這是什麼意思？」虞卿回答說：「假如有人說馬很有力氣，這是對的，但假如有人說馬能馱千鈞重物，這是不對的。為什麼呢？因為千鈞之重，不是馬能馱起來的。現在說楚國強大是對的，假如說楚國能夠越過趙國和魏國去和燕國開戰，那豈是楚國能做到的呢？」

勢運三五

夫天下有君子焉，有小人焉，有禮讓焉。此數事者，未必其性也，未必其行也，皆勢運之耳。何以言之？《文子》曰：「夫人有餘則讓，不足則爭。讓則禮義生，爭則暴亂起。物多則欲省，求贍則爭止。」

譯文

天下有品德高尚的君子，有品格卑下的小人，也有推崇互相謙讓之風的時候。但上述情況，未必出於人的本性，或出於事所當然，都是大氣候造成的。為什麼這樣說呢？《文子》上說：「人們富餘時才會謙讓，不足時就要爭鬥。謙讓就產生了禮義，爭鬥就會發生暴亂。財富多了欲望就減少，得到的多了爭鬥就會停止下來。」

感悟人生

面對暴君上司

在工作中，我們可能會碰到各式各樣的上司。有的上司脾氣十分暴烈，動不動就大發雷霆，當著許多人的面訓斥下屬。這種人實際上常常因為在下屬面前濫施淫威而沾沾自喜，心滿意足。這類上司有一個共通點，那就是欺軟怕硬。你一旦被他們的淫威鎮住了，就永遠做唯唯諾諾的奴才，而如果你理直氣壯地頂住了他的蠻橫，他們一般都會退卻，你今後也會在他們面前受到本來應該得到的尊重。

以抗爭的姿態對付某些氣勢洶洶的上司很有效，但有時也會把事情弄得更糟。有些上司只是自制力差，他們對自己本身的這種缺乏修養的性格也並不滿意，所以我們的抗爭能夠提醒他。而如果不是這樣的話，我們可能要自食其果了。那麼，怎樣才能辨別你的上司是否屬於此類呢？這裡有一個特徵：假如你的上司吹鬍子瞪眼睛過後的第二天，便做出一些友好的舉動來彌補前一天的過錯，那就說明他對昨天的失控表示懊悔。這樣你大可以放心，並且也應該原諒上司的錯誤。

需要注意的是，無論你選擇何種策略，你都要當機立斷，儘快採取行動。因為一旦那種「主人奴隸」式的關係形成，要想再動搖就較為困難。在你的上司發脾氣時，你一定要保持冷靜。你可以將自己關在房裡以避免做出失禮之舉。你不妨試著從以下幾個方面做起：

第一，把自己的注意力集中在老闆外表上的一些可笑之處上。譬如咆哮時肌肉的抖動，意識到令人生畏的人也有可笑之處，會使你放鬆心情，調節情緒。

第二，你可以趁上司換氣的機會，拋出你的擋箭牌：「我聽不清楚您在說什麼，您能否說慢一點。」這句話往往很有用，他也很可能會因此而冷靜下來。

傲禮三六

由是觀之，以傲為禮，可以重人矣。

譯文

由此看來，以傲為禮，可以使人更受尊重。

感悟人生

敢直言犯上的大臣汲黯

汲黯，生年不詳，死於西元前一一二年，西漢濮陽（今河南濮陽西南）人，字長孺。孝景帝時為太子洗馬，孝武帝即位後為謁者，並先後任滎陽令、東海太守、主爵都尉等職，位列九卿。

汲黯為官，以民為本，同情民眾的疾苦。一次河內失火，武帝派他去視察，他到河南，見正遭水災，飢民塞路，父子相食，餓死溝壑者不計其數。汲黯不畏矯制之罪，以皇帝使臣的名義，持節開倉放糧賑濟貧民，人民大悅。他秉公事職，犯顏直諫。一次武帝集群儒說：「我欲振興政治，效法堯舜，如何？」汲黯說：「陛下內多欲而外施仁義，怎麼能效唐虞呢？」武帝聽到如此尖銳的批評，怒而罷朝。當時很多朝臣為他擔心，紛紛勸他明哲保身。他慨然說：「天子設公卿大臣，不是為了匡正錯誤難道是專作阿諛奉承的嗎？我既在其位，總不能只顧個人安危，見錯不說，使皇帝陷於不義之地。」

汲黯為人威武不屈，剛直不阿。太后弟武安侯田蚡為丞相，仗勢持驕，目空一切，朝臣來拜，多為不禮。汲黯對他這種傲慢的態度看不慣，遂與之抗禮，見而不拜。大將軍衛青，其妹為皇后，人皆敬畏，而汲黯見他，揖而不拜。有人對他說：「自天子下尊貴莫過大將軍，你為何見而不拜？」汲黯說：「以大將軍之尊，而門有常揖者，表明他能降貴禮賢，這將使他的名聲更加提高。」衛青聞後，不禁對他更加尊重。他不畏權貴，敢爭而折。他指責丞相公孫弘是刀筆吏，「專深文巧詆，陷人於罪，以自為功。」痛斥御史大夫張湯是「智足以拒諫，詐足以飾非」。當面斥責他們「懷詐飾智，惑君亂國」的罪行。

由於汲黯為官清正，廉潔奉公，死後家無餘資，在封建官吏濁多清少的環境中他可謂佼佼者。然而，因他多次直諫，廷爭抗顏，又與權臣弘、湯不能相容，為此，弘、湯恨之入骨，常在武帝面前說他的壞話。武帝好大喜功，不分良莠，對汲黯先施之以疏，後繼之以貶，終被出為源陽太守，卒於任中。

信陵君竊符救趙

魏公子無忌是魏昭王的小兒子，同時他又是魏安釐王的異母弟弟。魏昭王去世後，安釐王即位，封公子為信陵君。公子為人仁愛而又尊重士人，士人無論是賢者還是不肖者，都謙遜而禮貌地結交他們，不敢以自己的富貴身分傲慢地對待他們。幾千里地區內的士人因此都爭著歸附他，招來的食客竟達三千人。這時候，各個諸侯國由於畏懼公子的賢能，加上他又有很多食客，十幾年時間都不敢興兵謀取魏國。

魏國有個隱士叫侯嬴，年逾七十，家境貧寒，是大梁夷門的守門人。他卻是個很有才德的人。公子聽說這個人後，便前往邀請，想送他厚禮。他不

肯接受，說：「我幾十年重視操守品行，終究不應由於作守門人貧困的緣故而接受公子的錢財。」公子於是擺酒大宴賓客。賓客就坐之後，公子帶著車馬，空出左邊的座位，親自去迎接夷門的侯生。侯嬴穿戴著破舊的衣帽，登上車後，坐在公子坐的上位，並不謙讓，他想以此來觀察公子。公子手執轡頭，表情愈加恭敬。侯生又對公子說：「我有一個朋友在街市的肉鋪裡，希望委屈您的車馬順路拜訪他。」公子便帶著車馬進入街市，侯生下車拜見他的朋友朱亥，斜著眼睛偷看公子，故意久久站著與朋友閒談，暗中觀察公子的表情。公子的臉色更加和善。在這時，魏國的將軍、相國、宗室等賓客坐滿了廳堂，等待公子開宴。街市上，人們都觀看公子手拿著轡頭。隨從的人都偷偷地咒罵侯生。侯生觀察公子的臉色始終沒有變化，才辭別朋友上車。到公子家中，公子引導侯生坐在上座，把賓客一個個介紹給他，賓客們都很驚訝。酒興正濃的時候，公子起身，到侯生面前祝酒。侯生於是對公子說：「今天侯嬴給公子的考驗已經足夠了。侯嬴本是夷門的守門人，公子卻親身委屈車馬去迎接我。在大庭廣眾之下，我本不應該有拜訪朋友的事情，而公子卻特意地跟我去訪問朋友。其實侯嬴這樣做是為了成就公子『禮賢下士』的名聲，才故意使公子的車馬久久地站在街市裡，借訪問朋友來觀察公子，公子的態度卻愈加恭敬。這樣，街市的人都以為侯嬴是個小人，而以為公子是個寬厚的人，能謙恭地對待士人。」於是酒宴結束後，侯嬴便成為信陵君的坐上客。

執法不阿的張釋之

張釋之是西漢的法律家和法官，字季，南陽堵陽人（今河南方城東人）。漢文帝元年（西元前一七九年），以貲選為騎郎，歷任謁者僕射、公車令、中大夫、中郎將等職。文帝三年升任廷尉，成為協助皇帝處理司法事務的最高審判官。他認為廷尉是「天下之平」，如果執法不公，天下都會有法不依而輕重失當，百姓就會手足無措。

當皇帝的詔令與法律發生抵觸時，他仍能執意守法，維護法律的嚴肅性。他認為「法者，天子所與天下公共也」。如果皇帝以個人意志隨意修改或廢止法律，「是法不信於民也」。他的言行在皇帝專制、言出法隨的封建時代是難能可貴的。時人稱讚「張釋之為廷尉，天下無冤民」。景帝立，他出任淮南相。張釋之對文景之治的實現，有重要的貢獻。

一次，他隨漢文帝出行。正當皇帝的車駕人馬走到中渭橋時，突然從橋下竄出一個人，把皇帝座車的御馬嚇得又叫又跳。漢文帝大怒，立即派侍從把那個人抓起來，交給廷尉張釋之去治罪，張釋之卻只罰了這個人些錢了事。漢文帝知道後火冒三丈地責問張釋之：「這個人膽大包天，竟敢驚嚇了我的御馬。幸虧這匹馬脾氣柔順，要是一匹烈馬，豈不是要讓我受傷害嗎？你怎麼卻只是判他罰金就了事了呢？」

剛正不阿的張釋之義正辭嚴地說：「國家的法律是皇帝和老百姓都應該共同遵守的。驚馬人的案子，依據現在的法律，只應當判處罰金，可是皇上卻想要超出法律加重處罰。若是按皇帝的意思辦，以後法律就無法取信於民了。再說，如果當時皇帝下令立即處死驚馬人，這案子也就算了。可現在陛下又把這個案子交給廷尉來審理，廷尉的職責就是要掌握量刑輕重，是主持天下公平的執法之人。一旦廷尉斷案稍有差錯疏忽，全國各地的執法官在量刑時就會忽輕忽重，甚至隨意變更。這樣一來，老百姓就會手足無措，無所適從了。請陛下三思。」

漢文帝聽了張釋之的話後，沉思良久，感到張釋之句句有道理，就接受了張釋之的意見，並表示：「廷尉的處置是恰當的。」張釋之堅持依法量刑，避免了輕罪重判的錯誤。

有一位叫王生的老人，一天，他來到張釋之辦公的衙門，故意當著眾多

公卿大人，對張釋之說：「你替我把襪子脫下來。」張釋之非但沒有責怪王生的無禮，反而恭恭敬敬地按照老人的要求去做。可過了一會兒，老者又對張釋之說：「你幫我把襪子穿上。」張釋之又當著眾人，跪下來為老人穿好了襪子。這使當時在場的公卿大臣更加敬重張釋之的為人。可是王生老人在衙門當著眾人的面這樣侮辱廷尉張釋之，也太過分了！很多人都責怪這個老者。

王生老人卻意味深長地說：「我又老又貧賤，自己這一生都沒有對廷尉張釋之做過什麼好事，也不知怎麼樣來報答他，而如今張廷尉是全國有名的德高望重的大臣，所以我故意耍弄他，讓他為我脫襪穿襪，是想以此提高他的聲望啊！」

王生為了提高張釋之在君臣中的聲望，甘願冒著戲弄大臣之罪的危險，這也說明了張釋之受到了當時廣大臣民的敬慕，他的執法精神在歷代都受到稱頌。

定名三七

夫理得於心，非言不暢；物定於彼，非言不辯。言不暢志，則無以相接；名不辯物，則識鑑不顯。原其所以，本其所由，非物有自然之名、理有必定之稱也。欲辯其實，則殊其名；欲宣其志，則立其稱。故稱之曰：道、德、仁、義、禮、智、信。

譯文

內心明白了某種道理，不借助語言，就不能把這道理表達出來；把某種事物用一定的名稱規定下來，不借助語言，就無法把它與別的事物區分開來。不借助語言表達自己內心的思想，就無法與別人溝通交流；不借助名稱來區分事物，就無法顯示對事物本質的認識。但如推本溯源，並非事物自來就有名號稱謂，也並非道理自來就有固定的概念範疇。而要區別事物的本質，就必須為它們規定不同的名號稱謂；要傳達你內心的思想，就必須確立一定的概念範疇。所以才有道、德、仁、義、禮、智、信等等概念。

感悟人生

劉向在《說苑》中說過：「按照從確實有利於君主的命令，就是順。」又說：「君主命令正確，臣下因而服從就是順。順從君主的命令，卻對君主不利，就是諛。」又說：「該說不說是隱，該勸阻不勸阻，就是諛。」還說：「君主不正確，而臣下順從，就是逆。違背君主的命令，卻對君主有利，就

是忠。」還說：「把財物分給別人是惠，用善來教誨別人是忠。」荀子說：「用高尚的德行遮護君主並能感化他，這是最大的忠；用自己的品德彌補君主品德的缺失是次忠；以正確的觀點勸諫君主不正確的做法，激怒君主是下忠。違背君主的命令而且不利於君主的，就是亂。」還說：「獎賞沒有功績的人也是亂。君主有錯誤，而且即將威脅到國家的根本利益，這時能暢所欲言，陳述己見，君主採納，便留下來繼續為官，不採納便辭職回家，這是諫臣。採納自己的意見便罷，不採納自己的意見便以死明志，這是諍臣。能率領群臣向君主進諫，從而解除國家的禍患，這就是輔臣。違抗君主錯誤的命令，改變君主的行事，使國家從危難中安定下來，消除了君主的恥辱，這是弼臣。」因此可以說，諫、淨、輔、弼之臣才是國家的忠臣、明主的財富。

也曾經有人這樣問道：「樂和音有差別嗎？」趙子的答案是：過去魏文侯曾問子夏：「我把帽子戴得端端正正的來聽古樂，只怕打瞌睡，而聽鄭音時則一點也不感到疲倦。請問，古樂是那樣，新樂是這樣，這是什麼原因呢？」子夏回答說：「現在你問的是樂的問題，而你所愛好的卻是音。樂與音雖然相近，性質卻不同。」文侯說：「請問，有何不同？」子夏說：「古樂是在天地正常運行，春夏秋冬四時交替有序，百姓得其所欲，五穀豐登，沒有疾疫流行，也沒有什麼不吉祥的徵兆出現的時候，亦即無所不當的時代，然後聖人制定了父子、君臣的關係準則來作為治理天下的紀綱。紀綱端正之後，天下就完全安定了。天下完全安定之後才校正六律（即黃鐘、太簇、姑洗、蕤賓、夷則、無射），調和五聲（宮、商、角、徵、羽），然後配上琴瑟，歌唱《詩》和《頌》，此為德音。只有德音才能稱作樂。《詩經》上說：『默然清靜，顯示出他的德音，他的美德在於是非分明。是非既明，善惡既分，能做師長，也能做人君。統治這個大國，使百姓順服，上下相親。至於文王，其德從無遺恨。既已享受上天的福佑，還要延及他的子孫。』說的就是這個意思。而如今你所喜好的，是沉溺在音裡了吧。鄭音太濫，會使人的心志惑亂；宋音安逸閒適，使人心志沉溺難於振作；衛音急促，使人心志煩躁；齊音狂傲偏邪，使人心志驕恣，這四國之音都會令人沉溺聲色，有害於品德，因此祭祀大禮時不用他們。以上的這些觀點就是樂與音的不同之處。」

還有人又這樣說道：「我早已聽你把音與樂的問題講明白了。」再請問一個，「儀和禮有差別嗎？」而趙子回答說：「過去趙簡子向太叔詢問揖讓和應酬賓客的禮節。」太叔回答說：「你問的是儀而不是禮。我曾聽過去鄭國大夫子產說過，禮是天之經、地之義，百姓所必須遵循的準則。天地之常經，百姓確實是當作法則來對待的。以日月星辰的光明為法則，依據大地的陰陽剛柔之性來行事，生成陰陽風雨晦明六氣，運用金木水火土五行，散發酸鹹辛甘苦五味，化作青黃赤白黑五色，顯現為宮商角徵羽五聲。六氣、五行、五色、五味、五聲一旦過度失正，就會產生昏亂，百姓便要因之而迷失其本性。所以制禮來承持民之本性。人有好惡喜怒哀樂，這都生於六氣。所以要研究六氣而制禮，以約束這好惡喜怒哀樂六種心志。哀表現為哭泣，樂表現為歌舞，喜表現為施捨，怒表現為爭鬥。只有哀樂不失其常，才能與天地六氣協調，這樣才能長久。因此，假如人的日常行為都能按照禮的規定去做的話，那麼一定可以稱他為成人了。」

霸圖三八

臣聞周有天下，其理三百餘年。成康之隆也，刑措四十餘年而不用；及其衰也，亦三百餘年。

譯文

臣聽說周天子能夠得到天下，其道理存在了三百多年。成康興隆的時候，四十多年沒有用過刑罰；等到它衰敗的時候，三百多年過去了，人們還記得它。

感悟人生

「提倡走正道，成就大業」

李先生認為，中小企業在發展中一定要有自己的理想和原則，這就好像在海上行船，有明確的目標與方向，才不會在風浪中迷失自己，才能夠清醒而堅定地駛向理想的彼岸。「走正道」，它的意義就是要做正直的事。李先生說：「在銷售上，只要代理那些有把握的產品，絕不賣假貨，不賣次級品。要對使用者負責，保證產品的品質和企業的信譽。也不拖欠貨款，依照國家法規納稅、行事。這樣雖然會失去很多的商業機會，但是卻為企業建立了良好的形象，從而贏得了客戶和供應商的信任和尊敬。」

企業不僅要做正直的事，當然還要「培養正直的人」。「在聘用人員的時候，特別強調德才兼備，而不是單純地引進能人。在企業內，不優待自己的親屬，提倡『最簡單的人際關係』，絕不允許拉幫結派。出問題時，對

事不對人，在很融洽的氛圍中進行討論和自我評價。要培養出一批正直的員工，得靠企業的制度和文化，以及領導者的表率作用。」

為了更好地成就大業，就必須堂堂正正地經營企業，這樣才能走得自信、踏實，才能贏得長久的榮譽和財富。然而，成就大業就如建樓一樣，應該「打牢基礎，再借外力」。

另一位企業家高先生提出，企業發展的最初階段，千萬不要過早地借助外力，應該首先培養自己獨立成長的能力，累積面對風險、走出困境的經驗，這對企業來說是至關重要的。「一些中小企業在實力不足的時候，過早地與其他企業合併、重組，結果發展一段時間就夭折了，這正是由於基礎打得不牢，缺少了面對風險的經驗。」凡事欲速則不達，穩紮穩打發展企業，往往是不難成功的。

「起初，要獨自摸索經營、管理的規律，踏踏實實地建立好企業的制度和文化。在時機成熟的時候，與其他企業進行合作，同時借助外力來發展自己。這個時候企業已經具備了一定的實力，這種情況下的合作，才能真正實現優勢互補。」

對於中小企業來說，在適當的時機借助外力能夠節約成本。「做企劃的時候，沒有成立自己的企劃部，而是請專業的企劃公司承擔此項業務。他們見多識廣，了解整個行業的情況，專業性更強。而且這樣可以節省大量的資金。」

企業的成功絕不能是靠一時的運氣，而是要遵循規律，步步為營。一個穩健踏實的企業才能逐漸累積實力，才能受到大家的尊敬。高先生認為，要以正確的觀點來經營企業，不但要為企業贏得榮譽，還要為客戶帶去榮譽。

在客戶選擇企業時，不但要考慮到企業的產品和技術，還要考慮企業的人員品質、服務理念以及企業管理的嚴密性和有效性，這些方面都做好了，才能讓客戶感到滿意。「我們有一個理念——實現企業的全面進步。做好一個方面很容易，把各個方面的工作都做好，就需要下很大的工夫。應該非常

專注地了解客戶的需求，從各個方面滿足他們的需求，為客戶著想，讓客戶用得更好。不僅如此，還要透過我們的努力幫助使用者所在的企業實現資訊化，讓他所在的企業有更高的資訊化水準，有更強的應用能力，在同行中出類拔萃。」

企業家應該清醒、冷靜地建設企業，胸懷理想、穩步前進，這樣既能讓企業實現可持續性發展，又能為企業以及所有的合作者帶去榮譽、尊嚴和財富。

七雄略三九

海內無主，四十餘年而為「戰國」矣。秦據勢勝之地，騁狙詐之兵，蠶食山東，山東患之。蘇秦，洛陽人也，合諸侯之縱以賓秦；張儀，魏人也，破諸侯之縱以連橫。此縱橫之所起也。

譯文

天下沒有一個有權威的君主，這樣的狀態達四十多年，形成「戰國」時代。其中秦國依仗形勢險要，運用狡詐善戰的軍隊，一點點吞併山東六國，山東各國深以為憂。蘇秦，洛陽人，聯合諸侯一起抵抗秦國；張儀，魏，拆散諸侯的聯盟與秦國連橫。這就是縱橫活動的緣起。

感悟人生

電視廣告的合縱與連橫

近代電視業進入了戰國時代，某一國的媒體龍頭一家獨大，可能比當時的秦國強大得多，其他電視臺無法跟它相比。就跟當年沒有人想過把秦滅了一樣，也沒有人敢想十年內玩掉媒體龍頭，那是囈語。那麼該怎麼辦？只好效仿戰國時代的蘇秦合縱，張儀連橫。

電視臺的合縱策略首先是從廣告開始的。最初有一個新穎大膽的構思：有人想同時買下各電視臺的黃金時段，讓觀眾在換臺時永遠看到同一個廣告。構思者說，這種投入比去媒體龍頭競標划算得多，效果卻差不多。有一

間廠家真這麼做了，居然取得了不錯的廣告效果。但實例好像只此一個。無法繼續下去的原因大概是難度太大，沒人肯關心這種廣告投放策略的針對性，所以也就沒人能保證時間的統一。六國合縱談何容易，為了各自的利益，他們自己就先打起來了，各個電視臺發現自己的廣告被對方給壓下來了，怎麼還可能一起去對付龍頭？

說完廣告，再來說說電視節目。很多年前，就有人想做電視劇，也這麼做了，最後根本沒有操作性，當初的設想全變了味，結果不了了之。沒辦法，大家都是餓狼，就那麼一點點肉，只能自己跟自己搶；旁邊撐得直打嗝的龍頭再哈欠連天、頹靡不振，它也是獅子，沒人敢上去和它搶肉吃。直到節目公司開始在全國叫賣自己的節目，直到地方電視臺開始播出自己精心策劃的強檔節目，龍頭才開始警惕，感受到了這群「狼」的威脅，開始決定動手改革。其實龍頭改不改革在目前的局面下都沒什麼關係，不改，五年內也不會有任何地方電視臺或節目製作公司的欄目能達到自己口碑載道的節目一樣的收視效果，儘管這些節目有時也遭到很多指責。但除非世界級的電視臺原封不動地進入該國，與龍頭競爭，否則龍頭稱霸的局面就不可能改變。

在電視節目中，強者越來越強，弱者越來越弱，只能帶來一個結果，那就是節目越來越沒有吸引力。

雖然有來自地方電視臺的壓力，但龍頭作為一個「超級帝國」，地方電視臺競爭不過。只有期待它自己「和平演變」了，實際上龍頭節目的任何改革動力和壓力很少來自於地方電視臺，大部分是來自它自己內部的競爭。這才有節目的不斷推陳出新，對於觀眾來說，這是一件幸運的事。

有人說，既然比不上龍頭，我們也要當第二把交椅。各電視臺在合併與成熟過程中看到了合縱的前景與希望。但是擺在我們面前的事實是：地方電視臺合併這一個小小的動作，遠遠趕不上龍頭成立新集團上市這一個大大的動作。你剛剛煉出鐵來想打把刀，人家那邊原子彈都已經架好了。這種速

度、這種差距，你怎麼去和別人比呢？

變革總是在不斷進行，合縱派發現他國正在嘗試的新道路又開始歡欣鼓舞，以為又找到了一條創新的康莊大道。可是仔細想一想，這個經驗如果推廣至全國，最後還一樣。來的是原料，最後加工烹調的還是自己的廚師，廚師誰的手藝最高？當然還是龍頭！

這幾年龍頭的變化是最快的。早已打破了舊有辦節目的方法，節目在不斷地適應形勢進行創新。但如果地方電視臺的節目水準不斷提高的話，相信龍頭與地方電視臺共同經營節目會成為一種普遍的合作方式，跨媒體合作將來也會成為一種潮流。在美國，《國家地理》直接轉換成電視頻道是一種方式；《CNN》與《財富》設立專欄也是一種方式。

只要有戰爭，就會分出勝負雙方，就會有人勝出，有人失敗。失敗的人沒有選擇的餘地，不是死亡，就是投降，這叫做「畫地為牢」。於是，勝利的人可以接納受降，可以繼續招兵買馬，可以繼續擴充實力。於是，實力越來越大，達到了誰也難以打敗的地步，這叫做「海闊天空」。問題可以就此解決了嗎？答案是否定的。自己的實力增長的同時，競爭對手也沒有原地踏步。大家在一起做大市場，實力相差無幾，所以大家誰也不怕誰。因為沒辦法打敗對手，只能彼此制約、相互牽制，戰國格局的典型局面就此形成。

想要使自己強大，不被競爭對手吃掉，有很多方法可以用。但不管你用什麼方法，有一點是肯定的，就是實力。老鼠可以遏制大象，但永遠統治不了世界，因為它沒有這個實力。

三國權四十

論曰：臣聞昔漢氏不綱，網漏凶狡。袁本初虎視河朔，劉景升鵲起荊州，馬超、韓遂雄據於關西，呂布、陳宮竊命於東夏，遼河、海岱，王公十數，皆阻兵百萬、鐵騎千群，合縱締交，為一時之傑也。然曹操「挾天子令諸侯」，六七年間，夷滅者十八九。雖吳、蜀蕞爾國也，以地圖按之，才四州之土，不如中原之大都。人怯於公戰，勇於私鬥，輕走易北，不敵諸華之士。角長量大，比才稱力，不若二袁劉呂之盛。此二雄以新造未集之國，資逆上不侔之勢，然能撫劍顧眄，與曹氏爭衡；躍馬指麾，而利盡南海。何哉？則地利不同，勢使之然耳。故《易》曰：「王侯設險以守其國。」古語曰：「一里之厚，而動千里之權者，地利也。」故曹丕臨江，見波濤洶湧，歎曰：「此天所以限南北也！」劉資稱南鄭為「天獄」、斜谷道為「五百里石穴」。稽諸前志，皆畏其深阻矣。雖云：天道順，地利不如人和。若使中材守之，而延期挺命可也，豈區區艾、濬得奮其長策乎？由是觀之，在此不在彼。於戲！「智者之慮，必雜於利害」，故「不盡知用兵之害，則不能知用兵之利」，有自來矣。是以採摭其要，而為此權耶。夫囊括五湖，席捲全蜀，庶知害中之利，以明魏家之略焉。

譯文

據說東漢末年朝綱失統，群雄逐鹿。袁紹想奪取河北，劉表在荊州起兵，馬超、韓遂雄據關西，呂布、陳宮占領東夏，遼西、渤海、山東一帶，

十幾路諸侯屯兵百萬，締結盟約，成為一時的英雄豪傑。然而，曹操「挾天子令諸侯」。用了六、七年的時間，諸侯十有八九被消滅，只剩下吳和蜀兩個小國了。從地圖上看，吳、蜀兩國只有四個州的地盤，比不上中原的一個大都城。那裡的人公戰無勇，只會私下鬥狠，在戰鬥中動輒敗退逃跑，不足以和中原人相匹敵。在力量和才智上他們（指吳、蜀）也不如袁紹、劉表、呂布強盛，但這兩位英雄（指劉備、孫權）在不利於自己的政治形勢下，憑著剛剛建立的弱小國家的力量，能夠拒守西蜀和江南，與曹操抗衡，這是為什麼呢？這就是地利不同，形勢所致。所以《周易》說：「王侯憑天險來固守國家。」古語說：「一里方圓的地方，卻動用了奪取千里之地的權謀，這就是地利在發揮作用。」所以曹丕面對長江，看到洶湧的波濤，感嘆說：「這是上天設置的南北界線啊！」劉資把南鄭稱為「天獄」，把斜谷的道路稱為「五百里石穴」，查閱眾多的史料，都記載了它的險阻幽深。雖然說順應天時，但地利不如人和更重要。假如吳、蜀有一個中等才能的人統治，就完全可以避免過早滅亡的命運，怎麼能讓小小的鄧艾、王濬攻占，建立赫赫大功呢？由此看來，勝負的關鍵在於人和，不在地利。唉！有智之士的謀劃，一定會全面權衡利害關係。所以說：「不懂得用兵的險惡，就不能夠發揮用兵的作用。」

這是自古以來的普遍規律啊！因此，我選取了三國權謀的精要，而進行這些分析，目的是使後人從統一中原、覆滅蜀國的事件當中明白用兵的利害關係，從而懂得曹魏的權謀。

漢室滅亡已是不可避免的，但劉備三顧茅廬，攜孔明於危難之際，勵精圖治、廣施德化，終於獨霸一方，與魏、吳鼎成三足之勢。可惜蜀漢終究後繼乏人，雖有地利不得天時人和，劉備的雄心偉業不得不葬送於不肖子劉禪手中。

感悟人生

東漢末年，關東軍瓦解以後，盟主袁紹利用自己的優越地位，相繼從韓馥和公孫瓚等人手中奪取了冀、幽、青等州之地，成為北方最大的割據勢力。關東軍成員曹操也在董卓西遷後，大肆在中原地區擴張勢力。他先被兗州地方官迎為兗州牧，不久又收編了青州黃巾軍三十餘萬，勢力大大增加。建安元年（西元一九六年），又迎漢獻帝都許昌，取得了「挾天子以令諸侯」的有利地位。兩年以後，又相繼攻殺了呂布，逼降了張繡，勢力擴大到了徐州和南陽一帶，形成足以能夠和袁紹抗衡的力量。

建安五年（西元二〇〇年）十月，袁紹率領他的十萬大軍南下，向曹操發動突襲，並迅速攻占黎陽（今河南浚縣東北），進圍白馬（今河南滑縣東）。曹操用聲東擊西的策略，解了白馬之圍，並在陣前斬殺了袁軍將領顏良、文丑，退守官渡（今河南中牟）。接著，袁軍主力也到達官渡，兩軍相互對峙差不多有半年的時間。後袁紹的謀士許攸因進諫受阻，憤而降曹，並暴露了袁紹在烏巢（今河南延津東南）的儲糧據點。曹操當下率兵五千，假扮袁軍，焚燒了袁軍在烏巢的萬餘石儲糧。袁軍得知這一情況後，軍心動盪不安。大將張郃率軍在前線倒戈，袁軍全線崩潰。曹操乘機揮軍進攻，殲滅袁軍七萬餘人。最後，袁紹僅率領八百多騎士，逃回河北。這就是歷史上有名的官渡之戰。這場戰爭以曹操的勝利和袁紹的失敗而宣告結束，曹操的勢力也因此而發生了明顯的變化。

曹操「挾天子以令諸侯」，取得了政治上的優勢，再加上他本人也具有非凡的政治才能；由於他任人唯賢，其部下謀士武將多為「效實之士」；又因為他寬宏大量，能虛心接受部下建議，所以曹軍內部能夠精誠團結，上下齊心。曹操又處事果斷，用兵如神，善於應變，他極高的軍事才能在官渡之戰中得到了充分發揮。當時袁紹雖然兵力眾多，但他卻自恃門第高貴，放縱

豪強兼併，境內百姓都反對他，可謂失道寡助者也，他雖然兵多但內部卻不合，大家離心離德。加之他任人唯親，剛愎自用，心胸狹窄，不知兵要，軍令不立。在政治和軍事等方面與曹操相比，他都處於不利的地位。因此，官渡之戰中，曹操能夠以少勝多，打敗袁紹，就是必然的事了。

官渡之戰後的第二年，袁紹就在憂憤中死去，他的兩個兒子袁譚、袁尚又相互爭鬥，發生火拼。曹操乘機又攻占了鄴城，殺了袁譚和並州刺史高幹，驅逐了袁尚，占據了幽、冀、青、並四州之地。後又大破烏桓和袁氏聯軍，收降烏桓和漢人二十餘萬口，基本上完成了北方地區的統一。

統一北方以後，曹操想乘勝向南擴張，一舉消滅割據荊州的劉表和割據江東的孫權，達到自己統一全國的願望。於是在建安十三年（西元二〇八年）親自率領二十萬，但卻號稱八十萬的大軍向荊州挺進。這時，荊州牧劉表剛剛去逝，繼領荊州牧的劉表次子劉琮懾於曹操的強大兵力，派遣使者投降。只有當時出任江夏太守的劉表的長子劉琦和北駐樊城的劉表部將劉備堅持抵抗曹操。

劉備是涿縣（今屬河北）人，漢景帝之子中山靖王劉勝之後，屬漢朝遠支宗室。曾因鎮壓黃巾起義立功，擔任過縣丞、縣尉的小職務。在後來的軍閥混戰中，也擁有過部分的武裝力量。但因實力太弱小，只能依靠強大的軍閥，所以一直沒有自己固定的地盤。官渡之戰後他投靠了劉表，被派駐新野，後移駐樊城。他在樊城一面招兵買馬、訓練士卒，一面又網羅人才，積極壯大自己的力量。他曾三顧茅廬，將隱居隆中（今湖北襄樊西）的諸葛亮請出山，作為自己的幕僚，在政事上處處聽取諸葛亮的意見。

富春（今浙江富陽）人孫堅的次子孫權當時占據江東。孫堅曾因鎮壓黃巾起義之功，升任長沙太守。在軍閥混戰中追隨袁術，後被劉表的部將黃祖所殺。他死後他的長子孫策帶領部下，開始向江東發展。孫策死後，孫權襲

領舊部，經過幾年的苦心經營，勢力逐漸強大起來。

當劉備聽說曹操率軍經樊城向江陵進發的消息後，顧及到自己兵力單薄，只得向南撤退。行至長阪（今湖北當陽境內）時被曹軍擊潰，然後折而向東，在樊口（今湖北鄂城西北）與劉琦會合。為了聯合江東勢力抵抗曹操，劉備派諸葛亮到柴桑（今江西九江西南）去會見孫權，希望說動孫權聯合抗曹。

曹操向孫權下戰書，要「會獵於吳」。接到這封曹操在江陵給他的書信後，孫權當下召集部下商議。但部下中的主降派和主戰派卻各執己見，互不相讓。孫權雖力主抵抗，但由於受到投降派的壓力，一時也沒辦法決定到底是降還是抗。諸葛亮抵達江東後，孫權才堅定了抗曹的決心，並很快組成了孫劉聯軍，以江東周瑜為統帥。曹操率部東進，在赤壁與聯軍會兵，初戰失利，便把軍隊撤回長江北岸的烏林，又將船艦首尾用鐵鍊連接在一起，想以這樣的辦法使北方的曹軍將士適應水上生活。周瑜指示部將黃蓋向曹操詐降，曹操當下應允。於是黃蓋遂率領載有膏油乾柴的數十艘船艦，向曹營駛來。當時東南風不停地吹，船行得十分迅速，快要接近曹軍船艦時，黃蓋令部眾放火，船艦猶如火龍直衝曹營。曹軍首尾相連的船艦當下著火，並且一時之間根本沒有辦法撲救，大火隨即引燃了烏林營壘。曹軍大亂，人馬被燒和溺死者甚眾。周瑜又指揮聯軍水陸並進，趁勝追擊，曹操率殘部狼狽地逃回了江陵。

赤壁之戰中，曹軍數量雖多，但因為內部不統一，收編的荊州降眾，心懷猶豫，打仗時不肯拼命；曹軍主力多是北方人，不習水戰，又遠來疲憊，發生病變，戰鬥力大大減弱；再加上曹操麻痺輕敵，急於求成，放棄了自己擅長的陸戰，而選擇自己較弱的水戰；連鎖戰船，給對方可乘之機；又在倉促之際，中了黃蓋詐降火攻之計。因此，赤壁之戰終以曹操的失敗結束。

曹操兵敗赤壁以後，主動放棄了江陵，把戰線收縮在襄陽、樊城和合肥一帶。接著，他又麾軍西入關中，逐殺了關中隴右地區的軍閥韓遂和馬騰、馬超父子。不久，他又南下漢中，打敗了張魯。為後來曹魏政權的建立奠定了基礎。

赤壁之戰後，劉備占領了長沙、零陵、武陵、桂陽四郡，隨後又從孫權那裡借來了荊州。後來，劉備又打敗劉璋，占領益州，為他建立蜀漢政權創造了條件。

赤壁之戰後的孫權，一面與曹操爭奪江淮地區，一面又派兵經略嶺南，相繼占領交、廣等州，勢力擴展到了珠江流域。不久，他又派呂蒙襲殺了劉備的荊州守將關羽，把劉備的勢力徹底驅逐出了長江中游。

歷史發展到這裡的時候，三國鼎立的局面就基本形成了。

出軍四一

是知聖人之用兵也，非好樂之，將以誅暴討亂。夫以義而誅不義，若決江河而溉螢火，臨不測之淵而欲墮之，其克之必也。所以必優游恬泊者何？重傷人物。故曰：「遠人不服，則修文德以來之。」不以德來，然後命將出師矣。

譯文

由此可知，聖人用兵打仗，不是自己有什麼偏好，而是以此來誅殺暴虐、討伐逆亂。以仁義之師討伐不義，就如同放開江河水澆滅螢火一樣。自己占據有利地形，在下有不測深淵的懸崖邊上將敵手推下去，那是一定會成功的。所以內心自信、從容恬適的人，是不看重戰場上傷了多少人的。因此說，荒居遠處的人如不順服，那麼就要完善文教德化使他們歸來。如果完善了文教德化，還不能使他們歸順，那就要命令將軍出兵，用武力使他們歸順。

感悟人生

名牌企業如何擇人善用

企業的性質不同，其用人政策也不一樣，讓我們來看看摩托羅拉（Motorola）、索尼（Sony）、飛利浦（Philips）、嬌生（Johnson & Johnson）幾家著名公司的用人策略吧。

美國嬌生看重能力擇才與用人

美國嬌生公司的業務範圍非常廣，由製藥、醫療器材、消耗品三大類組成。因而在嬌生公司有很多的就業機會，最大的可能性是財務管理、市場與銷售管理、生產管理。有些職位如財務、生產、電腦等，需要有較強的專業背景；對其他的一些職位如銷售、市場、人力資源、行政管理等，則沒有很強的專業要求。總體來說，嬌生更加注重個人的能力。

嬌生公司面試的方式有很多種，一般是根據不同的職務要求和用人標準以及公司的慣例來決定的。在嬌生公司，除了專業要求很強的職位會有技能方面的測試外，對一流大學畢業的學生，嬌生公司面試的重點通常在:態度、做某項工作的能力與願望、團隊精神、學習的願望、聰明並成熟、有相關的知識與技能等幾個方面。關於這些資訊通常會在應徵者的言談舉止和處事方式中表現出來，在面試或小組面試中，有經驗的聘用經理會發現他們。其實，作為一家國際性的公司，英文，應該是一個重要的溝通工具。可是英文程度並不是嬌生唯一的用人標準，因為英文能力可以透過訓練來增強，至於其他特質，如品格、思維方式、工作態度和能力等，這些都不是在短時間內可以透過簡單的培訓而造就出來的。

嬌生非常捨得對員工培訓大量投資。一般情況下，新進公司的大學生除了日常的工作和接受工作必備的技能培訓以外，還會接受特別設計的系列培訓課程，以幫助他們適應新的工作環境並迅速成長。這些課程包括：入職培訓、公司文化、演講能力、商務禮儀、英文溝通（書面及口語）、經營業務行為準則、領導的標準概要、SOQ（管理評估系統）概要、高效率人士的七種習慣、職業生涯管理入門。而這些課程都是由嬌生管理學院在大學生進入公司後的第一年內全部完成的。

與培訓相輔相成的是公司利用了工作輪換的方式，這樣一來，可以使新

員工很快進入「角色」，也可以透過這種方式了解公司的整體運作過程。他們會從市場部到銷售部，從本地到外地，從承擔單一職責到多項職責。在這樣的鍛鍊中，新員工會感到本身的進步，體會到公司真正重視人才。

但是，最重要的一點是，在嬌生公司，到底什麼樣的人才可以得到發展、升遷的機會呢：

- 要用長遠的眼光來看待個人職業的發展。他們最看重的是自己是否有繼續學習和發展的機會，對他們來說，金錢不是成功的唯一目的，他們會堅持勤奮工作，不斷付出。
- 要積極主動，會不斷創新。他們不滿足於現有的成績和工作方式，而願意嘗試新的方法。因為在不斷變革的今天，只有未雨綢繆，才能化被動為主動，才有能力迎接新的挑戰。
- 最重要的是要有商業頭腦，注重成果。他們知道，如果沒有成果，不能達到預定的目標，所有的辛苦都會付諸東流。他們會以公司的信條為指南，對自己的行為負責，會盡全力去實現目標。
- 還要富有好的團隊合作精神。因為他們深知個人的力量是有限的，只有發揮整個團隊的作用，才能克服更大的困難，獲得更大的成功。
- 要不斷學習。一個人的競爭能力還會反映在他的學習能力上，因為他們會利用一切機會學習，吸收新的思想和方法，他們會從錯誤中吸取教訓，從錯誤中學習，不再犯相同的錯誤。

索尼激勵員工實現職業夢想

索尼公司對員工的激勵是根據具體情況不同而有多元的方法，它可以有直接的也可以有間接的，可以有物質的也可以有精神的，短期、長期也都可能會有。不過總體而言，公司的原則是從全面考慮公司和員工共同發展的角度進行獎勵。獎勵的形式包括員工薪酬、升遷、獎金、跨領域工作以及提供多元的培訓機會等。

索尼公司一般都是根據員工的不同特點採取不同的激勵方法。打個比方來說，有一些員工是管理型的人才，這樣公司就有可能會考慮為他們安排管理方面的專業培訓，從而幫助他們實現升遷。而有些員工就屬於專家型人才，但是不太擅長管理人，於是公司就會考慮在薪資上對他們的工作表示肯定，讓他們從管理中抽出身來，這樣利用更多的時間去研究開發。

索尼公司在評價員工本年度的工作績效時，會採取 5P 考評系統。5P 指的就是 Person（個人）、Position（職位）、Past（過去）、Present（現在）和 Potential（潛力）。其實每個人（Person）在公司都有一個相應的職位和職務（Position），而在這個職位上，只是根據當年度（Present）的業績評價一個人的成長性是片面的。公司是透過對過去職位和工作內容、現在職位和工作內容的連續評價，結合員工將來發展的潛力（Potential）預測來評分。不過在整個評價過程中，員工過去及現任的上級經理、公司各業務部門的高級管理層都將參與其中，這樣就可以根據 5P 系統給予最終評價，從而得出公平的評估結果。

因為索尼公司很注重「主動性」，所以會鼓勵員工主動地去做他們認為應該做的事情。公司希望所有員工的靈感都能發揮得淋漓盡致，並鼓勵所有的思想在公司裡融會碰撞。提倡培養員工的創新精神和國際化意識，也是索尼公司企業文化的重要部分。索尼認為「創新精神」是公司的 DNA，所以對於很有發展潛力的員工，公司還會安排海外工作或實習的機會。

飛利浦需要你的工作熱情和才能

飛利浦公司也是一個十分重視員工的才能、工作熱情與努力的企業，而且還為員工提供一套綜合的薪酬福利待遇。飛利浦的薪酬制度包括基本薪

水、交通補貼、業績獎金、員工留用獎金、優先認股權、公司住房基金、商業醫療保險計畫、教育補助、公司產品員工特價銷售計畫、員工推介計畫、員工俱樂部活動。公司還會定期審閱和更新對薪酬福利的方案，以這種方式來不斷激勵員工和回報他們對公司做出的貢獻。

飛利浦公司也非常重視員工的職業發展計畫，所以公司有目標明確的人員發展計畫：提升組織能力以支援公司業務發展；加快外籍專業人員與管理人員的本土化過程；吸收並發展青年人才成為公司未來的領導者；發展學習型組織與文化；為本地經理人員提供國際委派的工作機會。所以，當員工技能得到提升，整個組織的能力也就將會得到加強，並使公司實現既定目標。其實這也是飛利浦強調以及關心員工職業發展的原因。

為了實現公司的人員發展遠景計畫，飛利浦還制訂了一套完整的「管理人員發展」流程和方案。這些流程和方案主要用於確定具備潛能和才幹的員工，將他們發展為可在公司內部擔任重要職位的管理者。該過程包括篩選、業績評估、才能鑑定、才能發展與繼任計畫。在原則上，潛在管理人員都是從公司內部選拔、發展起來的。

飛利浦期望員工有所付出。其實相應地也是為員工提供充分發展其能力的機遇、富有挑戰性的企業環境、學習與技能發展的機遇、基於業績的報酬以及提升的機會。他們還希望員工不斷改進，以便在職位上進步，為公司以及業務夥伴提供增值服務，竭盡所能取得佳績。

摩托羅拉留住人才的哲學

至於摩托羅拉公司，他們力求把人才的流失率保持在正常的水準，這個比率根據整個行業而定。摩托羅拉認為百分之八至十的人才流失率是很正常的，低於這個比率，則公司缺乏新員工的更新，會導致缺乏活力。摩托羅拉大學生流失率相對會高一些，只要在百分之十以上，這時操作工比較穩定，

流失率也只有百分之一。

如果按照工作業績來看的話，摩托羅拉會將員工分成最優秀、中間、表現欠佳三類，三類的比例分別為前兩成、七成、一成。與其他許多頂尖公司的看法一樣，摩托羅拉信奉「二十 —— 八十法則」：即八成的價值是由兩成的人創造的。那兩成的員工有非常關鍵的作用。摩托羅拉竭力留住的就是這部分人才。摩托羅拉眾多海外培訓以及升遷、加薪的機會都會優先安排給這些員工。

其實，中間的七成是企業發展的中堅力量，表現一直很穩定。對於最差的一成，摩托羅拉會逐一作出分析，某些人可能是其工作職位與之所學或特長不相吻合，透過更換工作職位可以實現其價值。但公司每年還是會有一定比率的員工被淘汰。摩托羅拉會直言不諱地告訴員工，在這個公司可能不太適合你的發展，最好的方法是去另一家公司，可能會有更好的前途。

摩托羅拉留住人才的做法就是差異化。百分之二十是一種差異化，培訓也是一種差異化，透過這些做法，員工就把注意力放到了對企業貢獻最大的地方，使他（她）的工作可以讓全體人員受益。

不僅如此，摩托羅拉還十分重視培養女性管理者，摩托羅拉公司的亞太總部還制訂了一項新規定，即女性管理者要占所有管理者總數的四成。而且，今後在中層主管聘用中，每三個面試者中至少要有一個女性。在現代社會中，絕大多數職位男女都可以勝任。在男女員工的使用上，摩托羅拉一直堅持一視同仁。

在摩托羅拉，其經理的級別化分，一般包括初級經理、部門經理、區域經理（總監）、副總裁（兼總監或總經理）、資深副總裁，在亞洲的分公司中，女性經理已經占到經理總數的二成三。

在摩托羅拉公司，那些忠誠、有才能的人將被提拔任用，而那些愚昧不明、才能低下的人將被辭退。所以說，摩托羅拉留下的是忠誠而有才能的

人，因為他們是企業的根本、未來和財富。

做好管理需知人善任

「故善戰者，求之於勢，不責於人，故能擇人而任勢。任勢者，其戰人也，如轉木石。」這是《孫子》裡所說的，其實這句話是說，善於作戰的人，求作戰的有利情勢，不苛求下屬，重要的是選擇合適的人才去利用這種有利情勢，造就一個把圓木從高山上滾下那樣的不可抵擋的勢來。

「擇人而任勢」，據《十一家注孫子》說：「一作故能擇人而任之。」看來，擇人而任勢，擇人而任之是有差別的。但是，不管擇人任勢也好，擇人任之也罷，造就軍隊新的有利勢態要擇好人，這是肯定的。

軍事家提出來的命題就是「擇人任勢」。其實，企業經營管理也要講擇人任勢。但這不並不是現代人才有的概念，早在兩千多年前，古人就有如此的體悟了，范蠡就是一個例子。據《史記．貨殖列傳》說：范蠡就說過：「吾治生者，能擇人而任時」，值得注意，范蠡的觀點與孫武的觀點是何等一致，一致得連用字措詞都那麼相似。仔細想想，這也不奇怪，范蠡本來就是一位軍事家，是後來轉為從商的。於是，他就把自己原來熟識的軍事戰略、戰術做法、兵法語言搬用到商業經營中來了。

關於「擇人」，確實是能從古代的戰爭中得到不少有益的借鑑。這些擇人任勢之學在形成中，各種精闢見解、獨特做法、典型例證大多都是與伐師、興邦、治國等聯繫在一起的。一代王朝中興史，一部正確人才運用史。國家興與賢才舉是結合發生的。戰事勝負，朝代更迭，國家中興，擇人任勢在這裡有重要作用。如周文王渭水河畔用呂尚興周，漢劉邦解衣推食韓信興漢，而唐太宗以魏徵為明鏡興唐，朱元璋建禮賢館待劉基等人興明。豐富的擇人任勢的礦藏，是很值得我們去深層開發的。

沒錯，人才是最寶貴的。有一個故事：在戰國的時候，齊威王與魏惠王

這兩個國君，一次在圍獵中發生了一個爭論，魏王問：「齊國有寶貝嗎？」齊王答：「沒有。」魏王說：「我們國土雖小，卻有直徑一寸大的珍珠十顆。每顆可照亮車前車後的車輛十二輛。齊國是大國，就沒有珍寶嗎？」齊王就說：「我認定的珍寶概念與你不一樣。我有個大臣叫檀子，派他守南城，楚不敢入侵；我有個臣子叫盼子，派他守官塘，趙就不敢到黃河來打漁；我有個官吏叫黔夫，派他守徐州，燕對著徐州北門祭祀；我有個臣子叫種首，叫他防盜防賊，百姓可以路不拾遺，夜不閉戶。像這樣的珍寶，其光澤可遠照千里，何止亮十二輛車子呢。」這則故事就充分說明了人才的重要。

擇人是重要，這也是古人議論最多的一個話題。司馬遷是位史學家，他在撰寫《史記》時，得出結論是：「堯雖賢，興事業不成，得禹而九州寧。且欲興聖統，唯在擇任將相哉！」這是《史記· 匈奴列傳》記載的。也可以這麼說，古明君賢將，大凡在事業上頗有成就的，莫不是擇人任勢所取得的。古人留下惜才、愛才、用才的感人軼事多得很。比如，漢宣帝設麒麟閣，唐太宗建凌煙閣，在閣中懸掛功臣肖象以資垂範。戰國時燕昭王築「黃金臺」以招賢，還有明朱元璋出「招賢榜」廣攬人才。如此等等眾多的典故都在人間流傳著，也被後人模仿、採用。

所以說，要做現代經營管理也必須惜才、用賢才。美國的鋼鐵大王卡內基（Andrew Carnegie）曾經說過：「將我所有的工廠、設備、市場、資金全部奪去，但只要保留我的組織人員，四年之後，我仍將是一個鋼鐵大王。」所以在他死之後，在他的墓碑上寫的碑文是「這裡躺著的是一個善於使用比自己更能幹的人來為他服務的人。」美國曾經有一家大公司，想獲得一家小公司中的一位工程師，但該工程師依戀原來的企業，不肯因這家大公司的高薪而走人。後來，這家大公司花巨額資金買下了這家小公司，目的只是為了得到這個人才。

其實，不要以為市場上的競爭僅僅是產品之間的競爭，產品只是人發明、生產的。企業之爭說到底還是人才之間的競爭。在競爭的角逐路上，人才爭奪戰是十分激烈的，尤其是國外。有一件事：瑞士一位研究生研發成功了一支電子筆和一套輔助設備，可以用來修正衛星所拍攝的照片。這一發明引起世界各國的重視。美國有一家大公司派人去遊說這位發明者，要用重金聘用他，瑞士一些公司也千方百計想留他在他們那裡工作。於是雙方展開了一場提高薪水的人才爭奪戰，你加我也加。最後美國說，現在我們不加了，等你們加足了，我們把此數乘以五。後來，美國就將這位研究生「連人帶筆加設備」一起弄走了。

可是如何選擇人呢？《孫子》曾有「擇人而任勢」之說。另一部兵書《李衛公問對》中的主角之一李世民，在一份詔書中也講了一句很有名的話，他說：「為官擇人者治，為人擇官者亂。」這位唐王是說，不能因為要使用一個人從而故意地設置一個職務讓他去做，這樣做是會亂事的，主張因事業需要而選用合適的人才。這樣做，才能把事情辦好。

李世民講的那句話是有背景的：唐初的時候，有一位開國功臣叫竇誕，他曾以元帥府司馬的身分伴隨著秦王（也就是後來的李世民）東征西戰。李世民接唐王位後，為照顧竇誕的資歷與功勳，以宗王卿的官銜，讓他管理後族的內部事務。但竇誕終因上了歲數，在君臣眾人討論國事出現「昏謬失對」的現象，對此李世民感慨良多，承認自己用人不當，憑老關係、老印象用竇誕誤了事。為了這件事，他還專門寫了一份詔書，詔諭公眾，示意不能再犯這樣的錯誤。上述那句話也是在這份詔書中所說的。

「為官擇人」與「為人擇官」是兩種完全對立的用人觀。其實，為官擇人是孫武的擇人任勢。然而為官擇人的出發點是「官」，即事業，為事業興盛而擇人。為人擇官的出發點是為滿足人當官的欲望而設事。「為官擇人」在

考慮用人標準時是德是才，是具備德才條件，能勝任這個「官」工作的人。「為人擇官」，實際也可以說是無所謂德才標準了，要說有標準的話，那就是親的標準，任人唯親；資的標準，任人唯資（資歷）；順的標準，任人唯順（順諾），如此等等。任人唯親、唯資、唯順等等，是用人的大忌。這樣做，使賢人不舉，還有可能使庸才掌事，心懷叵測的人掌事。如果這樣做的話，也就失去了真正的用人意義，失去了擁護，那麼後果會是相當嚴重的。

所以說，現在人做事情的時候，只有舉賢不唯親，事業才能成功。古之經驗如此，今之經驗更應如此，政治上是這樣的，經營管理上也是這樣的。

還有一個例子，日本有一家工業公司，該公司的董事長本田宗一郎在他創業後二十五年時，也就是他時年六十歲的時候，自感需要讓賢了，於是他把這份事業交給當時才四十五歲的河島喜好。在十年後，河島又把接力棒傳遞給五十一歲的久未是志。正是他們幾位奠定了本田四輪汽車事業的基礎，成為繼「豐田」、「日產」後，日本汽車行業中第三把交椅的占有者。本田宗一郎壓根沒有想過由他的兒子來接手他的事業。他自己有一套自己的經營哲學:「家庭歸家庭，事業歸事業。」為了讓賢給別人，他甚至哭著去勸說擔任該公司常務董事的弟弟一起退休。

如何選擇人，要做到不求全擇人。但是，選擇人不按德才標準不行，可是如果過分的苛刻要求也是不行的，就比如求全責備。大家都應該知道，天地無全功，聖人無全能，萬物無全用。金無足赤，這是非常正常的自然界現象；而人無完人，這也是人文學中的真理。對於過分苛求他人的人，他最終也會被現實不容，成為孤家寡人。水至清則無魚，人至察則無徒。這可都是前人總結出來的經驗之談啊！

古代的人，大都是在事業上頗有成就的政治家、軍事家，在用人問題上都是頗能注意求賢不求全的，對賢者，能赦小過，不記前隙。在明代的時

候，開國君主朱元璋就是一位像齊桓公那樣敢用曾經敵人的屬下。他曾經就說：「吾當以投誠為誠，不以前過為過。」對於原是元朝的官員將士，都能不咎既往真誠相待。曹操也有如此風度，曹操進攻宛城時，張繡投降，但又突然反擊曹操，致使曹操的新兵都尉典韋戰死，長子曹昂、姪子曹安也在混戰中死去，曹操也中箭受傷。按照常人的想法，曹操與張應就是勢不兩立的。但曹操在官渡之戰與袁紹對壘時，卻派人去招納張繡。最後張繡被爭取過來後，曹操還封他為揚武將軍，後來曹操還讓其兒子娶了張繡的女兒，從此兩人結為親家。

擇人要敢擇用有才能但也有過錯的人，這既是衡量領導者水準的問題，也是廣開才路的問題。你既然真誠用人，真誠待人，容得他人過錯，今日小錯，自然能贏得眾人之心，士為知己者死，士心歸之，眾才士趨之。曹操麾下之所以會有一批賢才，就是因為曹操能赦人小過、善於待人，許多人都來投奔他。擇人要敢擇用有才能但也有過錯的人。正常情況下，一個有突出才能的人，過錯也是明顯的。現在你也只不過是見他的一面缺點而已，並沒有見到他優點的主要一面，如果拒人門外於不顧，這不就等於否認他的優點嗎？不讓他發揮他的才能，這是於理不合、於情不公，更不是催人奮進之舉。

不過，選擇人也要敢擇用有才能但也有缺點的人。美國著名的管理學者杜拉克（Peter Ferdinand Drucker）就在自己的書中提到了一段很有哲理色彩的話，他這樣說到：「倘若所用的人沒有短處，其結果至多只是一個平平凡凡的組織。所謂『樣樣都通』，必然一無是處。才能越高的人，其缺點也往往越明顯。有高峰必有深谷，誰也不可能是十全十能。」不僅如此，杜拉克還這樣斷言：「一位經營者怎能僅見人之短，而不見人之才，刻意挑其短而非著眼於展其才，則這樣的經營者本身就是一位弱者。」

練士四二

夫王者帥師，必簡練英雄，知士高下，因能授職。各取所長，為其股肱羽翼，以成威神，然後萬事畢矣。

譯文

有帝王德行的人統帥軍隊，一定是精心訓練士兵。英雄的將帥善於了解人才，並按其才能高下授予職位。取人之所長，讓他成為自己的有力輔佐，以成就神威。這樣，其他一切事情就都好辦了。

感悟人生

激勵員工

組織行為學研究認為，「最有效的激勵來自於每個人的內心」，對成就感的渴望是每個人都與生俱來的，每個人都希望工作富有意義，自己能夠承擔更多責任，能力得以施展，並且得到人們的認可，這是員工努力工作的最大動力。所以成就感的培養和滿足就需要管理者特別關注。

培養成就感一般有以下途徑：

- **增強員工的自信心**：自信心是獲得成就感的基礎。我們不能奢望一個平日唉聲嘆氣、縮頭縮腦的員工會有成就感。GE（奇異公司）總裁威爾許就告訴員工：「如果 GE 不能讓你改變窩囊的心態，你就應該另謀高

就。」好的管理者應該幫助員工在工作中獲得自信和成就感，而運用「比馬龍效應」就是個好的方法。如果管理者經常以言行向員工表明：你很棒，你能夠做得更好。員工就可以從中認識自我，發揮潛能，就能做得很好。此外領導者要允許員工失敗。關於失敗，是任何人都會遇到的，所以對於員工的失敗，不能予以打擊，應該讓下屬在失敗中學習成長。

- **提供適度挑戰性的工作**：要希望自己的員工覺得每天都可以學到很多新東西，都可以實現個人的事業目標。所以在公司裡，要讓員工每天都會感受到工作具有一定的挑戰。而這個挑戰是經過他自己的努力和上級的幫助克服困難，來完成的，這樣使員工獲得了極大的滿足感，工作的積極性自然也就大大地提高了。
- **充分的信任和獨立的空間**：給予員工充分的信任和獨立的空間，無疑會大大提高員工的積極性。而與此相反，過度嚴密的督導往往會致使下屬成為「聽話的機器」，下屬的創造與想像力將喪失殆盡。所以上司可將完成本職工作所需要的權力賦予員工，幫助他們更順利地完成工作;權力下放後，只需靠制度規範和不定期的抽查保證工作順利，這樣工作就已經足夠。美國的 3M 公司從一九五六年開始，就制訂了一項激勵機制：公司的科技人員花費其百分之十五的時間，在自己選定的領域內從事研究和發明。自從實施了激勵機制以後，3M 公司的銷售和盈利就增加了四十多倍。
- **公正的待遇**：金錢和地位在某種意義上是對個人成就和價值的肯定。金錢與工作成就感的關聯性，在於薪資和升遷制度的公平性。拉開收入層級，用量化的經濟指標來衡量員工不同的能力和價值，在企業內部建立能力優先機制是很重要的。有人用猴子朝三暮四的寓言說明了這個特性。香蕉總量沒有變化，朝四暮三，群猴憤怒；朝三暮四，皆大歡喜。所以建立一套穩定、完整的薪資制度以保證企業激勵的良性發展是透過

薪資培養成就感的要點。

· **支持性的工作環境**：表現成就的物理環境是不能忽視的。如擁有私人辦公室（包括可遠眺美景的大窗戶、最好還有舒適的沙發）、專屬的祕書以及專用的停車位；催化成就的人際環境。現代忙碌的工作和生活，對大多數人而言，能夠與同事融洽相處，跟著一個「充滿關愛」的主管，甚至與經常聯絡的廠商或客戶建立不錯的交情，填補了我們社交上的需求，使許多人每天樂在其中，成為獲得成就感的源泉。

· **提高員工視野**：提供給員工實現其職業生涯規畫的所有培訓，使員工的視野由本職工作拓展到多個職位或更高的職位。當員工沿著生涯規畫的路徑一步一步實現既定目標時，那種成就感是不言而喻的。或者給員工很好的發展空間。這些都能幫助員工獲得自信和成就感。

· **鼓勵員工參與決策**：鼓勵員工參與企業經營發展策略的擬定，普通員工會體會到成為決策者的成功和喜悅。這樣做的益處是很大的。

培養員工的成就感方面，我們還要注意：方式不應統一，要根據公司的自身情況設計培養員工成就感的方法，分析各種方法對個別員工的作用。成就感是自我激勵的源泉，比物質激勵的作用更持久。但是，我們也不能因此否認物質激勵的作用，一味強調從精神上提升員工的積極性，這樣反而會讓成就感失去所依存的基礎。

在這方面，英特爾（Intel）的做法很值得借鏡：

英特爾會為工作了兩到三年的員工制定職位輪換計畫。讓那些有潛力、有能力、對組織忠誠度較高的員工在公司內部嘗試不同的工作職位，以此幫助員工更全面地學習和實踐英特爾的文化、技術和管理知識。對於技術型人才，會為其確定詳細的技術人員發展層次，讓其向資深的技術專家發展。而對於經理，則制定發展計畫，幫助其承擔更多的職責和任務，以利於其適應更高管理

層的工作。此外，英特爾每年還會派遣深通組織文化、具有豐富管理經驗和產品技術的外籍專家到各地的公司工作，並為每位專家配備一名本地經理做助手。第一年讓外籍專家全面負責各項工作，本地經理學習他們的理念、管理經驗和技術；第二年讓專家和經理共同管理部門；第三年則放手讓本地經理管理，外籍專家退居二線，負責提供諮詢建議和指導。透過三年的帶領，讓本地經理迅速成長。這樣，在造就一大批相容英特爾文化、技能和本土文化的管理人才同時，也為本土員工提供了他們在英特爾的機會與未來。

發揮員工的潛能

員工的潛能發揮在保持企業的創新與發展上占有重要地位，那麼，如何充分挖掘和發揮組織員工的潛能呢？我們看看 IBM 公司是怎麼做的吧。

IBM 是世界上最大的電腦製造公司，為了激勵員工的創新欲望，促進創新成功的過程，在公司內部設立了一系列別出心裁的獎勵創新人員的制度：對有創新成功的經歷者，不僅授予「IBM 會員資格」，而且對於獲得這種資格的人，還提供五年時間和必要的物質支持，從而使其有足夠的時間和資金進行創新活動。這種鼓勵制度，對於那些優秀的創新者不僅是一種有效的報酬，也是強而有力的促進劑，更是一種最經濟的創新投資手段。他最大的目的就是利用員工的創新精神，從而輔助和開發其最大潛能。

員工的能力包括表象能力和潛在能力兩個層次，表象能力就是一個人現有的專業技術職能和行政管理職能，而潛在能力則包括了尚未表現出來的能力。「周哈里窗」（Johari Window）中提到，一個人知識的幾個層面分為公開區、隱藏區、盲目區、未知區四個部分。而對於一個組織中的個人來說，他目前具有的知識層面只有公開區和隱藏區，公開區是企業或組織中人人具備的「你知我知」並充分發揮出來的領域，而隱藏區則是「我知你不知」，也即是自己具有能力卻還沒有充分發揮出來的那部分領域，盲目區是

「你知我不知」的他知領域，未知區則是「我不知你不知」的全新領域。

這些能力的開發一般需要以下幾個因素：

· 強烈吸取納新的願望
· 對外來因素的整合能力
· 環境的影響和外力的誘導與促進

正確使用人才

企業領導主管人事，讓下屬感到自己受到重視和賞識，如此才能充分發揮他應有的才能。因此，視才而用是企業領導者必須堅持的管理觀點，否則就會不分良莠，沖淡那些有用之才的積極性和創造性。而視才而用，是因事設人的前提和基礎。

企業領導者要用下屬，首先就要去了解他的特點。十個下屬十個樣，有的工作起來俐落迅速；有的則非常謹慎小心；有的擅長處理人際關係；有的人卻喜歡獨自埋首在統計資料裡默默工作。例如，對於只求速度、做事馬虎的下屬，做領導者的若要求他事事精確，毫無差錯，幾乎是不可能的。對於此種做事態度的部屬，能要求他既迅速又正確嗎？很難。可是，許多領導者明知這個事實，卻仍性情急躁地要求他們達到本不可能達到的工作效率。

公司的人事考核表上，都印上有關處理事務的評估專案，能夠取得滿分者才稱得上是一位優秀職員。於是，頗多的領導者就死守著這些評估專案，作為人事考核的依據。世上真有萬能的職員嗎？沒有，其實所謂一些滿分者，不過是上司高估了他，給予他過高的評價而已！要讓評價的準確度更高，就必須花費許多時間，增加會談的次數，而不得不放棄速度的要求。有些部下為力求快速而省去許多會談，沒有發生枝節，只是純屬僥倖，或是因為身具豐富的經驗和高超的技能。而對於這些因素，領導者往往不多加考慮，僅依據一張人事考

核表，憑著自己的主觀意志對部屬妄下斷言。這是很不可取的。

嚴格意義上說，在人事考核表上觀察一個人的工作情形，合計各項評估的分數，是沒有多大價值的。領導者應該採取實際的觀察，給予部屬適當的工作，然後再從他的工作過程中觀察他的處事態度、速度、準確性、成果，如此才能真正測試出下屬的潛能。也唯有如此，才能靈活、成功地運用他的下屬，也只有這樣，才能促使公司的業務蒸蒸日上。

在對下屬有了明確的認識之後，才能妥善地分配工作。一件需要迅速處理的工作，可以交給動作迅速的職員，然後再由那些做事謹慎的職員審核；相反地，若有充裕的工作時間，就可以給謹慎型的職員，以求盡善盡美。萬一下屬都屬於快速型的，那麼我們還可以盡可能選出辦事較謹慎的，將他們訓練成謹慎型的職員。只要去做，就一定可以做到。

綜上所述，我們總結出了視才而用的基本原則：

- 是一個什麼樣的人才？
- 是一個什麼樣的專才？
- 能否被別人取代？
- 能帶來什麼樣的效益？假如這個下屬的才能不可替代，那麼他就可以被視為有用之才。

總之，不管是因人設事還是因事設人，都強調視才而用，以盡量發揮人的長處為原則的。

結營四三

凡結營安陣，將軍居青龍，軍鼓居逢星，士卒居明堂，伏兵於太陰，軍門居天門，小將居地戶，斬斷居天獄，治罪居天庭，軍糧居天牢，軍器居天藏。此謂法天結營，物莫能害者也。

譯文

所以說，凡是結營布陣，將軍居於青龍，軍鼓居於逢星，士卒居於明堂，伏兵設在太陰，軍門設在天門，小將居於地戶，斬斷設在天獄，治罪設在天庭，軍糧放在天牢，軍械放在天藏。這是效法天道安營紮寨。只要這樣做了，外部自然條件就不能侵害軍隊。

感悟人生

萬事俱備只欠東風

三國時代，在赤壁發生了一次著名的戰役「赤壁之戰」。

曹操以其擁軍百萬的實力，雄據北方，想併吞南方。東吳、西蜀力量弱小，便聯合起來抗曹。東吳的統帥周瑜和西蜀的軍師諸葛亮在一起研究攻打曹操的方案。他們決定利用曹操狂妄自大的輕敵想法，採用火攻的作戰方案。周瑜用反間計，讓曹操殺死曹軍中熟悉水戰、可以抵擋他們的將領蔡瑁、張允。周瑜又用龐統假作獻計，騙曹軍把戰船連在一起。後又「打黃蓋」，用「苦肉計」去詐降曹操。實際上，黃蓋在船中裝滿了容易燃燒的物

品，準備以詐降的方式衝向曹營，發起火攻。一切都安排好了，就缺一個很重要的條件 —— 要向北岸曹軍放火，必須依仗著東南風才能辦到。當時正當隆冬季節，天天都刮西北風。周瑜憂急成病，臥床不起。

軍師諸葛亮心中有數。時機成熟時來拜訪周瑜，他自稱有個祕方可以治好周瑜的病。把藥方寫了出來：欲破曹公，宜用火攻，萬事俱備，只欠東風。簡短的幾句話就道破了周瑜的心事。

周瑜顧不上自己的尊嚴，忙向諸葛亮請教，有什麼辦法可以借到東風。諸葛亮上知天文，下知地理。他透過氣象觀察，心中早知四天後會有東南風。他對周瑜說，自己能呼風喚雨，借三天三夜東南風來幫助周瑜放火。周瑜立即命人築了一個土臺，叫「七星壇」，諸葛亮在「七星壇」上祈求東南風。

到了那一天，果然東南風大作，周瑜順利地執行了他的火攻計畫。東風狂吹，火光衝天，赤壁之役，曹操吃了敗仗，勢力大減。從此也就奠定了「鼎足三分」的局勢。

後來「萬事俱備，只欠東風」就用來形容樣樣都準備好了，就差最後一個重要條件了。

岳飛戰襄陽

南宋紹興三年冬天的時候，金朝與劉豫的軍隊在擊敗宋朝的襄陽鎮撫使李橫的主力後，企圖相互勾結進攻南宋。南宋為了打破金軍的企圖，派岳飛率軍三萬人，從江州（今中國南部江西省九江市）北上收復六郡，並命令韓世忠、劉光世出兵接應，鉗制李成。

襄陽車臨襄江，據險可守；襄陽的右面是一馬平川的曠野，正是廝殺的戰場。而駐守襄陽的偽齊守將李成則有勇無謀，他把騎兵布防在江邊上，卻命令步兵駐紮在平地上。

岳飛在了解到李成的布防情況後，破敵之計了然於胸。

他命令部將王貴說：「江邊亂石林立，道路狹窄，正是步兵的用武之地，你可利用江邊的地形，率領步兵，用長槍攻擊李成的騎兵。」

然後又命令部將牛皋：「敵步兵列陣於平野，你率騎兵衝擊敵步兵，不獲全勝不得收兵！」兩將領命而去。戰鬥開始後，王貴率步兵衝入李成江岸的騎兵隊伍中，一支支長長的利槍直往戰馬的腹部刺去，一匹匹戰馬應槍而倒。江邊道路坎坷，前面的戰馬倒斃後，後面的戰馬無路可走，也紛紛跌倒，許多戰馬被迫跳入水中，李成的騎兵很快失去了戰鬥力。

牛皋是一員猛將，他率領鐵騎閃電般地向李成的步兵發起衝擊，李成的步兵一點招架之力都沒有，紛紛喪命鐵蹄之下，轉瞬之間，李成的步兵隊伍全線崩潰。

李成看著自己的隊伍土崩瓦解，但也無可奈何，只有掉轉馬頭，棄城而去，岳飛順利地收復了襄陽城。

這之後，岳飛又趁勝收復了鄧州等五郡，被宋高宗提升為清遠軍節度使。這一戰，是南宋一次較大規模的反擊戰，收復了大片失地，為以後岳飛進軍中原創造了有利條件。

馬援平諸羌

東漢的時候，羌人經常侵入中原擾民。為了維護統治，光武帝劉秀派大將馬援任隴西太守，以平定諸羌。各部落的羌人聽說此事後，紛紛用輜重、樹木堵塞了允吾谷（今青海樂部附近）通道，企圖憑藉險隘頑抗到底。馬援對隴西的地形再清楚不過了，如今羌人占據著有利地形，人數又眾多，如果一味地硬攻，肯定要吃大虧。於是，他一面派一員部將率部分兵力在正面進行佯攻，以吸引羌人；一面親率主力部隊在當地漢人嚮導的幫助下，巧妙地利用山谷中的小道作掩護，悄悄地迂迴到羌人的大本營後面，伺機突擊。

由於倉惶應戰，羌人狼狽潰逃。但是羌人對地形更為熟悉，他們迅速地重新集結，憑藉其山高地險的優勢，以逸待勞，與馬援對峙。

馬援在山下正面安營紮寨休息，並不急於進攻。到了夜間，馬援挑選精銳騎兵數百名，利用夜幕作掩護，神不知鬼不覺地繞到山後，摸入羌人的營中放起了火，山下正面的漢軍趁機擂鼓助威、齊聲吶喊。羌人不知漢軍虛實，亂作了一團，紛紛離山逃遁。馬援揮軍追殺，大獲全勝。

羌人退回塞外後，經過一年的準備，以參狼羌為首的諸羌又聯合在一起，再次侵入武都（今甘肅成縣西）。馬援接到命令後，便率四千人馬前去平息，雙方在氐道縣（今甘肅禮縣西北）相逢。

羌人再次憑藉其有利的地形，據險而守，吸取了上次的教訓，任憑漢軍百般挑戰，就是穩坐山頭不戰。馬援在詳細勘察了羌人的據守情況和周圍的山勢地形後，發現了羌人一個致命的弱點，即水源不足。於是馬援指揮部隊奪取了羌人僅有的幾個水源，斷絕了羌人的水和糧草，沒過多久，羌人不戰自潰：一部分投降馬援，而大部分遠遁塞外。隴西，從此安定了下來。

晉軍崤山敗強秦

春秋時期，秦穆公不顧上大夫蹇叔和老臣百里奚的再三勸告，不遠千里去進攻晉國東面的鄭國。

秦穆公派百里奚的兒子孟明視，蹇叔的兒子西乞術和白乙丙三人為將。

在出發前，蹇叔哭著告誡兒子：「我看著你們出發，再也看不到你們回來了。這次遠征，晉一定在崤山截殺你們。崤山有兩座山，那南邊的山是夏帝皋的墳墓；那北邊的山，是周文王避風雨的地方。你們一定死在這中間，我到那裡收你的屍骨吧。」

孟明視率領秦軍進入了滑國地界，正要向鄭國疾進時，忽然有人攔住去路，說他是鄭國派來的使者，他要見秦軍主將。

孟明視大驚失色，連忙接見這位「使者」。「使者」說：「我叫弦高，我們的國君聽說三位將軍要到鄭國來，特派我送上四張熟牛皮和十二頭肥牛來犒賞貴軍將士。」說罷果然獻上了熟牛皮和肥牛。

孟明視原本打算去偷襲鄭國，現在一聽鄭國已知道了他們來襲擊的消息，只好收下牛皮和肥牛，敷衍了弦高幾句，滅掉滑國後，便班師回國。

我們先來說說這個自稱「使者」的人弦高，其實他不過是個商人，他在滑國遇到孟明視，發現秦軍的企圖純屬偶然。弦高在用計騙得孟明視相信後，連夜派人回鄭國報告消息去了。

晉國得知秦軍遠襲鄭國的消息，十分憤怒。如今見秦軍無功而返，果然不願意錯過消滅秦國主力軍的機會，於是在東崤山、西崤山之間和崤陵關裂谷兩側的高地設下埋伏，專等秦軍進入「口袋」，好一網打盡。

西元六二七年四月十三日，疲憊不堪的秦軍終於從滑國返歸本國，抵達崤山。

崤山地形險惡，山路崎嶇狹窄，特別是東、西崤山之間，不但人走著很吃力，車馬行進更是難上加難。西乞術望著險峻的山嶺，十分不安地對孟明視說：「臨出發時，父親再三警告我，過崤山要小心，說晉人肯定會在這裡設下埋伏，消滅我們。我們的隊伍拉得太長，再不收攏一些，就很危險了！」孟明視嘆道：「我何嘗不想這樣做，只是道路太窄，做不到啊！」

孟明視率領部隊正在小心翼翼地進入山谷，這時候突然聽見了金鼓齊鳴，一支強悍的異族部隊率先殺出 —— 這正是晉國南部羌戎的兵馬（羌戎是晉國的附庸，一直聽從晉國的調遣。），隨後，在晉襄公的親自指揮下，晉軍大將先軫率領晉軍一湧而出，以排山倒海之勢將秦軍分割、包圍、消滅。孟明視、白乙丙、西乞術三人都成了俘虜。

郭進據險拒遼軍

西元九七九年，宋太宗趙匡胤在平定南方之後，又興兵討伐北方的北漢。他命潘美為北路都討使，進攻太原，自己則隨軍親征。由於北漢是遼國的屬臣，他又命令將軍郭進去石嶺關駐守，以堵截遼國的援兵。

見宋太宗親自出征，北漢沒了主意，急忙向遼國求援。遼景帝派宰相耶律沙和冀王塔爾火速增援。耶律沙和塔爾走後，遼景帝還不放心，又派南院大王耶律斜軫率其部屬前去幫助。

等耶律沙進至石嶺關附近的白馬嶺，宋軍已搶先占據白馬嶺的高地險隘。這時，剛下過幾場暴雨，山洪爆發，原先並不深的山澗已淹至人的腰部，而且寬闊了不少。面對湍急的澗水和守衛在高地隘口的宋軍，耶律沙準備安營紮寨，等待後續部隊。而塔爾則恥笑耶律沙膽小，執意要率先頭部隊渡澗。耶律沙勸他道：「宋軍早已占據有利地形，我軍貿然渡澗，必定凶多吉少，還是小心為妙！」塔爾道：「北漢危在旦夕，只怕我們去晚了救不了他們。」於是下令渡澗，耶律沙也沒有再說什麼。

白馬嶺上的宋軍見塔爾率遼軍渡澗，一個個搖旗吶喊，擊鼓助威，但就是不出擊。

塔爾以為宋軍是在虛張聲勢，放心大膽地向對岸緩慢前進。郭進等塔爾的先頭部隊渡過山澗大半之後，令旗一揮，命令守在隘口的士兵放箭。

剎時，亂箭如蝗，遼兵紛紛中箭倒下，被急流卷走。僥倖登上對岸的士卒還來不及立足穩定，宋軍的騎兵又疾馳而至，將遼兵砍翻在澗邊。塔爾雖然勇猛無比，但人在激流之中，有力也用不出來，塔爾和他的兒子以及五名將領都被亂箭射死在山澗之中。如果不是南院大王耶律斜軫及時趕到，遼軍傷亡更甚。

由於遼軍被堵截在石嶺關，宋太宗便從容地向太原發起進攻，北漢主劉繼元久盼遼軍不至，無力對抗，只好開城投降。

水淹七軍

三國時期，曹操在漢中一帶被蜀軍擊敗，蜀將關羽趁勝追擊，率兵攻打樊城。樊城守將曹仁趕忙向曹操求救，為解樊城之圍，曹操急令子禁、龐德率七路人馬火速趕往樊城。蜀魏兩軍幾經混戰，不分勝負，不料一次在與龐德對陣時，關羽左臂中了魏軍暗箭，兩軍形成相持之勢，一時也分不出個勝負來。

此時正是秋季，連綿的陰雨淅淅瀝瀝不知道何時才能停，蜀軍遠道而來，長期相持下去的話，必然糧草不濟，戰爭難以打下去。

為了找到破解敵軍的計策，關羽一邊養傷，一邊想辦法。有一天，兒子關平報知關羽，于禁和龐德的七路人馬移駐樊城以北。關羽聽後，急忙帶人上高處察看。看到襄江因連日暴雨，水勢猛漲，河水湍急，而于禁、龐德的七支大軍沿城北的十里山谷駐紮，關羽觀察了半天，忽然興奮地喊了一聲：「這下我可生擒于禁了！」眾將一聽，都莫名其妙，沒人敢相信關羽的話。

關羽回到軍營以後，急令手下兵將趕造大小船隻和木筏，又派兵士到襄江上游的各谷口截流積水。于禁和龐德對蜀軍的行動卻一無所知，仍然是按兵不動。

一天夜裡，狂風驟起，接著是大雨滂沱。蜀軍趁勢決口放水，一時間水流似山洪爆發，洶湧而下，直奔山谷而去。于禁、龐德見洪水鋪天蓋地而來，忙組織士兵堵截。可是，小小的魏軍哪能擋得住這迅猛的洪峰？軍隊人馬頓時亂作一團，只顧慌著四下逃竄。

于禁和龐德帶著殘存的魏兵躲在一個小丘上總算熬到了天亮，這時四周已是一片汪洋，連樊城也淹了大半。魏軍被洪水淹死大半，剩下的兵將正疲於奔命之時，忽聽戰鼓雷鳴，殺聲震天，關羽率軍踩著大船和木筏殺奔而來，這時的魏軍，不要說打仗，就連一絲的抵抗之力都沒有了。

眼見大勢已去，于禁只得束手就擒；龐德雖奮勇抵抗，終究身單力孤，被蜀兵活捉。

這一戰，魏軍的七路人馬，除淹死的以外，全部被蜀軍活捉，蜀軍大獲全勝，並趁機輕易地取得了樊城。

道德四四

黃石公曰：「軍井未達，將不言渴；軍幕未辦，將不言倦。冬不服裘，夏不操扇，是謂禮將。與之安，與之危，故其眾可合而不可離，可用而不可疲。」接之以禮，厲之以辭（厲士以見危授命之辭也），則士死之。是以含蓼問疾，越王霸於諸侯；吮疽恤士，吳起凌於敵國。陽門慟哭，勝三晉之兵；單醪投河，感一軍之士。勇者為之鬥，智者為之憂。視死若歸，計不旋踵者，以其恩養素畜，策謀和同也。故曰：「畜恩不倦，以一取萬。」語曰：「積恩不已，天下可使。」此道德之略也。

譯文

黃石公說：「軍井還沒有鑿成，將帥不說口渴；軍中幕帳還未安置好，將帥不說疲勞。冬天不穿皮衣，夏天不用扇子，這就是將帥的禮法。只要將帥與士卒同苦樂、共安危，士卒就會團結一心，不可離異，這支隊伍就不怕苦，不怕累。將帥如果以禮對待，以言辭鼓勵（用言辭鼓勵士卒，告訴他危急之際需要授予他使命），那麼士卒就願意為知遇之恩而萬死不辭。因此，越王勾踐為了報仇，口含辛辣的蓼，問傷養死，撫慰百姓，最終稱雄於諸侯；吳起為生病的士兵吸吮濃瘡，體恤士卒，最終凌駕在敵國之上。看守宋國國門陽門的士卒死了，子罕痛哭，感動全城百姓，晉國因此不敢討伐；楚莊王有酒不獨飲，而把它投在河中，令軍士迎流共飲，三軍為之感動。這樣，勇敢者願為之戰鬥，智慧者願為之憂慮。在戰場上視死如歸，絕不退縮的原

因，就是因為上級平日裡有恩德於己，計策和謀略與自己心願相一致。所以說，平日裡對士卒不斷地積畜恩德，就可以在戰場上得到「以一破萬」的功效。有俗語說：不斷地積畜恩德，整個天下都會為你所驅使。這就是對「道德」一詞的簡明概括。」

感悟人生

作為一名將領，只有身先士卒，具有高尚的道德，才是作為一名將領最可貴的品格。一個將領雖然很有權威，但卻不能總是用權威去壓制別人，更多的時候是應該以禮待人，用真誠去感動別人，用品德去讓別人服從。只有這樣才能真正地贏得士兵的尊重，進而才會贏得民眾的心，從而為戰爭的勝利奠定堅實的群眾基礎。

所以說，上級只把仁義施給下級，士卒才會在戰場上勇敢向前，攻擊敵人，與上級共赴危難，即使有傾覆之敗，也無所畏懼。就像當年趙襄子敗走晉陽，雖然被晉國軍隊圍困，並用水灌，使爐灶沉於水中，日久蛙生，但是老百姓卻沒有一個背叛的。

歷史上很多有名的將領，他們之所以能夠帶領他的部下一次次地取得戰爭的勝利，就是因為他們能夠以德治軍，以德服人，從而能夠使得部下團結一致，眾志成城，共同抗敵。

戚繼光是歷史上有名的抗倭將領，他之所以能帶著他的戚家軍戰無不勝，一次次地令倭寇聞風喪膽，就是因為戚繼光以德治軍，贏得將士的心，將士才會在戰場上勇猛殺敵，一次次地打敗敵人。

嘉靖三十二年六月，戚繼光被調到山東前線，率領登州、文登、即墨三營二十五衛所，為抵禦倭寇做準備。當時山東沿海衛所的士兵僅只有原額的一半，並且大多數還是老弱，不但紀律鬆弛，而且號令不嚴，戰鬥力十分

差。戚繼光知道，用這樣一批一點紀律也沒有的驕將惰兵去應敵，是一定會打敗仗的。因此，他便從「振飭營伍，整刷衛所」著手，進行全面整頓。但此時，軍中早已經形成了不好的習慣，軍士對年僅二十六歲的戚繼光並不放在眼裡。在將校中，有一位戚繼光的遠房舅父，自恃長輩，堅絕不服從命令。戚繼光為了嚴肅整頓軍中紀律，懲罰這種不受紀律的惡行，他當著眾人的面處分了他的這位遠房舅父。就在當天晚上，戚繼光又以外甥的身分，把他的這位遠房親戚請來，並且向他賠禮道歉，請求他的原諒，說出自己之所以會這樣做完全是為了把軍紀給整頓好。這位遠房舅父被戚繼光的行為深深感動，跪在戚繼光面前，說道：「現在我知道你秉公執法，今後再也不敢違抗你的將令了。」這件事傳揚開去，官兵們開始私下議論：「戚將軍執法不諱私親，說明他秉公斷事；先按國法從事，而後自己賠罪道歉，說明他敬長謙讓。對自己的舅父都以法行事，何況是其他部下呢？如果再不約己守法，將會自招懲處了。」透過戚繼光的嚴格整頓，那種無視軍紀、不服從命令的士兵再也不存在了，軍中的風氣很快地好了起來。

很快，戚家軍組成以後，戚繼光作為一名將領，時時都關心部下，並且還與部下們同甘共苦，以自己的一言一行給部下做出了很好的榜樣，從而使得這支紀律嚴明、做戰勇敢的戚家軍令倭寇聞風喪膽。

在嘉靖四十一年的時候，戚繼光率領戚家軍打退盤桓橫嶼島多年的倭寇後的第二天，戚家軍凱旋回到寧德，暫做整頓。當時，福建地方後勤供應不上，戚家軍物質生活很艱苦，士兵駐紮在野外，八天沒有吃一頓飯。八月十五是中秋節，為鼓舞士氣，克服生活的困苦，戚繼光召集數百名官兵，口授所作凱歌。一唱千和，還以合拍的鼓聲伴奏，歌中唱道：

萬人一心兮，泰山可撼。

惟忠與義兮，氣衝斗牛。

主將親我兮，勝如父母。

干犯軍法兮，身不自由。

號令明兮，賞罰信。

赴水火兮，敢遲留？

上報天子兮，下救黔首。

殺盡倭奴兮，覓個封侯。

這天晚上，雖然沒有酒，雖然沒有飯，戚繼光卻和眾將士以歌代酒，一起欣賞明亮的月亮，氣氛非常活躍。將士們為中秋而大聲放歌，也為勝利而高聲歌唱。

這年的十月三日，戚繼光率領軍隊到達福清。由於士兵連日不斷的行進，再加上日夜的操勞，還因為渡水的時候著了涼，戚繼光終於病倒了，在這種情況之下，只好與數百名傷病員在縣城中調理。到了十月五日，東營地方來報，最近有三百名倭寇登陸並竄至葛塘屯據，縣丞陳永懇請戚繼光前去擊敵，戚繼光立即應允。第二天天剛亮，戚繼光命陳大成等率兩支人馬埋伏在上徑橋，阻截潰敵。然後分兵四路，由戚繼光親自督率擊敵。陳永勸戚繼光先養病，不必他親自前去指揮，但戚繼光仍堅持帶病出征。大約離城剛剛十里，哨探來報，又來了三百多名倭寇，已經到了牛田，離戚家軍很近。於是，戚繼光決定先消滅這一支倭寇。戚家軍趕到牛田，倭寇正守在營寨之中。吳惟忠率兵往裡衝殺，倭寇拼命抵抗，凶惡異常，戚家軍一時無法取勝，只能退下來。戚繼光抱病大喊一聲：「大敵都被我們全殲，難道還拿不下這幾個逆賊嗎！」說著催馬衝上前去。退陣的兵士看到他們的將領這麼勇敢，紛紛被戚繼光的精神所感染，重新又衝了上去。這時，其餘三路將士也趕到了，四面呼應，終於大敗敵寇。倭寇退回營中死守，抛瓦抵抗。吳惟忠帶傷勇往直前，大隊明軍一齊擁入，立殲頑敵，巷中敵人的屍體遍地。其餘

倭寇躲在巢中，被放火燒焦。經過審訊俘虜，查閱敵人書信，得知這支倭寇頭目就是著名倭寇首領雙劍潭。雙劍潭是一個凶殘善戰的人，多年來橫行海上，在倭寇之中一呼百應。這次他們是應原來屯據福清的倭寇的邀請，前來攻打福州的。倭寇準備了一萬人，由雙劍潭和楊松泉各率三百精銳打頭陣。沒想到，這次一來，就遭到戚家軍的沉重打擊。雙劍潭，這個罪惡深重的寇匪，終於喪生在戚家軍手中，從此再也不能危害百姓。

由於炮聲不斷響起，楊松泉帶領的倭寇聽到後，就一路往上徑橋趕來，陳大成等率伏兵追殺至橋上。由於橋面太窄，雙方兵力無法展開激戰，很多倭寇被擠掉河中淹死了，明軍也有一些傷亡。於是陳大成撤退橋下，倭寇害怕被追趕，將橋梁砍斷了。這群倭寇雖然沒有全軍覆沒，但也被嚇得趁夜逃往海上。雖然這群倭寇逃了，但過了沒有幾天又來了。後來他們打聽到，福清之倭已被戚家軍全殲，又聽說雙劍潭等也被殺死，嚇得魂不附體，膽顫心驚地說：「戚家軍真如猛虎一般！我們不敢侵犯江浙一帶了，你們又何苦追殺萬里！」從此，戚繼光就在倭寇中得了個「戚老虎」的綽號，倭寇每每談「虎」色變，聞風喪膽。先後登陸的倭寇有一萬多人，因為聽說戚繼光在此，再也不敢膽大妄為，擄掠沿海的百姓，偷偷地逃到南方去了。戚家軍這次援閩作戰，轉戰千里，四戰皆勝，但自己也有不少傷亡。再加上水土不服，有一半兵將病倒，能戰者只有三千。當時天氣寒冷，冬天卻連冬衣都沒有準備，戚繼光就讓福建官員打掃戰場，重修城牆，固守數月，自己帶著將士們回浙江休養整頓，然後再來福建抗擊倭寇，保護沿海百姓的安危。

作為一名將領，戚繼光處處以身作則，以德服人，不徇私情，執法公正，從而帶領著他的戚家軍在抗擊倭寇的鬥爭中取得了一個又一個勝利。戚繼光的事例，可以說是最好的注解。

禁令四五

孫子曰：「卒未專親而罰之，則不服，不服則難用。卒已專親而罰不行，則不可用矣。故曰：視卒如嬰兒，故可與之赴深溪；視卒如愛子，故可與之居死地。厚而不能使，愛而不能令，亂而不知理，譬若驕子，不可用也。」《經》曰：「兵以賞為表，以罰為裡。」又曰：「令之以文（文，惠也。），齊之以武（武，法。），是謂必取。」故武侯之軍禁有七（孫子曰：「無法之懸，無政之令。」《司馬法》曰：「見敵作誓，瞻功作賞，此蓋圍急之時，不可格以常制。」其敵國理戎，周旋中野，機要綱目，不得不預領矣）：一曰輕，二曰慢，三曰盜，四曰欺，五曰背，六曰亂，七曰誤，此治軍之禁也。

譯文

孫子說：「如果士卒沒有親近依附之前就處罰他，士卒就不服氣。不服氣，就難以使用。士卒既已親近依附了將帥，仍不執行軍紀軍法，這種士卒也不能使用。」所以說，將帥對士卒能象對待嬰兒一樣體貼，士卒就可以跟隨將帥一起赴湯蹈火；將帥對士卒能象對待自己的愛子一樣，士卒就可以與將帥同生共死。但是，如果對士卒過分厚養而不使用他們，一味溺愛而不以軍紀軍法約束他們，違犯了軍法也不嚴肅處理，這樣的軍隊，就好比「驕子」一樣，是不能用來打仗的。《經》說：「士卒以獎賞為表，以懲罰為裡。」又說：「要用恩惠來命令他，以法令來約束他，這樣就一定能取勝。」

所以武侯治軍有七條禁令。（孫子說：「施行超出慣例的獎賞，頒發打破常規的號令。」《司馬法》說：「看見敵人時發誓要給立功者獎賞，這是被圍困的危急之時的做法，不可以平常的法規來限制。敵對的國家入侵，與其周旋在原野之上，治軍的機要綱目，是無法事先制定的）：一是「輕」，二是「慢」，三是「盜」，四是「欺」，五是「背」，六是「亂」，七是「誤」。這七種情況是治軍必須禁止的。

感悟人生

有命令就要行使，有禁止時就要停止，這是治軍的關鍵。但這一切的真正實施還有待將軍平時的所作所為。如能體貼士卒，殷切地關心士卒，士卒就會赴湯蹈火，再所不辭。如果放縱士率如驕子，那就會難以駕馭，無法使用。所以，在關鍵時刻，為將者要果敢地下命令，要有快刀斬亂麻的決心和勇氣，而不能猶豫不決，拖拖拉拉。

歷史上一些有名的將領，他們都注意從嚴治軍，用嚴明的紀律約束士兵，從而使得士兵在戰場上不論遇到什麼情況都能夠聽從主帥的命令，保證了在戰場上軍令的貫徹執行。

齊國是春秋時期的一個國家，在齊景公的時候，任命田穰苴為齊國的大將，讓他帶領軍隊去攻打晉、燕兩國的聯軍，齊景公又派寵臣莊賈作監軍。穰苴與莊賈約定，第二天中午在營門集合。第二天，穰苴早早到了營中，命令裝好作為計時器的標杆和滴漏盤。約定時間一到，穰苴就到軍營宣布軍令，整頓部隊。可是莊賈遲遲不到，穰苴幾次派人催促，直到太陽快落山的時候，莊賈才醉醺醺地到了營門。穰苴問他為什麼不按照約定到軍營來，莊賈一臉無所謂的樣子，只說什麼親戚朋友都來為自己設宴餞行，自己不能不應酬應酬吧，所以就來得晚了。聽了他的話，穰苴十分生氣，斥責他身為

國家大臣，有監軍重任，卻只戀自己的小家，不以國家大事為重。莊賈以為這是區區小事，仗著自己是國王寵信的大臣，對穰苴的話不以為然。穰苴當著全軍將士，命令叫來軍法官，問：「無故誤了時間，按照軍法應當如何處理？」軍法官答道：「該斬！」穰苴就命令將士拿下莊賈。莊賈這才意識到問題的嚴重性，嚇得渾身發抖，他的隨從連忙飛馬進宮，向齊景公報告情況，請求景公派人去救莊賈的性命。在景公派的使者沒有趕到之前，穰苴即令將莊賈斬首示眾。全軍將士，看到主將殺違犯軍令的大臣，個個嚇得也是直打哆嗦，誰還再敢不遵守將領的命令。這時，景公派來的使臣飛馬闖入軍營，拿景公的命令叫穰苴放了莊賈。穰苴沉著地應道：「將在外，君命有所不受。」他見來人驕狂傲慢，便又叫來軍法官，問道：「亂在軍營跑馬，按軍法應當如何處理？」軍法官答道：「該斬！」聽了軍法官的話，使臣嚇得面如土色。穰苴不慌不忙地說道：「君王派來的使者，可以不殺。」但是，為了執行軍法，也為了警誡他人，穰苴於是下令殺了他的隨從和三駕車的左馬，砍斷馬車左邊的木柱。然後讓使者回去告訴齊景公所發生的事。正是因為穰苴能夠嚴格治軍，執法嚴明，軍隊的戰鬥力才能不斷增強，在以後的戰事中打了很多的勝仗。

春秋時期的吳王闔閭，看了大軍事家孫武的著作《孫子兵法》，很佩服孫武的軍事思想，於是就立即召見孫武。吳王說：「你的兵法，真是精妙絕倫。你能不能當面給我展示一下，讓我見識見識呢？」孫武說：「這沒什麼難的。您可以隨便找些人來，我馬上操練給您看看。」吳王一聽，覺得很奇怪。隨便找些人來就可以操練？於是吳王想存心為難一下孫武，說道：「我的後宮裡美女多得很，先生能不能讓她們來操練操練？」孫武一笑說：「可以！誰都可以操練的，您把她們叫來吧。」

於是，吳王派人叫來了後宮的一百八十名美女。這一大群美女一到校軍

場上，只見旌旗迎風招展，戰鼓一列排開，覺得很好看。她們嘻嘻哈哈，東看看西瞧瞧，一副漫不經心的樣子。孫武下令一百八十名美女編成兩隊，並命令吳王的兩個愛姬作為隊長。兩個愛姬哪裡做過帶兵的官，只是覺得這一切很好笑很好玩。費了很大的力氣，才把這一群吱吱喳喳的美女們排成兩隊，等著孫武來訓練。

孫武很有耐心，詳細認真、一絲不漏地對這些美女們講解操練中需要注意的事項。交待完畢，命令在校軍場上擺下刑具。然後威嚴地說：「練兵可不是鬧著玩的！你們一定要聽從命令，不得拖拖拉拉、嘻嘻哈哈的，如果誰不遵守命令，就要按照軍法來處置！」

這群美女們以為讓她們來校軍場上只是來玩遊戲的，誰知道會碰見孫武這麼個一臉正經、毫不留情的人！孫武才不管這群美女心裡怎麼想，他命令士兵敲響戰鼓，開始訓練。

孫武發出命令：「全體向右轉！」美女們卻一個也沒有動，反而哄堂大笑起來。孫武沒有生氣，說道：「將軍沒有把動作要領交待清楚，這是我的錯！」於是他又一次把動作的要領詳細地講給這群美女聽，並問道：「大家知不知道怎麼做了？」眾美女一起回答：「知道了！」

鼓聲又一次響起的時候，孫武又發令：「全體向左轉！」美女們還是一個都不動，反而笑得比上次更加厲害了。看到這樣的情景，吳王也覺得有趣，心想：無論你孫武的本領多麼大，你也沒辦法操練這些美女，讓她們聽從你的指令。

這一次，孫武沒像上次那樣寬大，而是沉下臉來，說道：「動作要領沒有交待清楚，是將軍的過錯，交待清楚了，而士兵不服從命令，就是士兵的過錯了。按照軍法，違犯軍令者斬，隊長帶隊不力，應最先受到懲罰。來人，將兩個隊長推出斬首！」吳王一聽，看來孫武動了真格，一下子慌了手

腳，急忙派人對孫武說：「將軍確實善於用兵，軍令嚴明，執法嚴格，吳王十分佩服。這次，念在她們兩個是初犯，請放過寡人的兩個愛姬。」孫武回答道：「將在外，君令有所不受。吳王既然要我演習兵陣，我一定要按軍法規定操練。」於是，將兩名愛姬斬首示眾，嚇得眾美女魂飛魄散。孫武命令繼續操練，他命令排前的兩名美女繼任隊長。全場變得寂靜無聲。

鼓聲第三次敲響的時候，這群美女全都集中精神，處處按規定動作去做，再也不敢有一絲疏忽，順利地完成了操練任務。

吳王見孫武殺了自己的兩個愛姬，心中很不高興，但他仍然佩服孫武治兵的軍事才能。後來他任命孫武為吳國的大將，終於使吳國進入了強國的行列。

這裡，我們不難看出，孫武治軍是多麼的嚴明。

斬殺決斷之後，諸多事情才會有條理。所以同鄉人偷盜斗笠，呂蒙悲涕之後將他斬殺；馬驚踏壞了麥田，曹操割下頭髮表示自罰。所以姜太公說：「刑罰、獎賞對上對下一視同仁，一切就都通暢了。」孫子說：「只要看法令誰執行得好，誰賞罰分明，就能知誰能取得勝利。」說的就是這個道理！

教戰四六

孔子曰：「不教人戰，是謂棄之。」故知卒不服習，起居不精，前擊後解，與金鼓之音相失，百不當一，此棄之者也。故領三軍，教之戰者，必有金鼓約令，所以整齊士卒也。

譯文

孔子說：「不教人學習打仗，這就等於把他丟棄了一樣。」由此知道士卒不練兵，對戰鬥時的飲食起居之事不熟悉，前面一遭到攻擊後面便已瓦解，行動與金鼓之聲不協調，一百人也抵不上一個人，這就是「丟棄」的意思。所以率領三軍教導他們習武打仗，一定要有金鼓約定命令，統一行動。

感悟人生

要想在戰場上取得勝利，將領就要注意平時對士兵的嚴格訓練。平時的訓練越嚴格，越井然有序，在戰場上取得勝利的可能性才會越大。教練、命令部隊的起居行動，用旌旗來指揮他們變化。一個人學會了作戰技能和方法，就可以再教另外十個人；十個人學會，就可以再教一百人。由此漸漸擴展到三軍。

看看下面的岳飛和戚繼光領兵打仗的事例，我們就會明白：他們之所以能打勝仗，得益於他們平時對士兵的嚴格訓練和嚴格要求。

南宋初年宋軍抗金戰爭中重要戰役之一——郾城、潁昌之戰。由著名抗

金將領岳飛指揮岳家軍先後在郾城、潁昌大破金軍，為後來直搗中原、收復河朔計畫有著關鍵性的作用。此戰是岳飛生前最後一次與金軍主力決戰，沒多長時間，岳飛奉命班師，導致了抗金的有利形勢也付之東流。

紹興十年月，撕毀上一年與南宋簽訂和約的金統治者，調集大軍分四路進攻陝西、山東、洛陽和開封，得手後又趁勝向淮西進攻，結果在順昌為劉錡大敗，金軍的全線進攻受到了抑制。在南宋各路軍節節勝利的形勢下，岳飛打算聯合義軍，配合友軍，趁勝反攻中原。按照它制定的把襄陽定為基地，連結河朔，向中原直接進發，派遣王貴、牛皋、楊再興、李寶、張憲、傅選等，分向京西洛陽、汝州、鄭州、潁昌、陳州、蔡州等地，分布經略，展開猛烈的攻勢；並分別派兵接應東、西兩面的宋軍；同時派遣梁興等人北渡黃河，聯絡太行山義軍，趁著時機收復河東、河北的失地，以便南北呼應。此時，韓世忠所部自淮陽，張俊所部自廬州、壽州間北進。張俊在福州造海船千艘，準備通過海道在北面進攻山東。在陝西作戰的吳璘等也有一定的戰果。

一向畏敵如虎的宋高宗，在宋軍即將反攻的有利形勢面前，竟然做出「兵不可輕動，宜班師」的荒謬決定，要求各路軍隊停止北進。為此，特派司農少卿李若虛於六月二十二日趕抵德安府岳家軍營中計議軍事，不讓岳飛軍向中原進軍。岳飛部將都已北進，他未接受李氏帶來的詔命，仍按原來計畫行事。李若虛鑑於當時的形勢，同意岳飛的主張，並主動承擔「矯詔之罪」。六月二十五日，岳軍統領官孫顯，於陳、蔡之間破金軍排蠻千戶部；閏六月二十日，張憲部克復潁昌；二十四天內，把失去的東州收了回來，次日王貴所屬楊成部克復鄭州。七月初二日，張應、韓清克復洛陽。岳飛所部在一個多月裡，連戰皆捷，收復了洛陽至陳、蔡間的許多戰略要地，形成東西並進，夾擊汴京金軍主力的情勢。岳飛為了誘惑金軍南下決戰，把大部分

的主力軍都集中在了潁昌地區，自己帶領輕騎在郾城駐守。

金軍兀朮在順昌失敗以後，自己與龍虎大王突合速退回開封，命韓常守潁昌府、翟將軍守淮寧府、三路都統阿魯補守應天府，還想著一直頑抗到最後呢。當兀朮看到岳家軍孤軍深入、有機可趁之時，不待岳家軍集結布署完畢，自己就在其前面開始了攻擊。七月初八，兀朮指揮經過一個半月休整的主力部隊以及增派的蓋天大王賽里（宗賢）等率領的軍隊，傾巢出動，直撲郾城。實際上，這也是兀朮蓄存了很久的主意。還在岳飛挺進中原之時，兀朮召集諸將，商議對策，他判斷：南宋諸路軍易於對付，惟獨岳家軍將勇兵精，且有河北忠義軍之援，其鋒不可擋，須尋找時機，誘其孤軍突入，然後集中主力，用盡所有的力氣去打這一仗。岳飛輕騎駐守郾城，這也正是中了兀朮「並力一戰」的計謀。

金軍想趁機去偷襲岳家軍在郾城的大本營，挑選一萬五千多名騎兵，披著鮮明的衣甲，抄取徑路，自北壓向郾城。當時岳飛手下只有親衛軍（背嵬軍）和一部分游奕軍。岳飛指揮將士迎敵於郾城北十多公里處。他先是讓自己的兒子岳雲前去迎戰，並嚴厲地說：「必勝而後返，如不用命，吾先斬汝矣！」岳軍每人持麻紮刀、提刀和大斧三樣東西，入陣之後即與敵人「手拽廝劈」，上砍敵人，下砍馬足。岳雲、楊再興等相繼率兵衝入敵陣，殺傷甚多。楊再興奮勇當先，單槍匹馬闖入敵陣，準備把兀朮活活捉拿，結果沒有找到，隻身殺敵數百人，自己多處受傷，仍頑強地殺出敵陣。戰鬥從午後進行到黃昏，金軍終於支持不住，向臨潁方向撤去。此戰金軍兀朮的精銳親兵和拐子馬遭到沉重打擊，兀朮本人也震恐萬分，他說：「從開始在海發兵以來，都可以以這樣來取得勝利，但是今天就不行了！」

但是兀朮還是不死心，希望再經過一次戰事來獲得勝利。十日，增兵郾城北五里店，準備再戰。岳飛當下率領軍馬出城，並派背嵬軍將官王剛帶領

五十騎前往偵察敵情。王剛突然進入到敵軍陣營，殺了他們的裨將。

諸將看到王剛軍接戰，都說先退避一下。岳飛認為此時正是進軍良機，遂親率騎兵出擊，諸將繼後，左右馳射，擋住了金軍騎兵，打亂了敵人步兵，又敗兀朮軍。經過三天激烈戰鬥，取得郾城之戰勝利的是岳家軍。

兀朮不甘心於郾城之敗，又集中了號稱十二萬人的兵力，進到郾城和潁昌之間的臨潁（今河南臨潁），妄圖切斷岳飛和王貴兩軍的聯繫。七月十三日，張憲奉命率領由親衛軍、游奕軍、前軍和其他軍組成的雄厚兵力，進到臨潁，尋求和兀朮大軍決戰。楊再興等率領三百騎兵為前哨，當抵達臨潁南的小商橋時，猝然與兀朮大軍相遇。兀朮指揮兵力包抄圍掩。

雖然雙方軍力懸殊很大，但楊再興卻沒有表現出一點害怕的意思，率騎兵與之英勇作戰，直至最後和三百騎兵全部戰死。金軍也遭到沉重打擊，光被殺死的就有兩千多人，其中包括萬夫長、千夫長、百夫長、五十夫長等一百餘人。十四日，張憲率援軍趕到臨潁，打退了金軍。兀朮就不敢再去輕舉妄動了，留下部分兵力，帶領自己的主力軍轉向去攻打潁昌。

岳飛想到了兀朮可能會回軍去攻打潁昌，便令岳雲急速增援駐守潁昌的王貴。七月十四日，兀朮率領三萬騎兵、十萬步兵進攻潁昌，於城西列陣。宋軍雖有五個軍戍守潁昌，但都不是全軍。王貴用了一小部分的兵力去守城，自己和姚政、岳雲等率中軍、游奕軍、親衛軍出城決戰。二十二歲的岳雲率領八百名親衛軍騎士首先馳擊金軍。步兵也展開嚴整的佇列繼進，掩護騎軍，與敵軍拐子馬搏戰。雙方激戰幾十個回合，依然不分勝負。這時老將王貴有些氣餒，岳雲制止了他的動搖。岳雲前後衝進敵軍陣營十幾次，身上受了一百多處的傷；很多步兵、馬軍也殺得「人為血人，馬為血馬」，仍無一人肯放棄。到了正午，守城的董先和胡清率軍出城增援，戰局很快扭轉，大敗金軍。潁昌大捷，殺敵五千多人，俘虜兩千多人，繳獲馬匹三千餘，幾十名敵將也死於宋軍之手。不久，張憲部將在臨潁東北打敗金軍。岳飛率軍趁勝追擊金軍，在離開封有二十多公里的朱仙鎮使金軍一人不剩。到這裡，岳飛反攻中原的戰爭取得重大勝利。

岳家軍挺進中原抗擊金軍的關鍵性大捷 —— 郾城、潁昌之戰。在孤軍奮戰的情況下，岳家軍主要依靠的是將士們的強勁勇敢、英勇奮戰，而這些都是來自平時岳飛的嚴格訓練。另外還有岳飛、岳雲父子的正確指揮、衝鋒陷陣，經過嚴酷激烈的戰鬥，用自己最少的兵力打敗了敵軍聲勢浩大的主力軍，取得了輝煌的勝利。這是南宋初年抗金戰爭中重要勝仗之一。金軍統帥兀朮哀嘆說：「自我起北方以來，未有如今日之挫衄。」金軍在此戰以前，尚未與岳家軍較量過，這次是真正領教了岳家軍的威力，知道了岳家軍的厲害，有了「撼山易，撼岳家軍難」的感嘆。

戚繼光作為一名將領，深深知道治理軍隊必須要嚴謹的重要性。在經過眾多的抗倭鬥爭後，他認為：要戰勝敵人，就必須有一支精兵；如果手上沒有兵而去談什麼打仗，就如同一個無臂膀之人與手執利劍者格鬥一樣，取勝簡直是不可能。當時明朝政府在抗倭戰場上的士兵，主要有兩種：一種是外省來的客兵，另一種是浙兵。客兵中有兩廣的狼士兵、山東的箭手、湖廣的漕卒、河南的毛兵以及川兵。這些客兵遠離浙江，要是等到他們接到命令趕到前線的時候，倭寇早已大肆搶掠，揚長而去；等到他們又回到自己的省的時候，倭寇又趁機而來。就算是那些沒有走的客兵，享受著優厚的待遇，但卻驕橫異常，很難管教，甚至相互火拼，有的還和倭寇一起做殘害百姓的事，甚至比倭寇更壞。以至於老百姓非常憤慨地說：「寧遇倭賊，毋遇客兵；遇倭猶可逃，遇兵不得生。」而當地的浙兵由於受到軍官的盤剝，生活困苦，缺吃少穿，打起仗來，更是「身無甲胄之蔽」。又因為在平日裡都沒有受過什麼訓練，「手無素習之藝」，「戰無號令」，「望賊奔潰，聞風膽破」。這種情況讓戚繼光感到非常棘手，要是說用這樣的軍隊去取得勝利，真的是

太難了。

嘉靖三十五年冬天，戚繼光曾經把整治訓練軍隊的建議上書朝廷。然而當時只重建立兵營，加強訓練，選兵還主要從現存浙江衛所兵以及民快義勇中挑選精壯。後來，胡宗憲將曹天佑部的三千兵撥歸戚繼光訓練。經過一年半的嚴格訓練，這支隊伍看起來軍容也還整齊。因為戚繼光進入軍營的時候自己也只是一個小卒出身，指揮有方，加上軍令嚴肅，捷報頻傳。但是，儘管戚繼光嚴格教育，這個軍隊的軍紀仍讓人擔心。戚繼光率領這支軍隊在取得烏牛大捷之後，收兵記功時，一個士兵提著一顆血淋淋的人頭前來報功。戚繼光見被殺者雙目圓瞪，心裡正不知道怎麼回事的時候，另一個士兵看見那顆血淋淋的人頭，突然放聲痛哭道：「這是我的弟弟呀！剛才負傷並未死去，為什麼要殺他啊！」還有一個士兵，殺了一個十五六歲的無辜少年竟然也前來報功。戚繼光極為憤怒，把兩個冒功者統統殺了，但這類事件屢禁不止。強姦婦女、搶劫百姓像這樣受到處分的士兵，多的就沒辦法說了。

由戚繼光帶領的軍隊，打勝仗是經常事，但違抗軍令的事情卻還是不斷出現。在海門擊退倭寇之後，戚繼光命令軍隊趁勝追擊，但士兵們居功自傲，軍紀鬆弛，不肯向前，連同自己很信任的一個親兵也跟著退縮。戚繼光只得把違反軍規的士兵連同那個親兵一同殺掉，軍隊這才在不情願的情況下往前去追擊。

戚繼光開始了從兵員進行的整頓，他的目的就是自己的軍隊訓練成為一支紀律嚴明、作戰勇敢的軍隊，這時，戚繼光想起了處州義兵，更加想起了憤怒殺倭的浙江義士百姓，他決定從與倭寇有深仇大恨的老百姓中去募兵。嘉靖三十八年（西元一五五九年）八月，戚繼光又一次上書建議練兵之議，說出了自己去浙江義烏募兵的計畫。恰好義烏縣令趙大河也上書胡宗憲，請招募當地礦徒入伍，胡宗憲便同意戚繼光前往義烏募兵，並命令趙大河幫助辦理這件事。同年九月，戚繼光來到義烏招募新兵。開始之時，人們不清楚

募兵的意圖，不願前往。戚繼光對其曉以殺倭保國的道理，這才逐漸讓募兵行動上軌道，當地農民也積極參軍。戚繼光對應募者精心挑選，終於組成了共計三千多人的一支由農民、礦工為主的軍隊。這三千多人為後來揚名四海的戚家軍奠定了基礎。

十一月，戚繼光帶著自己的大隊人馬回到臺州，一邊去禦防倭寇，一邊加強訓練。首先，戚繼光把新挑選的士兵，立即編成隊伍，加以統束。以十二人為一隊，設隊長一人。四隊為一哨，設哨長一人。四哨為一官，置哨官統領，每官配備鳥銃手一哨。四官為一總，以把總統領。戚繼光自將中軍，統率全營。戚家軍的編制，以隊為基本單位。在訓練或實戰時，每隊則按鴛鴦陣的形式排列。戚繼光根據倭寇進攻的特點，發揮了他的嚴格節制、齊力勝敵的軍事思想，進而編練出的一種獨特的戰鬥組合，就是鴛鴦陣。每隊十二人，隊長居前。次二人執盾牌，一圓一長，前面的人都是由年少而且出手快捷、頭腦反應靈活的人擔任，後者選年壯力大且膽量過人者承當。牌手另攜標槍二隻，腰刀一把。再次二人是狼筅手，選年力健大雄偉老成者擔當，持狼筅抵禦敵人刀槍，保衛牌手。再次四人為長槍手，後面的兩個人手拿短的兵器，他們是主要的殺手，所以都挑選精敏有殺氣的三十上下健壯好漢。最後面的一個人是火夫，則以老實有力武藝稍次而甘為人下者充當。在訓練的時候，重點強調要相互配合，共同努力，一同作戰。士兵入伍以後，即按鴛鴦陣中所定位置一一編好，不得任意改變，違者嚴罰。每哨、每官、每總也都在軍中占有特定的位置，整個軍隊軍紀嚴明，方便指揮，連成一氣，進退就像是一個人。

再有一點，在訓練的時候，戚繼光把軍中號令放在非常重要的地位。他採取的辦法有兩種：一是使全軍上下必須嚴格聽從號令。戚繼光把軍中各種金鼓、號炮、旗幟、鑼鈸、竹筒、燈籠所代表的號令，跟軍官和士兵們進行

詳細清晰的說明，命令他們必須準確掌握。同時，還把各種緊急號令編印成冊，散發給士兵學習。認識字的就自己讀，不認識字的就聽別人講讀，人人必須牢牢記住，絕對服從。二是做到心從。這個辦法就是賞罰政策嚴格明確，恩威並施。同時，注重教育，引導著士兵自覺遵守。戚繼光透過這些嚴明的號令，指揮約束部眾，無論住營、行軍、操練、出征，都能做到服從號令，步調統一，整個軍隊好像就是一個分不開的整體。

最後是練習武藝。戚繼光在訓練士兵學習武藝的時候，一是要求士兵學習防身殺敵的本事，絕不能像是只在官府面前裝裝樣子；二是根據鴛鴦陣的特殊情形，按照士兵的年齡、身材、體質、性格的不同情況，分別發給他們藤牌、狼筅、長槍、短刀等器械，加以精練，並特別注重實戰中的相互配合，協調作戰；三是不僅士兵要練武，各級軍官，直至主將，都必須學習武藝。戚繼光本人的武藝就非常嫻熟，特別是在箭法上，人稱「萬夫之雄」。戚繼光深有體會地說：「軍官只有自己武藝精強，平日才可督責士兵認真習武，在戰場上才能帶領士兵一起作戰，隨之也就很容易激起全軍的戰鬥力量。」

戚家軍步兵具有很好的底子，經過戚繼光苦力經營，精心操練，不久便成為當時一支行動快捷、戰鬥力強、軍紀嚴明的勁旅。後來各地的客兵撤離浙江，浙江前線抗倭的主力便是戚繼光所訓練的軍隊。嘉靖三十九年（西元一五六〇年）三月，戚繼光到臺州、金華、嚴州三府等地當參謀將軍，駐守地從寧波移至松海。胡宗憲同時委派唐堯臣為臺州、金華兵備僉事，兼督海防，協助戚繼光。戚繼光在松海一帶，除繼續訓練步兵外，又培養了一支強悍的水師。紀律嚴明，訓練有素的戚家軍步兵、水師，大大增強了浙江的海防力量。

金鼓旌旗，是用來統一作戰行動的。因此，鼙鼓金鐸，是用來作用於聽覺的；旌旗麾章，是用來作用於視覺的；禁令刑罰，是用來警戒軍心的。聽覺是用聲音振奮起來的，所以鼙鼓金鐸的聲音不能不清晰；視覺是用顏色來刺激的，所以軍旗不能不鮮明；軍心要靠刑罰來激勵，所以刑罰不能不威嚴。如果這種威權不確立，即使一時勝利，但最終會失敗。所以說，將帥指揮，部隊就得服從，將帥指向哪裡，部隊就得衝向哪裡。這樣，陣勢雖然紛亂，士兵聽到的雖然是一片喧囂，然而隊伍卻不會亂；戰場上雖然一片混沌，但是陣勢部署周密，應付自如，任何情況下都不會被攻破。這就是指揮大軍作戰的方法。

所以說，將領在指揮作戰的時候一定要紀律嚴明，而這又要得益於平日的嚴格練兵。俗話說：「養兵千日，用兵一時。」平時的嚴格訓練，就是為了在戰場上的進退有序。

縱觀世界上的一些知名企業，他們平時注重對員工的培養，每年都會抽出時間讓員工學習新知識，不斷地提高員工的自身能力，當外部環境發生變化時，他們就能積極應對，果斷決策，從而在變化莫測的市場競爭中爭取主動，取得最後的勝利。

天時四七

孫子曰：「二曰天時。天時者，陰陽、寒暑，時節制也。」《司馬法》曰：「冬夏不興師，所以兼愛吾人也。」太公曰：「天文三人，主占風氣，知天心去就。」故《經》曰：「能知三生，臨刃勿驚，從孤擊虛，一女當五丈夫。」故行軍必背太陰、向太陽，察五緯之光芒，觀二曜之薄蝕，必當以太白為主，辰星為候。合宿，有必鬥之期；格出，明不戰之勢。避以日耗，背以月刑。以王擊囚，以生擊死，是知用天之道，順天行誅，非一日也。

譯文

孫子說：「所謂天時，是指陰陽、寒暑、陰晴等氣候情況。」司馬法說：「寒冬盛夏不興師動眾，是因為兼愛。」我的鄉人姜太公說：「天文方面要選三人，負責觀察氣候，掌握氣候變化規律。」所以《經》上說：「能了解前生、今生、來生的聯繫，即使面對刀刃也不會驚懼，跟著孤兒抗擊外侮，一女能頂五個男子。」所以行軍一定要背向太陰、面向太陽，詳察金、木、水、火、土五緯的光芒，細觀日食、月食，一定要以太白星為主，辰星為候。在暗夜裡必定有戰鬥，如果天色明亮，就是不戰的預兆。作戰要躲避太陽下的消耗，月亮下的刑戮，以旺盛攻擊困乏，以生氣攻擊衰朽。由此知道用天道、順天意去誅伐，並非是一日之間就能成功的事情。

感悟人生

領兵打仗的人都知道，天時、地利、人和是取得戰爭勝利的重要條件。即使在日常生活中，我們也常說，成功是需要天時、地利、人和的。而在這三者中，天時又是被排在第一位的。

出征打仗的人都認為，天氣如果細雨濛濛，臨戰必能獲勝；有迴旋之風相觸，軍隊將在中途返回，勞而無功；天上雲如群羊，是逃跑的預示；雲氣如驚鹿，是必敗的預示；黑雲從營壘上升起，赤色雲氣臨降軍隊的上空，狂風怒起，大霧彌漫，這都是只見軍隊出發，而不見軍隊回來的徵兆。像煙又不是煙，叫「慶雲」；像星星又不是星星，叫「歸邪」；像霧又不是霧，叫「泣軍」；像雷聲又不是雷聲，叫「天鼓」。「慶雲」開，是有德的標誌；出現了「歸邪」，預示有投降之人；出現了「泣軍」，多是大將破殺的徵兆；出現了「天鼓」，多是敗軍的徵兆。由此知道查看風雲，觀測歲月，由來已久。所以古代的將領領兵打仗時，只要一出門豎起帥旗，就要觀測風雲之氣。

而在歷史上，有很多著名的戰役都是巧妙利用天氣而取得勝利的。

涿鹿之戰是黃帝巧妙利用天氣變化打敗蚩尤的。

傳說中蚩尤族很會製作兵器，其銅制兵器精良堅利，且部眾勇猛剽悍，生性善戰，擅長角牴，進入華北地區後，最先和他發生衝突的是炎帝部族發。蚩尤族聯合巨人夸父部族和三苗一部，用武力擊敗了炎帝族，並進而占據了炎帝族居住的「九隅」，即「九州」。炎帝族為了能夠生存下來，就去向另一個集團的黃帝族請求幫助。

黃帝族擔心華夏集團的整體利益受到影響，就答應炎帝族的請求，將勢力推向東方。這樣，就和正趁勢向西北推進的蚩尤族在涿鹿地區相遭遇了。當時蚩尤族集結了所屬的八十一個支族，在力量上還是占有一定的強勢的，

所以，雙方接觸後，蚩尤族便倚仗人多勢眾、武器優良等條件，主動地攻擊黃帝族。黃帝族則率領以熊、羆、狼、豹、雕、龍、鴞等為圖騰的氏族，迎戰蚩尤族，並讓「應龍高水」，利用處在上流的有利的條件，在河流上築土壩蓄水，來阻擋蚩尤族的攻擊。

「戰爭」開始以後，正好遇上了濃霧和大風暴雨天氣，這很適合來自東方多雨環境的蚩尤族展開軍事行動。所以在初戰階段，適合於晴天環境作戰的黃帝族處境並不有利，曾經九戰而九敗，然而，沒有用多長時間，雨季過去，天氣開始放晴，這就給黃帝族轉敗為勝提供了重要契機。黃帝族把握戰機，在玄女族的支援下，趁勢向蚩尤族發動反擊。其利用特殊有利的天候——狂風大作，塵沙漫天，吹號角，擊鼙鼓，就在蚩尤族部眾迷亂、震懾的這個時候，黃帝族以指南車指示方向，驅眾向蚩尤族進攻，終於一舉擊敗敵人，並在冀州之野殺死了他們的首領蚩尤。涿鹿之戰就這樣以黃帝族的勝利而宣告結束。戰後，黃帝族趁勝東進，一直進抵泰山附近，在那裡舉行「封泰山」儀式後方才凱旋西歸。同時「命少皡清正司馬鳥師」，即在東夷集團中選擇一位能附眾的氏族首長名叫少皡清的繼續統領九夷部眾，華夏集團還強行要東夷集團和自己相互結盟。

涿鹿之戰的結果，有力地奠定了華夏集團據有廣大中原地區的基礎，並起到了進一步融合各氏族部落的催化作用。

還有李愬雪夜襲取蔡州，擒獲吳元濟之役，也是一次巧借天氣變化，最終奇襲成功的典型戰例。

唐憲宗元和九年閏八月，彰義軍節度使吳少陽死去。他的兒子吳元濟隱瞞了這個事情，逕自接掌軍務，擁兵自立。淮西一鎮僅有蔡（今河南汝南）、申（今河南信陽）、光（今河南潢川）區區三州之地，周圍都是唐朝州縣，勢孤力單。十月，一向有志於削平藩鎮的唐憲宗以嚴緩為蔡、申、

光招撫使，決定向淮西地區發兵，討伐吳元濟。

元和十年，吳元濟面臨唐軍四面圍攻，但他仍然頑強抵抗，並派人向成德王承宗、淄青李師道求援。王、李一面上表請求赦免吳元濟，一面出兵策應淮西，派人燒毀朝廷儲藏的錢帛糧草，刺殺力主討伐的宰相武元衡。憲宗並沒有因為這樣而有所動搖，擢升主張用兵的裴度為宰相，並讓他負責去證討，並以韓弘取代作戰一年、無功可言的嚴綬。同時，又將刺殺武元衡之罪歸之於王承宗，下達向成德發兵的命令。

元和十一年，唐軍進攻成德。每一路的唐軍因沒有最高的統帥，很難協調地進軍，最終被王承宗逐一擊破。淮西戰區的唐軍因主帥韓弘養寇自重，只能各自為戰。東路唐軍擊敗淮西軍，攻占鏊山。北路唐軍連敗淮西軍。南路唐軍亦攻破申州外城。西路唐軍先敗淮西軍於朗山，但最後很快地就在鐵城中慘敗了。中外為之震驚。但憲宗決意繼續用兵，並把西路唐軍統帥這個職位任命給名將李晟之子太子詹事李愬。

元和十二年，是討伐淮西的戰事中關鍵的一年。五月，憲宗下令停止對成德用兵，決心先集中力量，平定淮西。這時，北路李光顏率河陽、宣武、魏博、河東、忠武諸鎮唐軍渡過溵水，進至郾城，擊敗淮西兵三萬，殲滅十之二三。郾城令董昌齡、守將鄧懷金舉城降唐。吳元濟聽說郾城失守的消息，慌亂了手腳，將親兵及蔡州守軍全部調往北線，以增援董重質防守的洄曲。淮西軍的主力和精銳都被吸引到了北線。在這樣的情況下，西路唐軍去偷襲蔡州就是易如反掌的事了。

這一年六月，吳元濟看到自己的很多部下都紛紛向唐朝投降了，兵勢不振，上表請罪，聲稱願束身歸朝。憲宗派中使賜詔，允許免其死罪。但吳被其左右及大將董重質所挾制，回不了朝了。而淮西也已經走到了山窮水盡的地步，隨時都有可能被人攻下的危險。

七月，唐憲宗因連續向淮西發兵達四年之久，漕運疲弊，民力困乏，深以為患，遂任命主戰最力的裴度兼領彰義軍節度使、淮西宣慰招討使，赴前線督戰。

八月，裴度到達郾城後，上報說諸道皆有宦官監陣，將士進退均取決於中使。勝則被其冒功，敗則被其凌辱，將士誰也不願出力奮戰。憲宗准其所奏，悉去諸道監陣中使。諸將始得獨斷專行，戰多有功。李愬也就可以沒有什麼阻攔地發揮自己的才能。

李愬抵達唐州後，採取了種種措施和行動，為奇襲的成功奠定了基礎。

首先，從他一下車開始，就去親自行視慰問將士，體恤安撫傷病員，以穩定軍心。同時，又有意示弱，故作柔懦懈惰，馭軍寬怠，以麻痺敵軍。淮西軍因屢敗西路唐軍，見李愬名位卑微，行事又如此不堪，遂掉以輕心，也就不再去對西路唐軍做特別的預防工作。

其次，為增強西線的軍事力量，實施、完成奇襲計畫，李愬又上報奏請朝廷，調來昭義、河中、鄜坊士卒步騎兩千人。

為了取得淮西地區的人民的心，孤立、瓦解吳元濟，李愬還利用淮西連年用兵，農業生產荒廢，倉廩空虛，民多無食，紛紛逃往唐軍控制區的機會，設縣安置淮西百姓五千餘戶，為其擇縣令，責成其妥善撫養，並派兵去保護他。

為了能使淮西軍的士氣動搖甚至瓦解，爭取淮西將士為己所用，李愬還採取了優待俘虜、大膽重用降將的政策。他在俘獲淮西驍將丁士良後，不僅未加殺戮，反而署以官職。丁士良感激之餘，獻計擒獲文城柵（今河南遂平西南）吳秀琳部謀主陳光洽，招降吳秀琳部三千人。西路唐軍因為他們的士氣高漲，一路下來連連攻下多城，淮西將士降者絡繹於道。李愬謀取蔡州，問計於吳秀琳。吳秀琳以為欲攻取蔡州，非李祐不可。李愬設計生擒李祐，

免其一死，並委任他為自己軍隊的將領 —— 六院兵馬使。李祐被李愬的親信和重用所感動，非常盡心地為偷襲蔡州出謀獻策。李愬在優待投誠和被俘的淮西將士及其家屬的同時，十分注意詢問有關淮西的內情。他還廢除了藏匿淮西間諜者滿門抄斬的舊命令，他們那些被捕的間諜受到了很多的好處，其結果是使敵方間諜盡吐實情，反為李愬所用。這樣，這樣很快摸透了敵方的險易、遠近和虛實，為避實擊虛，也同樣的為偷襲蔡州來做基礎，打鋪墊。

最後，為了掃除外面的一切不利於奇襲蔡州的因素，把整個蔡州孤立起來，建立接近蔡州的奇襲基地，李愬先後出兵攻取蔡州以西和西北的文城柵、馬鞍山、路口柵、嵖岈山、冶爐城和西平等據點，和北線郾城一帶的唐軍兵勢結合在一起，連成一氣。他還遣將攻克蔡州以南和西南的白狗、汶港和楚城諸城柵，切斷了蔡州與申、光二州的聯繫。李愬軍的主力在距離蔡州只有六十五公里的文城柵紮營。

九月，李祐看到奇襲條件成熟，便向李愬進言說，淮西精兵都在洄曲和邊境，守衛蔡州的全是老弱，可以趁虛直搗其城，出其不意，一舉擒元濟。李愬深以為然，派人將奇襲計畫密呈裴度。裴度表示非常贊同，願意讓他發兵。

十月初十，李愬利用風雪交加，敵軍放鬆警戒，利於奇襲的天氣，命史旻留鎮文城，命李祐等率訓練有素的敢死隊三千人為前鋒，自己與監軍將三千人為中軍，命李進城率三千人為殿後。軍隊的行動十分祕密，除個別將領外，全軍上下沒有一個知道他們要去的目的地和將要去完成什麼樣的任務。李愬只下令說向東。東行三十公里後，唐軍在夜間抵達張柴村，趁守軍不備，全殲包括負責烽燧報警士卒在內的守軍。等到所有的人稍事休整和吃了飯之後，李愬留五百人守城柵，防備朗山方向之敵，另以五百人切斷通往洄曲和其他方向的橋梁，並下令全軍立即開拔。諸將問軍隊開往何處，李愬才宣布說，入蔡州直取吳元濟。諸將聞說皆大驚失色，但軍令如山，眾將也

就只能帶領部下急忙地向東南方向前進。

此時夜深天寒，風雪大作，旌旗為之破裂，人馬凍死者相望於道。張柴村以東的道路，唐軍無人認識，人人自以為必死無疑，但眾人都畏懼李愬，無人敢違令。

夜半，雪愈下愈大，唐軍強行軍三十五公里，終於抵達蔡州。

在離城不遠的地方有雞鴨池，李愬令士卒擊雞鴨以掩蓋行軍聲。自從吳少誠抗拒朝命，唐軍已有三十餘年未到蔡州城下，所以蔡州人毫無戒備，未發現唐軍的行動。四更時，李愬的軍隊來到蔡州城門下，看守城門的人還是沒有任何的察覺。李祐、李忠義在城牆上掘土為坎，身先士卒，登上外城城頭，殺死熟睡中的守門士卒，只留下巡夜者，讓他們照常擊柝報更，以免驚動敵人。李祐等既已得手，便打開城門，迎納大唐軍。接著，又依法襲取內城。雞鳴時分，雪漸止，李愬進至吳元濟外宅。這個時候，有人感覺情況不一樣，急忙告訴了吳元濟，官軍來了。吳元濟高臥未起，笑著回答說，俘囚作亂，天亮後當殺盡這些人。接著，又有人報告說，城已陷。元濟仍漫不經心地說，這一定是洄曲守軍的子弟向我索求寒衣。起床後，吳元濟聽到唐軍傳令，回應的聲音不下於一萬人，這才害怕起來，帶領左右登上牙城抵抗。

李愬殺進城裡以後，一面派人進攻牙城，一面厚撫董重質的家屬，遣其子前往招降。董重質單騎至李愬軍前投降，吳元濟喪失了洄曲守軍回援的希望。

十二日，唐軍再次攻打牙城，蔡州百姓爭先恐後地負柴草助唐軍焚燒牙城南門。黃昏時分，城門壞，吳元濟投降。申、光二州及諸鎮兵兩萬餘人亦相繼降唐，淮西遂平。

李愬奇襲成功，從主要的原因上來分析，李愬治軍有方，奉己儉約，待將士豐厚，能得士心；又明於知人，敢重用降將，能得敵情；他見機能斷，敢抓住蔡州空虛的時機，實施奇襲；又善於謀略，麻痺敵方，瓦解其民心和

士氣。這些，都能讓他去利用一切可利用的因素，孤軍深入，置全軍於死地而後取得奇襲的勝利。從客觀來說，唐憲宗和裴度始終未改其平定淮西的決心，又能集中力量對吳元濟用兵，甚至撤去監陣中使，而北線唐軍則牽制、吸引了淮西的主力，這所有的有利條件都是奇襲勝利的基礎。

平定了淮西之後，各藩鎮也都害怕過不安穩。橫海節度使程權奏請入朝為官，朝廷收復滄、景二州。幽州鎮劉總上表請歸順。成德鎮亦上表求自新，獻德、棣二州，並請朝廷任命其餘諸州錄事以下官吏。王承宗病死後，其弟王承元上表歸降。朝廷又挾平定淮西之聲威，討平淄青李師道，收復淄、青等十二州。藩鎮割據的局面也因為這樣而暫時宣告結束，大唐的天下又得到了統一。

草船借箭可謂是歷史上最著名的巧用天時而大獲全勝的戰事，充分展現了諸葛亮的超人智謀。

西元前一世紀左右，是中國的魏蜀吳三國鼎立的時期，當時魏國占據北方，蜀國占據西南方，吳國占據南方。有一次，魏國派出大軍，從水路攻打地處長江邊上的吳國。不多久，魏軍就進發到離吳國不遠的地方，在水邊紮下營地，準備隨時進攻。

周瑜 —— 吳國的元帥，在研究了魏軍的情形後，決定用弓箭來防守來犯之敵。可是怎麼在較短時間內造出作戰所必需的十萬枝箭呢？根據當時吳國的工匠情況，要造出這麼多箭，至少要用十天時間，而這對於吳國的防守來說，時間明顯太長了。

諸葛亮 —— 當時蜀國的軍師，也在這時剛好在吳國。諸葛亮是一個非常聰明的人，周瑜向他請教怎樣以最快的速度造出所需的箭。諸葛亮對周瑜說，三天時間就可以了。大家都認為諸葛亮是在說大話，但是諸葛亮卻寫下了軍令狀，如果到時無法完成任務，就會被斬首。諸葛亮接到了任務一點也

不急。他向吳國的大臣魯肅說，要造這麼多箭，用一般的方法是不可能辦到的。接著，諸葛亮讓魯肅為他準備二十艘小船，每艘船上要軍三十人，船上全用青布為幔，並插滿草，諸葛亮並一再要求魯肅為他的計謀保密。魯肅為諸葛亮準備好船和其他必需的東西，但他並不明白諸葛亮到底要做什麼，用意是什麼。

諸葛亮說用不了三天，他就會準備好十萬支箭，可是第一天並不見到他有什麼動靜，第二天還是這樣，第三天馬上就要到了，大家還是一支箭也沒有看到，大家都為諸葛亮捏一把冷汗，如果到時候沒有完成任務，諸葛亮就沒命了。第三天半夜時分，諸葛亮悄悄地把魯肅請到一艘小船中，魯肅問：「你請我來幹什麼？」諸葛亮說：「請你跟我一起去取箭。」魯肅感到非常地不明白：「到哪裡去取？」諸葛亮笑笑說：「到時候你就知道了。」於是諸葛亮命令二十艘小船用長繩子連接在一起，逐漸地往魏軍的宿營地出發了。

那天夜裡，有很大的霧氣，水面上的霧氣更是伸手不見五指。霧越大，諸葛亮越是讓船隊快點向前跑。到船隊接近魏軍營地時，諸葛亮命令把船隊一字排開，然後命令軍士在船上擂鼓吶喊。這樣一來把魯肅嚇了一跳，對諸葛亮說：「我們只有二十條小船，三百餘士兵，萬一魏兵打來，我們必死無疑了。」諸葛亮卻笑著說：「我敢肯定魏兵不會在大霧中出兵的，我們就在船裡喝酒好了，什麼都不用去管了。」

魏軍已聽到了擂鼓吶喊聲，主帥曹操連忙召集大將商議對策。最後決定，因為長江上濃霧重重，摸不清敵人的具體情況，所以派水軍弓箭手亂箭射擊，防止敵軍登陸。於是魏軍派出約一萬名弓箭手趕到江邊，朝著有吶喊聲的地方猛烈射箭。頃刻之間，雨點一樣的箭一個個地飛向諸葛亮的船隊，不一會兒，船身的草把上都插滿了箭。這時候，諸葛亮讓船隊轉了一圈換了換頭，把沒有受箭的一側面向魏軍，上面頃刻之間便插滿了箭。諸葛亮猜測船上的箭插得差不多了，就命令船隊迅速返回，這時大霧也漸漸地開始散去，等魏軍知道這到底是怎麼回事的時候，已經晚了。

勝利歸來的諸葛亮的船隊回到吳軍的營地時，吳國的主帥周瑜已經派五百名軍士等著搬箭了，經過清點，船上的草把中足足有十萬支箭。元帥周瑜也不得不佩服諸葛亮的智慧了。那天晚上水上會有大霧，諸葛亮怎麼會知道的呢？原來，他善於觀察天氣變化，經過對氣象的仔細推算，得出當天晚上水面上會有大霧的結論。就這樣，諸葛亮運用自己的智慧，巧妙地利用敵軍的條件來填補了吳國的不足。

一件事情的成敗往往是內因和外因共同起作用的結果，雖然內因是決定因素，但外因往往也有很重要的作用。所以，不論我們做什麼，我們都要重視外因，就比如文中所說的天氣，而上面的這些事例，如果說不是借助天氣，黃帝可能也不會很快打敗蚩尤，諸葛亮的草船可能也借不到箭。

所以《反經》上說，知地知天，才能大獲全勝。不能不認真研究。

地形四八

孫子曰：「三曰地利。地利者，遠近、險易、廣狹、生死也。敵不知山林險阻、沮澤之形者，不能行軍。不用嚮導，不能得地利。」

譯文

孫武說：「第三要看地利。所謂地利，是指路程的遠近、地勢的險易、地域的寬廣和狹窄以及是否有利於攻守進退等。不知山林的險阻、沼澤的形勢，不能行軍。不用嚮導，不能獲得地利。」

感悟人生

孫子說：「地形者，兵之助也。」善於作戰的人，必須是會善於利用地形的。作為一名統軍將領，要了解地形，研究地形，制定在各種地形條件下的行動規則。這樣，取勝就有了更堅實的保證，取勝的機會也會增加很多。

用兵有散地、輕地、爭地、交地、衢地、重地、圮地、圍地、死地之分。地理形勢又可分六種：「通」、「掛」、「支」、「隘」、「險」、「遠」。作為一名將領，一定要充分認清己方所處的地形，然後再決定作戰方法，這樣，才能最大限度地利用地形優勢，取得戰爭的勝利。

《反經》上說：有丈五寬的壕溝，浸漫戰車的河水、山林、石徑、有常流水的河川以及草木生長的地方，適合用步兵作戰，在這類地段，一個步兵可敵二輛戰車或騎兵。丘陵綿延相連，平原曠野，這是適於戰車、騎兵作戰

的地方，在這種地方，十個步兵抵擋不了一個騎兵。居高臨下，遠離平原，適於弓箭手作戰，在這種地方，十個使用短兵器的抵擋不了一個弓箭手。兩軍陣地接近，平原淺草處，可前攻可後撤的地方，適於使用長戟作戰，在這種地方，一個使戟的可敵三個使劍盾的。蘆葦葦蒿叢生，草木蔥籠，林莽相接，森林茂盛之處，適於使用長矛作戰，在這種地方，二個使長戟的抵擋不了一個使長矛的。到處是曲折的道路，險要的隘口，這是適於劍盾作戰的地方。所以說，用兵的原則，最重要的是善於利用地形的輔助。當年秦兵圍困趙國的閼與，趙奢去救援，先占據了北山，秦軍後至，攻山不得，趙奢趁機反攻，大敗秦軍。韓信背水列陣，漢軍前臨大敵，後無退路，都拼死作戰，結果戰勝了趙軍。這就是善於利用地形作戰的典型例證。在歷史上，也有很多利用地形而取得戰爭勝利的事例。

在西元前六二七年，秦穆公調動兵隊攻打鄭國，他打算和安插在鄭國的奸細裡應外合，奪取鄭國都城。大夫蹇叔以為秦國離鄭國路途遙遠，興師動眾長途跋涉，鄭國肯定會作好迎戰準備。秦穆公不聽，派孟明視等三帥率部出征。蹇叔在部隊出發時，痛哭流涕地警告說，恐怕他們這次襲鄭不成，反會遭到晉國的埋伏，只有到崤山去為士兵收屍了。果然不出蹇叔所料，鄭國得到了秦國襲鄭的情報，逼走了秦國安插的奸細，作好了迎敵準備。秦軍見襲鄭不成，只得回師，但部隊長途跋涉，十分疲憊。部隊經過崤山時，仍然不作防備。他們以為秦國曾對晉國剛死不久的晉文公有恩，晉國不會攻打秦軍。哪裡知道，晉國早在崤山險峰峽谷中埋伏了重兵。一個炎熱的中午，秦軍發現晉軍部隊，孟明視十分惱怒，下令追擊。追到山隘險要處。晉軍突然不見蹤影。孟明視一見此地山高路窄，草深林密，情知不妙。這時鼓聲震天，殺聲四起，晉軍伏兵蜂擁而上，大敗秦軍，生擒孟明視等三帥。孟明視等人由於沒有視地形貿然出擊，最終落得失敗的下場。

當劉邦建立西漢王朝之後，為了進一步鞏固統治，藉口清除叛亂，殺掉在楚漢戰爭時期分封的異姓諸王韓信、彭越、英布等人。同時，他又認為秦朝迅速滅亡的重要原因是沒有分封同姓子弟為王，使皇室陷於孤立，因此大封同姓子弟為王，並立下「非劉氏王者，天下共擊之」的誓言，企圖用家族血緣關係來維持劉氏的一統天下。他所分封的同姓王，有齊、燕、趙、梁、代、淮陽、淮南、楚、吳等。這些王國的封地，竟達三十九郡，占西漢整個疆土的大半，而皇帝直轄的才不過十五郡。為防止諸王形成尾大不掉之勢，規定除諸封國內的經濟由諸王支配外，王國的傅、相等官員均須由皇帝任命，法令由朝廷統一制定，軍隊由皇帝調遣，藉以限制諸王的權力。而西漢所封的諸王國，國大民眾，最終隨著經濟得到恢復和發展，財富日增，勢力日強，慢慢形成了割據狀態，朝廷與諸王國的矛盾便日益尖銳起來。

深感諸王對朝廷的威脅日益嚴重，即是在漢文帝即位以後，那時諸王決定採納太中大夫賈誼和太子家令晁錯的建議，一方面把諸王的一部分封地收歸朝廷直接管轄；一方面在諸王的封地內再分封幾個小諸侯國，以分散削弱諸王的權力。同時，還把自己的兒子劉武封為梁王（封地在今河南東部），控制中原要地，屏障朝廷。諸侯王為自己的力量受到削弱而感到不甘心，並已紛紛反對。當時反對最強烈的是吳王劉濞。吳王的都城在廣陵（今江蘇揚州北），轄有豫章（今江西地區）、會稽（今蘇南和浙江地區）等郡，封土廣大，財力富足，他很好地利用這些優越的經濟條件擴張勢力，蓄謀奪取朝廷大權。

諸王國的勢力發展到了能與朝廷分庭抗禮的程度，也就是景帝即位以後，景帝接受御史大夫晁錯的建議，繼續推行削藩的政策，先削減楚、趙及膠西三王的封地。因而，引起諸侯王的強烈不滿。吳王趁機糾合楚王、膠西王、齊王、菑川王、膠東王、濟南王、濟北王、趙王等各王國，將準備進行武力反叛。

地形四八

景帝三年（西元前一五四年）正月，朝廷下令削奪吳會稽、豫章兩郡，吳王便以誅晁錯、清君側為名，首先要發動起兵，並派人通知閩越、東越出兵相助。但由於齊王悔約背盟、濟北王為其部下劫持不得發兵，所以實際參加叛亂的僅為七國。最後史稱為七國之亂，其反對統一的戰爭就這樣爆發了。

當吳王反漢後，首先要殺盡朝廷在自己封國內所委任的官吏，然後聚集親信，商議進兵之策。大將軍田祿伯請求率兵五萬，循江淮而上，占領淮南和長沙，入武關直搗長安，吳王惟恐大權旁落，拒絕了這一建議。青年將領桓將軍對吳王說：「吳多步兵，步兵利險；漢多車騎，車騎利平地。」因此建議揮軍急速西進，沿途不要攻城掠地，迅速搶占洛陽的軍械庫和敖倉的糧庫。並憑藉洛、滎山河之險，會合諸侯。這樣，即使不能西取長安，也占據了奪取天下的有利地位。否則，如行動遲緩，一旦讓漢軍搶先進占梁、楚一帶，勢必招致失敗。這一避短用長、速據關東戰略要地的主張，也遭拒絕。吳王親率二十萬軍隊從廣陵出發，北渡淮河，會合楚兵，並力向梁進攻，又派出小部隊潛赴崤（今函谷關南）、澠（澠池）之間，偵察關中漢軍情況。在渡淮時，一面派兵襲占下邳（今江蘇邳縣南），向北攻城掠地；一面遍告諸侯，提出一個行動計畫：由南越兵先攻占長沙以北地區，再西趨巴蜀漢中；越、楚、淮南、衡山、濟北諸王會同吳軍西取洛陽；齊、菑川、膠東、膠西、濟南諸王與趙王先攻占河間（今河北獻縣東南）、河內（今河南武陟西南），再入臨晉關（今陝西大荔東），或與吳軍會師洛陽；燕王北取代郡（今河北蔚縣東北）、雲中（今內蒙托克托東北）後，再聯合匈奴南下，入蕭關（今寧夏固原東南），直取長安。這一戰略構想的主要意圖是：以諸王國的軍隊分東、南、北三個方向合擊關中，吳楚主力先向滎陽進行攻占，與齊趙軍會師，同時也對長安攻占。

首先採取姑息政策，是在景帝獲悉七國叛亂後。景帝殺掉晁錯，並恢復

諸王封地，企圖以此平息戰亂。直到這一政策失敗後，才決心迎擊叛軍，任命周亞夫為太尉，統率三十六將軍東攻吳楚，另派酈寄攻趙，欒布攻齊，並以竇嬰屯於滎陽，監視齊趙叛軍動向。這一作戰部署的著眼點是：分兵箝制齊趙，集中主力打擊反漢的重要力量吳楚兩軍。

周亞夫收到命令後即提出：「楚兵剽輕，難與爭鋒。願以梁委之，絕其糧道，乃可制。」也就是暫時放棄梁國的部分地區，引誘並牽制吳楚軍隊，達到守梁以疲敵的目的，這一建議被景帝採納。周亞夫率軍由長安出發，準備會師洛陽，後接受部下意見，改變進軍路線，迅速由藍田出武關，經南陽抵達洛陽，搶占滎陽要地，控制了洛陽的軍械庫和滎陽的敖倉，並派兵清除了崤澠間的吳楚伏兵，保障了潼關、洛陽間的交通補給線和後方的安全，順利實現了第一步作戰計畫。然後，周亞夫率軍三十餘萬東出滎陽，進抵淮陽，針對吳楚銳氣正盛，難與正面交鋒，遂引兵東北，屯於昌邑（今山東金鄉西北），讓梁王堅守梁地，擋住吳兵西進，與此同時派兵奇襲淮泗口（今江蘇淮陰縣西泗水入淮之口），打斷了吳軍的糧道。

景帝三年（西元前一五四年）正月，吳楚聯軍向梁開始進攻，棘壁（今河南永城西北）一戰，殲滅梁軍數萬人，趁勝西進，梁軍退保睢陽（今河南商丘南），被吳楚聯軍圍攻。梁王數次派人求援，周亞夫按兵不動，直到吳楚攻梁受到相當消耗後，才將主力推進至下邑（今安徽碭山）。在吳楚四面圍攻形勢下，梁一面竭力固守，一面組織力量不斷出擊，襲擾吳軍。吳楚聯軍久攻睢陽不下，屢屢受挫，西取滎、洛的企圖難以實現，退路又受威脅，乃調轉兵力進攻下邑，尋求漢軍主力決戰。周亞夫深溝高壘，堅壁不戰。吳楚求戰不得，派部分兵力佯攻漢軍壁壘的東南角，轉移漢軍注意力，以主力強攻西北角，這一聲東擊西的企圖被周亞夫及時識破。當吳軍進攻東南角時，他加強了西北角的防禦，粉碎了吳楚軍的進攻。

吳楚聯軍號稱數十萬，既遭頓挫於睢陽，又不得逞於下邑，進退維谷，

加上餉道被斷，糧食不繼，在糧盡兵疲、士卒叛逃、士氣低落的情況下，不得不撤兵西走。周亞夫趁機追擊，大破吳楚聯軍。楚王兵敗自殺，吳王僅率數千人趁夜向江南逃竄，企圖依託東越垂死掙扎，但東越王懾於漢軍壓力，誘殺吳王。喧囂一時的吳楚叛亂，時僅三個月便完全失敗。

當吳、楚聯軍向梁進攻時，膠西、膠東、菑川、濟南四王在膠西王的指揮下，舉兵西進圍攻齊王臨淄，經過三個月激戰，被欒布擊敗。趙王劉遂聯絡匈奴，企圖西入長安。當酈寄軍進攻時，固守邯鄲，漢圍攻七月不克。欒布在消滅四王之後回師與酈寄合力進攻，引水灌城，城破後趙王自殺。與此同時，漢贏得了平定七王叛亂戰爭的徹底勝利。

一場反對割據、維護國家統一和安定的西漢平定吳楚七國叛亂的戰爭，漢軍搶占關東戰略要地滎陽，控制南北要道，爭得了戰略上的主動，造成了東阻吳楚、北拒齊趙，遮罩關中的有利情勢。然後以一部箝制齊趙，而把吳楚作為主要打擊目標，並根據楚軍剽輕、吳軍精銳的客觀情況，採取了「以梁委之」，吸引和消耗吳楚聯軍，趁敵疲弊而後擊的正確作戰方針，最終各個擊破，而且很快平定了七國之亂。

西元一二三五年宋蒙（元）戰爭開始爆發，至西元一二七九年崖山之戰宋室覆亡，這樣竟延續近半個世紀，它是蒙古勢力崛起以來所遇到的耗時最長、費力最大、最為棘手的一場戰爭。發生於西元一二五九年的四川合州釣魚城之戰，則是其中影響巨大的一場戰爭，那是一場巧借地形而取得勝利的一場戰爭。

西元一二三四年宋、蒙聯合滅金後，南宋出兵欲收復河南失地，遭蒙軍伏擊而失敗。西元一二三五年，蒙軍在西起川陝、東至淮河下游的數千里戰線上同時對南宋發動進攻，宋蒙戰爭全面爆發。至西元一二四一年，蒙軍蹂躪南宋大片土地，而四川則是三大戰場（另兩個為京湖戰場——今湖北和

河南一帶、兩淮戰場 —— 今淮河流域一帶）中遭蒙軍殘破最為嚴重的一個地區。這年蒙古窩闊臺汗去世，其內部政爭不斷，對南宋的攻勢減弱。南宋由此獲得喘息之機，對各個戰場的防禦進行調整、充實。西元一二四二年，宋理宗派遣在兩淮抗蒙戰爭中戰績頗著的余玠入蜀主政，以扭轉四川的頹勢，鞏固上流。余玠在四川採取了一系列政治、經濟和軍事措施，而其中最重要的是建立了山城防禦體系。這也就是在四川的主要江河沿岸及交通要道上，選擇險峻的山隘築城結寨，星羅棋布，互為聲援，構成一完整的戰略防禦體系。

釣魚城即是這一山城防禦體系的核心和最為堅固的堡壘。

釣魚城坐落在今四川省合川縣城東五公里的釣魚山上，其山突兀聳立，相對高度約三百公尺。山下嘉陵江、渠江、涪江三江匯流，南、北、西三面環水，地勢十分險要。這裡有山水之險，也有交通之便，經水路及陸上道，可通達四川各地。彭大雅任四川制置副使期間（西元一二三九至一二四〇年），命甘閏初築釣魚城。西元一二四三年，余玠採納播州（今遵義）賢士冉璡、冉璞兄弟建議，遣冉氏兄弟復築釣魚城，移合州治及興元都統司於其上。釣魚城分內、外城，外城築在懸崖峭壁之上，城牆系條石壘成。城內有大片田地和四季不絕的豐富水源，周圍山麓也有許多可耕田地。這一切使釣魚城具備了長期堅守的必要地理條件以及依恃天險、易守難攻的特點。西元一二五四年，合州守將王堅進一步完善城築。四川邊地之民多避兵亂至此，從此釣魚城成為兵精食足的堅固堡壘。

西元一二五一年，由於蒙哥登上大汗寶座，蒙古政局也穩定了，並積極主動地策劃滅宋戰爭。蒙哥為成吉思汗幼子拖雷的長子，曾與拔都等率兵遠征過歐、亞許多國家，以驍勇善戰著稱。西元一二五二年，蒙哥汗命弟弟忽

必烈率師平定大理，進而對南宋形成包圍夾擊之勢。

西元一二五七年，蒙哥汗對發動大規模的滅宋戰爭有所策劃。蒙哥命忽必烈率軍攻鄂州（今武昌），塔察兒、李璮等攻兩淮，分宋兵力；又命兀良合臺自雲南出兵，經廣西北上；蒙哥則自率蒙軍主力攻四川。蒙哥以四川作為戰略主攻方向，意欲發揮蒙古騎兵善於陸地野戰而短於水戰的特點，以主力奪取四川，然後順江東下，與諸路會師，直搗宋都臨安（今杭州）。

西元一二五八年秋，蒙哥率軍四萬分三道入蜀，加上在蜀中的蒙軍及從各地徵調來的部隊，蒙軍總數大大超過四萬之數。蒙軍相繼占據劍門苦竹隘、長寧山城、蓬州運山城、閬州大獲城、廣安大良城等，迫近合州。蒙哥汗遣宋降人晉國寶至釣魚城招降，被宋合州守將王堅所殺。

宋開慶元年（西元一二五九年）二月二日，蒙哥汗率諸軍從雞爪灘渡過渠匯，進至石子山紮營。三日，蒙哥親督諸軍戰於釣魚城下。七日，蒙軍攻一字城牆。一字城牆又叫橫城牆，其作用在於阻礙城外敵軍運動，同時城內守軍又可通過外城牆運動至一字城牆拒敵，與外城牆形成夾角交叉攻擊點。釣魚城的城南、城北各築有一道一字城牆。九日，蒙軍猛攻鎮西門，像今天這裡的蒙古東道軍史天澤率部也到達釣魚城參戰。

在這個三月分，蒙軍攻東新門、奇勝門及鎮西門小堡，均失利。從四月三日起，大雷雨接連不斷地下了二十天。當雨停後，蒙軍於四月二十二日重點進攻護國門。二十四日夜，蒙軍登上外城，與守城宋軍展開激戰。《元史·憲宗紀》稱「殺宋兵甚眾」，而宋軍最終把蒙軍打退了。五月，蒙軍屢攻釣魚城不下。

自從蒙哥汗率軍入蜀以來，所經沿途各山城寨堡，多因南宋守將投降而輕易得手，尚未碰上一場真正的硬仗。因此，至釣魚山後，蒙哥欲趁摧枯拉朽之勢，攻拔其城，雖久屯於堅城之下，亦不願棄之而去。儘管蒙軍的攻城

器具十分精備，奈何釣魚城地勢險峻，致使其不能發揮作用。釣魚城守軍在主將王堅及副將張玨的協力指揮下，擊退了蒙軍一次又一次的進攻。千戶董文蔚奉蒙哥汗之命，率所部鄧州漢兵攻城，董文蔚激勵將士，挾雲梯，冒飛石，履崎嶇以登，直抵其城與宋軍苦戰，但因所部傷亡慘重，被迫退軍。其姪董士元請代叔父董文蔚攻城，率所部銳卒登城，與宋軍力戰良久，最終因後援不繼，導致被迫撤還。

而釣魚城久攻不下，蒙哥汗命諸將「議進取之計」。術速忽里認為，頓兵堅城之下是不利的，不如留少量軍隊困擾之，而以主力沿長江水陸東下，與忽必烈等軍會師，一舉滅掉南宋。

但驕傲蠻橫自負的眾將領卻主張強攻堅城，反以術速忽里之言為迂。蒙哥汗未採納術速忽里的建議，決意繼續攻城。然而，面對釣魚堅城，素以機動靈活，凶猛驃悍著稱的蒙古騎兵卻不能施其能。

臨近六月，蒙古驍將汪德臣（原為金臣屬）率兵趁夜攻上外城馬軍寨，王堅率兵拒戰。天將亮時，下起雨來，蒙軍攻城雲梯又被折斷，被迫撤退。蒙軍攻城五個月而不能下，汪德臣遂單騎至釣魚城下，欲招降城中守軍，幾乎為城中射出的飛石擊中，汪德臣因而患疾，不久死於縉雲山寺廟中。蒙哥聞知死訊，扼腕嘆息，如失左右手。汪德臣之死，帶給蒙哥汗精神上很大打擊，釣魚城久攻不下，使蒙哥汗不勝其忿。

就在蒙軍大舉攻之後，南宋對四川採取了大規模的救援行動，但增援釣魚城的宋軍為蒙軍所阻，始終未能進抵釣魚城下。儘管如此，被圍攻達數月之久的釣魚城依然物資充裕，守軍鬥志昂揚。一日，南宋守軍將重十五公斤的鮮魚兩尾及蒸麵餅百餘張拋給城外蒙軍，並投書蒙軍，稱即使再守十年，蒙軍也無法攻下釣魚城。相形之下，城外蒙軍的境況就很糟了。蒙軍久屯於堅城之下，又值酷暑季節，蒙古人本來畏暑惡濕，加以水土不服，導致軍中暑熱、瘧癘、霍亂等疾病流行，情況相當嚴重。據《元史》記載，蒙哥汗於六月也患上了病，而拉施特《史集》更明確說是得了痢疫。另《馬可波羅遊記》和明萬曆《合州志》等書則稱蒙哥汗是負了傷。無論如何，蒙哥汗不能再堅持攻城了。七月，蒙軍自釣魚城撤退，行至金劍山溫湯峽（今重慶北溫泉），蒙哥汗逝世。據《元史》本傳及元人文集中的碑傳、行狀等所載，不少隨蒙哥汗出征的將領戰死於釣魚城下，由此可以看出釣魚城之戰之酷烈及蒙軍損失之嚴重。

釣魚城作為山城防禦體系的典型代表，在冷兵器時代，充分顯示了其防禦作用，它成為蒙古軍隊難以攻克的堡壘。蒙哥汗敗亡後，釣魚城又頂住了蒙軍無數次的進攻，直至西元一二七九年守將王立開城投降，釣魚城才落入蒙古之手。

太平軍湖口大捷，也是一次利用有利的地形而取勝的戰事。

西元一八五三年，太平軍在北伐的同時，又派兵西征。西征的戰略目的在於確保天京，奪取安慶、九江、武昌這三大軍事據點，控制長江中游，發展在南中國的勢力。從西元一八五三年六月到一八五五年一月，西征軍連續作戰一年半，從而取得重大勝利。但後來遇到湘軍的頑抗，湖北和江西戰場形勢對太平軍極為不利。

在這種形勢下，石達開於西元一八五五年一月率軍開赴西征戰場，在江西湖口與湘軍激戰，勇挫湘軍，取得勝利，從而扭轉了西征戰局。

西元一八五三年六月，胡以晃、賴漢英、曾天養等率太平軍兩萬餘人溯江西上，開始西征。西征軍進展極為順利，六月十日占領長江北岸重鎮安慶，胡以晃隨即坐鎮於此，指揮西征戰事。賴漢英率檢點曾天養、指揮林啟容以下萬餘人進軍江西，六月二十四日進逼南昌城下，對該城實施圍攻。由於清軍防守嚴密，圍攻沒有成功。九月二十四日，太平軍撤南昌圍，九月二十九日攻克九江，林啟容率部分兵力駐守。以後，西征軍分為兩支，一支

由胡以晃、曾天養率領，以安慶為基地，經略皖北，於西元一八五四年攻克皖北重鎮廬州（今合肥）。安徽廣大地區的攻取，為太平天國提供了主要的人力物力資源，具有重大戰略意義。

其中另一支由韋俊、石祥楨率領，自九江沿江西上，西元一八五三年十月克漢口、漢陽，不久，因兵力不足退守黃州。曾天養率部來援，在黃州大敗清軍，西征軍三克漢口、漢陽，並於西元一八五四年六月再克武昌。進入湖南的太平軍於四月再占岳州，大敗湘軍。但在湘潭一戰中，太平軍傷亡很大。八月，湘軍攻陷岳州。

在八月分期間，曾天養在城陵磯戰鬥中犧牲。十月分，湘軍和湖北清軍反撲武漢，武昌、漢陽相繼失守。西元一八五五年一月，湘軍進逼九江。形勢對太平軍非常不利。為挫敗湘軍的進攻，主持西征軍務的翼王石達開由安慶進駐湖口，當場指揮。

當石達開到達湖口後，借鑑於湘軍氣勢正盛，水師更占優勢，便決定扼守要點，伺機退敵。具體部署是：石達開坐鎮湖口，林啟容仍率部守九江，羅大綱率部守梅家洲。

湘軍首先瞄準的是集中力量攻占九江。截止到一月九日，圍攻九江的清軍總兵力達一萬五千人。從一月十四日，塔齊布、胡林翼率部進攻九江西門開始，到一月十八日全面進攻，湘軍死傷甚眾，始終未能攻入城內。於是，曾國藩改變方針，留塔齊布繼續圍攻九江，派胡林翼、羅澤南等率部進駐梅家洲南四公里之盔山（今灰山），企圖先取梅家洲，占領九江週邊要點。一月二十三日，湘軍向梅家洲發起進攻，太平軍憑藉堅固工事，奮勇抗擊，斃敵數百人，結果擊退了湘軍的進攻。

湘軍進攻九江和梅家洲均未得逞，曾國藩決定改攻湖口，企圖憑藉優勢水師，先擊破鄱陽湖內太平軍水營，切斷外援，然後再進攻九江。

西元一八五五年一月三日，當湘軍陸師還沒有到達南渡時，李孟群、彭玉麟所率湘軍水師既已進抵湖口，分泊鄱陽湖口內外江面。羅大綱鑑於湘軍水師占優勢，難以力勝，決定採用疲敵戰法。一月八日夜，用滿載柴草、火藥、油脂的小船百餘艘順流縱火下放，炮船緊隨其後，對湘軍水師實施火攻。由於湘軍預先有準備，未能取得多大戰果。此後，太平軍常以類似戰法襲擾敵人。太平軍還在鄱陽湖口江面設置木簰數座，四周環以木城，中立望樓。木簰上安設炮位，與兩岸守軍互為犄角，嚴密封鎖湖口，多次擊退湘軍水師的進犯。一月二十三日，湘軍水師趁陸師進攻梅家洲之機，擊壞太平軍設於鄱陽湖口的木簰。石達開、羅大綱將計就計，令部下用大船載以沙石，鑿沉水中，堵塞航道，僅在靠西岸處留一隘口，攔以篾纜。一月二十九日，湘軍水師營官蕭捷三等企圖肅清鄱陽湖內太平軍戰船，貿然率舢板等輕舟一百二十餘艘，載兵兩千，衝入湖內，直至大姑塘以上，待其回駛湖口時，太平軍已用船隻搭起浮橋二道，連結壘卡，阻斷了出路。湘軍水師遂被分割為二：百餘輕捷小船陷於鄱陽湖內；運轉不靈的笨重船隻則阻於江中，湘軍水師大小船聯合作戰的優勢盡失。太平軍趁此有利時機，即於當晚以小船數十隻，圍攻泊於長江內的湘軍大船，並派一支小划船隊，插入湘軍水師大營，焚燒敵船。岸上數千太平軍也施放火箭噴筒，配合進攻。湘軍大船由於無小船護衛，難以抵禦，最終被毀數十艘，剩下的敗退九江。

江北秦日綱、韋俊、陳玉成所部太平軍自安徽宿松西進，同時在湖口大捷，並擊潰清軍參將劉富成部，占領了黃梅。

二月二日，羅大綱派部進占九江對岸之小池口。曾國藩命令胡林翼、羅澤南二部由湖口回攻九江，駐於南岸官牌夾。為了給湘軍水師以進一步的打擊，羅大綱趁勢於二月十一日率大隊渡江前往小池口。當夜三更，林啟容自九江、羅大綱自小池口以輕舟百餘艘，再次襲擊泊於江中的湘軍水師，用火

藥噴筒集中施放，焚毀大量敵船，並繳獲曾國藩的坐船。曾國藩事先乘小船逃走，後入羅澤南陸營，憤愧萬分，準備自殺，被羅澤南等勸止。此後，曾國藩敗退至南昌。

太平軍湖口大捷，粉碎了曾國藩奪取九江、直搗金陵的企圖，扭轉了西征戰場上的被動情勢，成為西征作戰的又一個轉捩點。西征軍自湘潭戰敗後，棄岳州，失武漢，節節退卻，一直退到九江、湖口，形勢十分不利。但另一方面，由於湘軍的進攻，迫使太平軍縮短戰線，集中起兵力，消除了前段時間戰線過長，兵力分散的弱點。加上石達開親臨前線，加強了領導，為反敗為勝準備了必要的前提。湘軍方面雖然節節勝利，卻預伏著失敗的因素：由於擄獲甚多，鬥志漸弱；因為屢獲勝仗，驕傲輕敵；長驅直進，離後方供應基地越來越遠，運輸補給日益困難。也就是在這種狀況下，石達開等堅守要點以疲憊敵人，並利用有利地形，抓住有利時機，機智果斷地分割湘軍水師，進而立即主動出擊，取得了重創湘軍水師的重大勝利，使整個西征戰場上的形勢發生了巨大的變化。

因為宋軍巧妙利用釣魚城的獨特地形，從而阻擋了蒙古軍進一步入侵中原；太平軍充分利用地形，取得了湖口大捷的勝利。可見，地形在戰爭中有多麼重要的作用。善於利用地形，往往能在困境之下扭轉戰爭的形勢，使形勢朝著有利於己方的方向發展，從而贏得戰爭的最後勝利。所以，作為一名將領，在作戰之前及作戰之中，一定要觀察地形，利用地形，巧妙地利用外因取得戰爭的勝利。

水火四九

《經》曰：「以火佐攻者明，以水佐攻者強。」是知水火者，兵之助也。

譯文

《經》上說：「用火來輔助進攻，效果顯著。用水來輔助進攻，威勢強大。」因此說，水與火，是用兵強而有力的輔助。

感悟人生

採用水攻、火攻要因地、因時，要注意自然環境，特別氣候條件，充分發揮火的攻效，取得戰爭的勝利。了解水、火的變化，可以出奇制勝。秦人在涇水上流投毒，晉軍多有死者；荊王焚燒楚的糧草，項氏所以被擒；曹操在下邳決開了泗水，呂布因此被殺；黃蓋在赤壁採用火攻，曹操被迫逃竄。懂得利用水、火輔助作戰，是將軍的重要職責，懂得在作戰中靈活巧妙地運用，尤其顯得重要。歷史上不乏這樣的例子。

東漢末年，軍閥混戰，河北袁紹乘勢崛起。西元一九九年，袁紹率領十萬大軍攻打許昌。當時，曹操據守官渡（今河南中牟北），兵力只有二萬多人。兩軍離河對峙。袁紹仗著人馬眾多，派兵攻打白馬。曹操表面上放棄白馬，命令主力開向延津渡口，擺開渡河架勢。袁紹怕後方受敵，迅速率主力西進，阻擋曹軍渡河。誰知曹操虛晃一槍之後，突派精銳回襲白馬，斬殺顏

良，初戰告一段落。

因為兩軍相持了很長一段時間，所以雙方糧草供給成了最重要的關鍵。袁紹從河北調集了一萬多車糧草，屯集在大本營以北四十里的烏巢。曹操探聽烏巢並無重兵防守，決定偷襲烏巢，斷其供應。他親自率五千精兵打著袁紹的旗號，銜枚急走，夜襲烏巢，烏巢袁軍還沒有弄清真相，曹軍已經包圍了糧倉。一把大火點燃，頓時濃煙四起。曹軍乘勢消滅了守糧袁軍，袁軍的一萬車糧草，頓時化為灰燼，袁紹大軍聞訊，驚恐萬狀，供應斷絕，軍心浮動，袁紹一時沒了主意。曹操此時，發動全線進攻，袁軍士兵已喪失戰鬥力，十萬大軍四散潰逃。袁軍大敗，袁紹帶領八百親兵，艱難地殺出重圍，回到河北，從此一蹶不振。

曹操和孫權、劉備在今湖北江陵與漢口間的長江沿岸的一場戰略會戰，大概也就是在西元二〇八年的「赤壁之戰」，對於三國鼎立局面的確立具有決定性的意義。在這場戰爭中，處於劣勢地位的孫、劉聯軍，面對總兵力達二十三、四萬之多的曹軍，正確分析形勢，找出其弱點和不利因素，採取密切合作、以長擊短，以火佐攻，乘勝追擊的作戰方針，打得曹軍丟盔棄甲，狼狽竄北，使曹操「橫槊賦詩」、併吞寰宇的雄心就此付諸東流，從而成為歷史上運用火攻，以柔克剛的著名戰例。

西元二〇〇年，曹操在官渡之戰中打敗了袁紹，進一步統一了北方，占據了幽、冀、青、並、兗、豫、徐和司隸（今河南洛陽一帶）共八州的地盤，形成了獨占中原的格局。接著他又揮師平定遼東地區的烏桓勢力，基本穩定了後方地區，它已成為當時歷史舞臺上不可一世的風雲人物。

然而，對於素懷「山不厭高，水不厭深，周公吐哺，天下歸心」的雄心大志的曹操來說，統一北方地區，只能算作是萬里長征走完第一步而已。他的宏偉目標，是掃平所有的割據勢力，實現「天下混一」的理想。於是他便

積極從事南下江南的戰爭準備：在鄴城修建玄武池訓練水軍，並派人到涼州（今甘肅）授馬騰為衛尉予以拉攏，以避免南下作戰時側後受到威脅。一切就緒後，曹操緊擂戰鼓，興起大軍，浩浩蕩蕩向南方地區殺奔而來。

當時，南方有兩個主要的割據勢力，第一個是立國三世的東吳孫權政權，他據有揚州六郡。這些地方土地肥沃、物產豐富，在當時戰亂較少。而北方人的南遷又給當地帶來了先進的生產技術，所以東吳的經濟有了巨大的進步。在軍事上，孫權擁有精兵數萬，有周瑜、程普、黃蓋等著名將領，內部團結，加上據有長江天險，因而使它成為曹操吞併天下的主要障礙。南方第二個主要割據勢力是荊州的劉表。他基本上採取了維持現狀的政策，但他年老多病，處事懦弱，其子劉琦和劉琮又因爭奪繼承權而鬧得不可開交，因此政權並不穩定。

對於劉備而言，在當時還沒有自己固定的地盤。他原來依附袁紹，官渡之戰後投奔劉表。劉表讓他屯兵新野、樊城一帶，為自己據守曹軍南下的門戶。但劉備志在「匡復漢室」，因此就趁著這一機會擴大軍隊、網羅人材。他這時已擁有諸葛亮、關羽、張飛、趙雲等謀士和猛將，是曹操吞併天下的又一重要障礙。

西元二〇八年七月，曹操率軍南下，他的第一個戰略目標是荊州。荊州歷來為兵家必爭之地，如占據了它，既能夠控制在今湖北、湖南地區，又可以順江東下，從側面打擊東吳；向西進軍則可以奪取富饒的益州（今四川）。就在戰爭一觸即發的緊要關頭，窩窩囊囊的劉表於八月因病一命嗚呼了。接替他的次子劉琮更不爭氣，他被曹操的兵威嚇破了膽，未作任何抵抗，就將荊州雙手拱出。曹操兵不血刃，完成了南下戰略的第一步。

劉備在樊城獲悉劉琮投降的消息後，急忙率所部向江陵（今湖北江陵）退卻，並命令關羽率水軍經漢水到江陵會合。

江陵為軍事重鎮，是兵力和物資的重要補給基地。曹操自然不甘心讓它落入劉備之手，於是便親率輕騎五千，日夜兼行一百五十公里，追趕行動遲緩的劉備軍隊，在當陽（今湖北當陽）的長阪坡擊敗劉備，占領了戰略要地江陵。劉備僅僅跟諸葛亮、張飛、趙雲等數十騎突圍，在與關羽、劉琦等部會合後，退守龜縮於長江南岸的樊口（今湖北鄂城西北）一線。

軍事上接連不斷地勝利，使得曹操躊躇滿志，輕敵自大，企圖乘勝順流東下，占領整個長江以東的地區，一舉消滅孫權勢力。儘管謀士賈詡建議他利用荊州的豐富資源，休養軍民，鞏固新占地，而後再以強大優勢迫降孫權，而曹操哪裡聽得進去。

在強敵壓境、存亡未卜的危急關頭，孫權和劉備兩股勢力為了避免徹底覆滅的命運，最後終於結成了聯合抗曹的軍事同盟。

早在曹操進兵荊州以前，東吳即曾打算奪占荊州與曹操對峙。劉表死後，孫權又派魯肅以弔喪為名去偵察情況。魯肅抵江陵時，劉琮已投降了曹操，劉備正向南撤退。魯肅當機立斷，即在當陽長阪坡會見劉備，說明聯合抗曹的意向。處於困境的劉備欣然接受了這個建議，並派諸葛亮隨同魯肅前去會見孫權。諸葛亮向孫權分析了敵我形勢。指出:劉備最近雖兵敗長阪坡，但是尚擁有水陸兩萬餘眾的實力。曹操雖然兵多勢眾，而經過長途跋涉，接連不斷的作戰，非常地疲憊不堪，就如一支飛到盡頭的箭鏃，而它的力量連一層薄薄的綢子也穿不透了。

而偏偏曹軍多是北方人，不習水戰；荊州又是新占之地，人心不服。在這種情況下，只要孫、劉雙方同心協力，攜手合作，就一定能擊破曹軍，造就三分天下的局面。孫權對他的這番精闢分析深表贊同。但是當時東吳內部也存在著反對抵抗、主張投降的勢力。

長史以來張昭等人為曹軍的聲勢所征服，認為曹操「挾天子以令諸

侯」，兵多勢眾，又挾新定荊州之勝，勢不可擋。雙方實力相差懸殊，東吳難以抗衡，不如趁早投降。張昭是東吳的重臣，頗具影響，他這樣的態度，定會使得孫權感到前後為難。這時魯肅就竭盡全力地密勸孫權，來召回東吳軍事主帥周瑜進行商討對策。

周諭奉召從鄱陽趕回柴桑（今江西九江西南），他也主張堅決抗禦曹操。他以為：曹操雖已統一北方，但其後方並不穩定。馬超、韓遂在涼州的割據，對曹操側後是潛在的重大威脅。曹操捨棄北方軍隊善於騎戰的長處，而跟吳軍進行水上較量，這是舍長就短。加上時值初冬，馬乏飼料，北方部隊遠來江南，水土不服，必生疾病。這些都是用兵之大忌，曹操貿然東下，失敗乃不可避免。緊接著，周瑜又向孫權分析了曹操的兵力。指出曹操的中原部隊不過十五六萬，並且疲憊不堪；荊州的降兵最多不過七八萬人，而且心存恐懼，鬥志低落。這樣的軍隊，人數雖多，但並不可懼，只要動用精兵五萬，就足以打敗它。周瑜深入全面的分析，使孫權更加堅定了聯劉抗曹的決心。所以便撥精兵三萬，任用周瑜、程普為左右都督，而魯肅為贊軍校尉，率軍與劉備會師，他們共同抗擊曹操。

西元二〇八年十月，周瑜率兵沿長江西上到樊口與劉備會師。爾後繼續挺進，在赤壁（今湖北嘉魚東北）與曹軍打遭遇戰。曹軍受到挫折，退回江北，屯軍烏林（今湖北嘉魚西），與孫、劉聯軍隔江對峙。

孫、劉聯軍雖占有天時、地利、人和方面的優勢，但畢竟力量弱小，要打敗強大的曹軍又談何容易呢！但是，機遇總是喜歡那些敢與命運抗爭的人，勝利的天平傾向了弱者孫、劉一邊。這中間的關鍵，就是孫、劉聯軍的統帥們能夠比較敵我優劣長短，善於捕捉戰機，找到了克敵制勝的法寶——乘隙蹈虛，欺敵誤敵，因風放火，以火助攻。

當時曹軍中疾病流行，又因多是北方人，不習水性，長江的風浪把他們

顛簸得口吐黃水，苦不堪言。於是只好把戰船用鐵環「首尾相接」起來。周瑜的部將黃蓋針對敵強我弱、不宜持久及曹軍士氣低落、戰船連接的實際情況，建議採取火攻，奇襲曹軍戰船。周瑜採納了這一建議，制定了「以火佐攻」，因亂而擊之的作戰方略。

周瑜則是利用曹操驕傲輕敵的弱點，先讓黃蓋寫信向曹操詐降，並與曹操事先約定了投降的時間。曹操不知是計，欣然容允。屆時，黃蓋率蒙沖（一種用於快速突擊的小船），鬥艦數十艘，滿載乾草，灌以油脂，並巧加偽裝，插上旌旗，同時預備快船掛在大船之後，以便放火後換乘，然後揚帆出發。當時，江上正猛刮著東南風，戰船航速很快，迅速向曹軍陣地接近。曹軍望見江上船來，均以為這是黃蓋如約前來投降，皆「延頸觀望」，絲毫不加戒備。

黃蓋在距曹軍一公里的地處，立即下令讓各船同時點火。一時間「火烈風猛，船往如箭」，直衝曹軍戰船。而曹軍船隻首尾相連，分散不開，移動不得，頓時便成了一片火海。這時，風還是一個勁地猛刮，熊熊烈火遂向岸上蔓延，結果一直燒到了岸上的曹軍營寨。曹軍將士被這突如其來的大火燒得驚慌失措、鬼哭狼嚎、潰不成軍，燒死、溺死者不計其數。在長江南岸的孫、劉主力艦隊乘機擂鼓前進，橫渡長江，大敗曹軍。曹操勢窮力蹙，被迫率軍由陸路經華容道向江陵方向倉皇撤退，行至雲夢時曾一度迷失道路，又遇上大風暴雨，道路泥濘不堪，以草墊路，才使得騎兵得以通過。一路上，人馬自相踐踏，死傷累累。孫、劉聯軍乘勝水陸並進，窮追猛打，擴大戰果，並一直追擊到南郡（今湖北江陵境內）。曹操留曹仁、徐晃駐守江陵，樂進駐守襄陽，而自己率領殘兵，逃回到了北方。

總而言之，這場赤壁大鏖兵至此遂以孫權、劉備兩方大獲全勝，最終宣告結束。

赤壁之戰在當時歷史上具有深遠的影響。它使得曹操勢力不復再有南下的力量；而孫權在江南的地位得到鞏固；而劉備乘機獲取立足之地，最後的勢力日益壯大，三國鼎立的形勢就此形成。

赤壁之戰中，周瑜和黃蓋巧用火攻，沉重打擊了曹操的勢力，以少勝多，取得了戰爭的勝利。赤壁之戰不但是中國歷史上的一場著名戰役，而且也是中國歷史上以火攻取勝的一場著名戰役。俗話說「水火無情」，關鍵是看你怎麼利用。利用得好，一把火能改變整個戰爭的結局，取得戰爭的勝利。歷史上大大小小以火攻取勝的例子無不說明了這一點。

五間五十

《周禮》曰：「巡國傳諜者，反間也。」呂望云：「間，構飛言，聚為一卒。」是知用間之道，非一日也。

譯文

《周禮》說：「周遊列國作為間諜的人，就是反間。」呂望說：「間，就是製造散布流言蜚語，這些人可以組成一支獨立的隊伍。」由此可知，使用間諜，由來已久。

感悟人生

間諜的出現，在中國歷史上是很早的事了。戰國時期的田單就曾利用離間計取得了戰爭的勝利。間諜的出現，是軍事發展史上的重要事件。間諜的使用，使戰爭不再是簡單的軍事對抗，而成為雙方智力的較量。作為一名合格的間諜，必須機智果敢，精心細緻，以防止被敵人欺騙和利用。孫子認為：「非聖智不能用間，非仁義不能使間，非微妙不能得間之寶。」實在是中的之言。

戰國中期的時候，著名軍事家樂毅率領燕國大軍攻打齊國，連續攻下了七十餘城，到最後齊國只剩下褸莒和即墨這兩座城了。樂毅在這種情況下，乘勝追擊，將褸莒和即墨圍困。齊國拼死抵抗，燕軍久攻不下。

就在這個時候，有人在燕王面前說：「樂毅不屬於我燕，他當然不會真心

為了燕國，不然，兩座城怎麼會久攻不下呢？恐怕他是想自己當齊王吧。」燕昭王倒不懷疑。可是燕昭王去世，繼位的惠王不相信樂毅，於是馬上用自己的親信騎劫取代樂毅。樂毅知道於自己不利，無可奈何只有逃回趙國老家去了。

此時的齊國守將是非常有名的軍事家田單，他讓人在惠王面前說樂毅的壞話，這是田單故意使用的離間計。他深知只要樂毅在，齊軍取勝的機會就很渺茫，而騎劫卻不是將才，雖然燕軍強大，但只要計謀得當，一定可以擊敗。

田單的這個反間計為他後來指揮齊兵打敗燕國減少了一個強而有力的對手。

戰國中晚期，秦國任用商鞅實行變法，經過多代的努力，國勢日益強盛，它西並巴、蜀，東侵三晉，南攻荊楚，取得軍事、政治、外交各方面的全面勝利，至秦昭王時，秦國已成為戰國七雄中實力最強大的國家。當時秦周邊的韓、魏、燕、趙四國，為了遏制秦的擴張，形成了鬆散的聯盟關係。四國之中，最強的是趙，最弱的是魏。秦採用「遠交近攻」的戰略，從西元前二六八年起，先出兵攻魏，迫使魏親附於己。接著又大舉攻韓，韓王異常恐懼，遂遣使入秦，表示願意獻上黨郡（今山西長治）求和。但韓國的上黨太守馮亭卻不願意獻地入秦，為了促成韓、趙兩國聯合抗秦，他主動將上黨郡獻給了趙國。趙王目光短淺，在不計後果的情況下，貪利受地，將上黨併入自己的版圖。趙國這一舉動，無異從秦國口中奪食，秦王大怒，於西元前二六一年命左庶長王乾率軍攻打上黨。上黨趙軍不敵，退守長平（今山西高平西北）。趙王聞秦軍東進，就派大將廉頗率趙軍主力抵達長平，以圖奪回上黨。這樣，戰國時期規模空前的長平之戰的序幕就揭開了。

廉頗率領趙軍主力抵達長平後，立即向秦軍發起攻擊。由於秦國強大趙國弱小，趙軍連戰皆負，損失十分大。廉頗鑑於實際情況，及時改變了戰略

方針，決心轉攻為守，廉頗依託於有利地形，築壘固守，以逸待勞，使秦軍鈍兵挫銳陷於疲憊。廉頗的這一手段奏效，秦軍的進攻勢頭被抑制了，秦趙兩軍在長平一帶相持不決。

為了把這種不利的僵局給打破，秦王採用離間計，他派人攜帶千金去邯鄲收買趙王的左右權臣，離間趙王與廉頗的關係，四處散布流言：廉頗防禦固守，是快要投降秦軍的表現；秦軍最害怕的是趙奢的兒子趙括。不諳軍情的趙王本就認為廉頗怯戰，聽到這些流言立刻命令趙括接替廉頗為將。

趙括是一個缺乏實戰經驗的人，他是一個只知道空談兵法的人。他來到了長平後，一反廉頗的所作所為，更換將佐，改變軍中制度，搞得全軍官兵離心離德，鬥志消沉。他改變了廉頗的戰略防禦方針，積極籌劃戰略進攻，企圖一舉而勝，奪回上黨。

此時秦王見離間計得逞，立即任命驍勇善戰的廣武君白起為上將軍，代替王乾出任秦軍統帥。為了避免引起趙軍的警惕，秦王命軍中對此嚴守祕密。

白起為戰國時期最傑出的軍事將領，曾率秦軍攻韓擊魏，遠懾荊楚，兵峰所向，各國披靡。

白起到任後，針對趙括沒有實戰經驗、魯莽輕敵的弱點，採取後退誘敵的辦法，圍困聚殲敵軍的作戰方針，並對兵力作了周密的部署：其一，以原先的前線部隊為誘敵部隊，等待趙軍出擊後，即向主陣地長壁撤退，誘敵深入；二次，利用長壁構築袋形陣地，以主力守衛營壘，抵擋趙軍的進攻，並組織一支輕裝銳勇的突擊隊，待趙軍被圍後，主動出擊，消耗趙軍的力量；其三，用奇兵二萬五千人埋伏在兩邊側翼，待趙軍出擊後，及時插到趙軍的後方，切斷趙軍的退路，聯合主陣地長壁的秦軍，完成對出擊趙軍的包圍；其四，用騎兵五千滲透到趙軍營壘的中間，牽制和監視營壘中的趙軍。

戰爭的發展果然按著白起預計的方向進行。西元前二六〇年八月，趙括統帥趙軍向秦軍發起了大規模的進攻。兩軍稍事交鋒，秦軍的誘敵部隊即佯裝敗狀向後退。而此時的趙括也不問情況虛實，立即就命令士兵追擊。趙軍前進到秦軍的預定陣地——長壁後，立即遭到了秦軍主力的堅強抵抗，攻勢受挫。趙括打算退兵，但是此時已經過晚，預先埋伏的秦軍兩翼二萬五千奇兵迅速出擊，及時插到趙軍進攻部隊的後方，切斷了趙軍與其營壘的聯繫，構成了對進攻趙軍的包圍。另外的五千騎兵也迅速地插到了趙軍的營壘之間，牽制、監視留守營壘的趙軍。白起又下令突擊部隊不斷出擊被圍的趙軍。趙軍數戰不利，情況危急，被迫就地構築營壘，轉攻為守，等待救援。

秦昭王聽到秦軍包圍趙軍的消息，親自奔赴河內（今河南沁陽），把當地十五歲以上的男丁組編成軍隊，以此來增援長平戰場。這支部隊占據長平以北的丹珠嶺及其以東一帶高地，斷絕趙國的援軍和後勤補給，從而確保了白起徹底地殲滅被圍的趙軍。

九月的時候，此時的趙軍已經斷糧達到四十六天，不但內部開始出現互相殘殺以食的現象，而且軍心開始動搖，局勢十分的危急。而趙括組織了四支突圍部隊，輪番衝擊秦軍陣地，希望打開一條血路突圍，但是都沒有成功。絕望之中，趙括孤注一擲，親率趙軍精銳部隊強行突圍，結果仍遭慘敗，自己也命喪秦軍亂箭之下。趙軍失去主將，鬥志全無，遂不復抵抗，全部解甲投降。在這四十萬的趙軍降卒中，除了幼小的兩百四十人之外，剩餘的全部都被白起給殺死了。在這次戰爭中，秦軍終於取得了長平之戰的徹底勝利。

在長平之戰中，秦軍為什麼會取得大規模的勝利呢？最主要的就是白起利用了反間計，使趙王對指揮有力的廉頗不相信，罷了他的指揮軍權，換上只知道紙上談兵的趙括，從而使白起輕易打敗趙括，削弱了當時關東六國中最強勁的對手，懾服了其他各國，為秦日後完成統一六國大業創造了有利的

條件。

三國時期，赤壁大戰前夕，周瑜就是巧用反間計殺了精通水戰的叛將蔡瑁、張允，為赤壁之戰中打敗曹操埋下了伏筆。

曹操號稱率領著八十三萬大軍，準備渡過長江，占據南方。當時，孫劉聯合抗曹，但是孫權當時的兵力要比曹軍少得多。

曹操的隊伍都是由北方的騎兵所組成的，所以他們基本上都善於馬戰，不善於水戰。但是幸運的是當時正好有兩個精通水戰的降將蔡瑁、張允可以為曹操訓練水軍。曹操把這兩個人當作寶貝，優待有加。有一次東吳主帥周瑜見到對岸的曹軍正在水中排陣，井井有條，十分在行，心中大驚。他想著一定要除掉這兩個心腹大患。

曹操是一個非常愛才的人，他知道周瑜年輕有為，是個軍事奇才，很想拉攏他。曹營謀士蔣幹自稱與周瑜曾是同窗好友，願意過江勸降。曹操當下讓蔣幹過江說服周瑜。

周瑜看到蔣幹過江來，一個反間計就已經醞釀成熟了。他熱情款待蔣幹，酒席筵上，周瑜讓眾將作陪，炫耀武力，並規定只敘友情，不談軍事，堵住了蔣幹的嘴巴。

酒席過後周瑜佯裝大醉，並邀請蔣幹共眠。蔣幹見周瑜不讓他提及勸降之事，心中格外不安，哪裡還能夠睡著覺。看到周瑜在熟睡，他偷偷下床，見周瑜案上有一封信。他偷看了信，這封信原來是蔡瑁、張允寫給周瑜的，信上說約定與周瑜裡應外合，擊敗曹操。正在這個時候，周瑜說著夢話，翻了翻身子，嚇得蔣幹連忙上床。過了一會兒，忽然有人要見周瑜，周瑜起身和來人談話，還裝作故意看看蔣幹是否睡熟。蔣幹裝作沉睡的樣子，只聽周瑜他們小聲談話，聽不清楚，只聽見提到蔡、張二人。於是蔣幹對蔡、張二人和周瑜裡應外合的計畫確認無疑。

他連夜趕回曹營，把周瑜偽造的信件讓曹操看了，曹操頓時火起，殺了蔡瑁、張允。等曹操冷靜下來後，才知道自己中了周瑜反間之計，但也無可奈何了。

南宋初期，高宗害怕金兵，不敢抵抗，朝中投降派得勢。主戰的著名將領宗澤、岳飛、韓世忠等堅持抗擊金兵，使金兵不敢輕易南下。

西元一一三四年，韓世忠鎮守揚州。南宋朝廷派魏良臣、王繪等去金營議和。二人北上，經過揚州。韓世忠心裡很擔心，生怕二人為討好敵人，洩露軍情。可他轉念一想，何不利用這兩個傢伙傳遞一些假情報。等二人經過揚州時，韓世忠故意派出一支部隊開出東門。二人忙問軍隊去向，回答說是開去防守江口的先頭部隊。二人進城，見到韓世忠。就在這個時候一再有流星庚牌送到。韓世忠故意讓二人看，原來是朝廷催促韓世忠馬上移營守江。

等到第二天，二人離開揚州，前往金營。為了討好金軍大將聶呼貝勒，他們告訴他韓世忠接到朝廷命令，已率部移營守江。金將送二人往金兀朮處談判，自己立即調兵遣將。他想：韓世忠移營守江，揚州城內必定空虛，正好可以奪為己有。於是，聶呼貝勒親自率領精銳騎兵向揚州挺進。

韓世忠送走二人後，急忙命令「先鋒部隊」返回，在揚州北面大儀鎮（分江蘇儀征東北）的二十多處設下埋伏，形成包圍圈，等待金兵。金兵大軍一到，韓世忠率少數兵士迎戰，邊戰邊退，把金兵引入伏擊圈。只聽一聲炮響，宋軍伏兵從四面殺出，金兵亂了陣腳，一敗塗地，先鋒敲擒，看到這種陣勢，金營主帥只得倉皇逃命。

明天啟六年，努爾哈赤親自率部攻打寧遠，以十三萬之眾圍攻寧遠守兵萬餘人。十三比一，力量懸殊。寧遠守將袁崇煥，身先士卒，奮勇抗敵，擊退滿兵三次大規模進攻。明軍的奮勇抵抗，力挫驕橫的滿兵。袁崇煥趁滿軍氣餒之時，開城反攻，追殺數十里，擊傷努爾哈赤，滿軍慘敗。努爾哈赤遭

此敗績，身體負傷，攻占明朝的壯志難酬，羞愧憤懣而死。皇太極繼位，第二年，又率師攻打遼定。袁崇煥早有準備，皇太極又兵敗而回。

又經過幾年的準備，皇太極再次攻打明朝。崇禎三年，他為避開袁崇煥守地，由內蒙越長城，攻山海關的後方，氣勢洶洶，長驅而入。袁崇煥聞報，立即率部入京勤王，日夜兼程，比滿兵早三天抵達京城的廣渠門外，作好迎敵準備。滿兵剛到，即遭迎頭痛擊，滿兵先鋒巴添狼狽而逃。

皇太極把袁崇煥看成是從未有過的勁敵，對他是又忌又恨又害怕，袁崇煥成了他的一塊心病。他深知崇禎帝猜忌心重，心中難以容人。於是他絞盡腦汁，定下借刀殺人之計，皇太極祕密派人用重金賄賂明廷的宦官，向崇禎告密，說袁崇煥已和滿州訂下密約，故此滿兵才有可能深入內地。崇禎勃然大怒，將袁崇煥下獄問罪，雖然很多的將士吏民向崇禎帝請求，但是崇禎帝卻不顧及這些，還是把袁崇煥斬首。皇太極借崇禎之刀，巧施反間計，殺害了一代名將袁崇煥，為其軍關內減少了一個勁敵。

可見，反間計在戰爭中有著廣泛的應用。縱觀古今中外的軍事、政治甚至經濟，處處可見用間的影子。

將體五一

《萬機論》曰：「雖有百萬之師，臨時吞敵，在將也。」吳子曰：「凡人之論將，恆觀之於勇。勇之於將，乃萬分之一耳。」故《六韜》曰：「將不仁，則三軍不親；將不勇，則三軍不為動。」孫子曰：「將者，勇、智、仁、信、必也。勇，則不可犯；智，則不可亂；仁，則愛人；信，則不欺人；必，則無二心。此所謂『五才』者也。」

譯文

《萬機論》說：「即使有百萬軍隊，在戰鬥打響時想要吞沒敵人，關鍵還在於將領。」吳起說：「常人在評論將領時，常把「勇」看成一個重要的衡量標準。其實，「勇」對於一個將領來說，只占他所具備特質的萬分之一。」所以《六韜》說：「為將的不仁愛，三軍就不會親和；為將的不勇猛，三軍就不會主動向前。」孫子說：「作為一個將領，要具有勇、智、仁、信、必五種品格。」有勇，就不可侵犯；有智，就不能使他迷亂；有仁，就懂得愛人；有信，就不會欺誑他人；有必，就不會產生二心。這就是通常所稱的「五才」。

感悟人生

將領，歷來被看作是軍隊的大腦和靈魂。他既是軍事行動的組織者，又是一名指揮者。在他手裡掌握的不只是千萬人的性命，還有國家的安危。因

此他要具備超人的智慧、非凡的勇氣。「勇」、「智」、「仁」、「信」、「必」五種品格必須具備，這樣，才有可能在血與火的對抗，在硝煙彌漫的戰火中立於不敗之地，才能帶領軍隊一次又一些次地取得戰爭的勝利。所以，一場戰爭能否取勝，與將領的素質有很大的關係。歷史上很多戰役之所以能夠取得勝利，不僅僅在於一方有多麼強大的兵力，有多麼強大的經濟實力，而且還在於這支軍隊有一個能指揮作戰的將領，有一個能統率全軍的核心人物。

成皋之戰，始於漢高帝二年（西元前年）二〇五年五月，迄於漢高帝四年（西元前二〇三年）八月，前後歷時兩年零三個月左右。它是西楚霸王項羽和漢王（即後來的漢高祖）劉邦，圍繞戰略要地成皋（今河南滎陽汜水鎮）而展開的一場決定漢楚興亡的持久爭奪戰。在這場戰爭中，劉邦及其謀臣武將注意政治、軍事、經濟多方面的配合，將正面相持、翼側迂迴和敵後騷擾等策略加以巧妙運用，調動、削弱直至戰勝強敵項羽，從而成為古代戰爭史上以弱勝強的又一個成功典範。

秦朝末年，起義推翻秦王朝反動統治後，政治形勢發生了重大而急劇的變化，這就是起義軍首領項羽和劉邦為爭奪統治權而展開的一場長期戰爭，歷史由此進入了楚漢相爭時期。

楚漢戰爭初期，劉邦處於劣勢地位。但他富有政治遠見，注意爭取民心，招攬軍政人才，因而劉邦在政治上據有主動地位。

在軍事活動方面，劉邦則善於運用謀略，巧妙利用矛盾，做到示形隱真，他趁項羽東進鎮壓田榮反楚之際，暗渡陳倉，占領戰略要地關中地區。爾後又聯絡諸侯軍五十六萬襲占彭城，搶占了項羽的老窩，成為項羽強而有力的對手。

然而在襲占彭城之後，劉邦滿足於表面上的勝利，置酒作樂，疏於戒備。

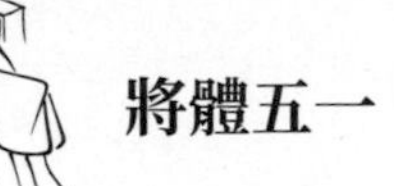

而項羽一接到彭城失陷的消息，立即親自率領精英士三萬從齊地趕回來，項羽趁劉邦毫無戒備的時機，對劉邦發起進攻，奪回彭城。劉邦潰不成軍，僅帶騎兵數十名狼狽逃脫，自己的父親和妻子呂雉也成了項羽的階下之囚。

彭城之戰使劉邦主力軍遭到殲滅性的打擊，而就在這個時候，楚軍乘勝實施戰略追擊，一些原來追隨劉邦的諸侯這時見風使舵，紛紛背漢投楚，形勢對劉邦來說非常嚴峻。不過劉邦畢竟是一位強者，為了扭轉不利的戰局，改變楚國強大漢國弱小的情勢，他果斷採納謀士張良等人的正確建議，在政治上爭取與項羽有矛盾的英布，重用部下彭越、韓信，團結內部力量；在軍事上制定據關中為根本，以正面堅持為主；敵後襲擾和南北兩翼牽制為輔的對楚作戰方針，並一一予以實施。

漢高帝二年（前二〇五年）五月，劉邦退到滎陽一線收集殘部。這時，劉邦的部下蕭何在關中徵收到大批兵員補充前線，韓信也帶部隊趕來與劉邦會合。劉邦的漢軍得到休整補充後，實力復振，將楚軍成功地遏阻於滎陽以東地區，暫時穩定了戰局。

滎陽及其西面的成皋，南屏嵩山，北臨河水（黃河），汜水縱流其間，為洛陽的門戶，入函谷關（今河南靈寶東北）的咽喉，戰略地位十分重要。自五月起，漢、楚兩軍為爭奪該地展開了一場曠日持久的戰爭。

楚漢交戰初期，劉邦即按照張良制定的謀略，實施正面堅持、敵後襲擾和翼側牽制的作戰部署，以政治配合軍事，以進攻輔助防禦，遊說英布倒戈，從南面牽制項羽；派遣韓信破魏，保障翼側安全；聯絡彭越，襲擾項羽後方，從而有力地遲滯了項羽的進攻。同時劉邦讓蕭何治理關中、巴蜀，鞏固後方戰略基地，轉運糧食兵員，支援前線作戰；還採納陳平的計謀，派遣間諜進行活動，對楚軍進行分化瓦解。

劉邦的這些措施雖然能夠牽制楚軍、鞏固後方，但是從正面戰場的形勢

來看，依然不怎麼樂觀。項羽看到劉邦的勢力有增無減，感到十分不安，便於次年春調動楚軍主力加緊進攻滎陽、成皋，並多次派兵切斷漢軍的糧道，使劉邦的部隊在補給上發生很大的困難。五月間，項羽大軍進逼滎陽，劉邦內乏繼糧，外無援兵，情勢日趨危急。這時，劉邦採納張良的緩兵之計，派出使臣向項羽求和，表示願以滎陽為界，以西屬漢，以東歸楚，但遭到項羽的斷然拒絕。劉邦無奈，只得採納將軍紀信的計策，由紀信假扮作劉邦，驅車簇擁出滎陽東門，詐言城中食盡，漢王出降，矇騙項羽，而自己則乘機從滎陽西門逃奔成皋。項羽發現自己受騙上當後勃然大怒，燒死紀信，率兵追擊劉邦，很快攻下了成皋，劉邦倉皇逃回關中。

劉邦在關中徵集到了一批兵員，他打算再次出擊奪城打成皋。謀士轅生認為這不是一個好的計策，建議劉邦派兵出武關（今陝西商南東南），調動楚軍南下，減輕漢滎陽守軍的壓力；同時，讓韓信加緊經營北方戰場，迫使楚軍分散兵力。劉邦欣然採納這一計策，於是率軍經武關出宛（今河南南陽）、葉（今河南葉縣）之間，與英布配合展開攻勢；與此同時，韓信也率部由趙地南下，直抵黃河北岸，與劉邦及滎陽漢軍互相策應。漢軍的行動果然調動了項羽的南下。這時劉邦卻又轉攻為守，避免與楚軍進行決戰，而讓彭越加強對楚後方的襲擊，彭越不失所望，進展迅速，攻占了要地下邳（今江蘇睢寧西北），直接給楚都彭城造成威脅。在這種形勢下，項羽首尾不能夠得到兼顧，被迫回師東擊彭越，劉邦在這個時候，乘機收復了成皋。

項羽聽說成皋已經被劉邦占領了，大驚失色，急忙由睢陽帶領主力返回，與漢軍爭奪成皋，與漢軍對峙於廣武，打算與劉邦決一雌雄。可是漢軍依據險要地形，堅守不戰。雙方對峙數月，項羽無計可施。這時適逢韓信攻占臨淄，齊地戰事吃緊，項羽不得已只好派龍且帶兵二十萬前往救齊，這就更加減弱了正面戰場的進攻力量。到了十一月，韓信在濰水全殲了龍且的部隊，平定齊國，使項羽的處境更趨困難。幾個月後，楚軍糧食缺乏，既不能進，又不能退，白白地消耗了力量，完全陷入了被動。

這時，漢軍韓信部已經攻魏，破趙，降燕，平定三齊，占領了楚國東方和北方的大部分地區，完成了對楚的戰略包圍。彭越的遊軍則不斷擾亂楚軍後方，攻占了昌邑（今山東金鄉西）等二十多座城池，並多次截斷楚軍的補給線。英布所部在淮南也有所發展。項羽腹背受敵，喪失了主動，陷於一籌莫展的境地。雙方強弱形勢已發生根本的變化。項羽見大勢盡去，遂被迫與劉邦議和，以鴻溝為界，中分天下，爾後引兵東歸。成皋之戰以漢勝楚敗而告終。

成皋之戰，是楚漢戰爭中具有決定性意義的一仗。這場戰爭使楚漢之間的實力對比發生徹底的改變，項羽的失敗已成為不可逆轉的趨勢。劉邦把握時機，採納張良建議，於漢高帝五年（前二〇二年）十月，乘項羽引兵東撤之際，實施戰略追擊。

十二月，在垓下（今安徽靈壁南）合圍並大敗楚軍，項羽突圍後自刎於烏江（今安徽和縣北）。次年二月，劉邦稱帝，建立漢朝，重新統一了中國，中國歷史揭開了新的一幕。

成皋之戰，劉邦以弱小的力量，戰勝強大的楚軍，這除了政治上注意爭取人心和團結內部外，軍事上的勝算主要在於對戰略全域處置得適當和作戰指揮的高明。這具體表現為：第一，重視戰略後方基地的建設，使漢軍在人力物力上得到源源不斷的補充，能夠堅持長期的戰爭；第二，彭城失利後，鑑於漢弱楚強的實際情況，適時改變戰略方針，轉攻為守，持久防禦，挫敗項羽的速決企圖；第三，制定出正面堅持、南北兩翼牽制、敵後襲擾的作戰部署，並堅決付諸實施，使楚軍陷於多面作戰的困境，顧此失彼；第四，實施靈活機動的作戰指導，致人而不致於人，千方百計調動對手，使之疲於奔命；並積極爭取外線，逐步完成對楚軍的戰略包圍；第五，巧妙行間，分化瓦解敵軍，善於爭取諸侯，最大限度地在軍事上孤立項羽本人。

項羽作為一員叱吒風雲的歷史人物，在當時的政治舞臺上曾綻放過奪目的光彩，然而他最終還是失敗了，這與他政治上、軍事上的失策是密切相聯的。他分封諸侯，違背了歷史發展的趨勢；他嗜殺好戰，激起了民眾的反對；他不重視爭取同盟，造成了自己的孤立；他不善於起用人才，團結內部，導致了眾叛親離；他不注意戰略基地建設，以至於無法長期支持戰爭；他缺乏戰略頭腦，只知道一味死打硬拼，沒有主要的打擊方向，決定了他雖然能夠贏得不少戰役、戰鬥的勝利，但卻不能扭轉戰略上的被動，最終導致了戰爭的徹底失敗。項羽戰場指揮的成功和戰略指導的失策之間的巨大矛盾、反差以及由此而產生的結局，給後世軍事家留下了極其深刻的歷史教訓。

隋代末年，隋王朝的統治日趨腐朽殘暴，它橫徵暴斂，荒淫無道，刑罰酷烈，兵役苛繁，結果民不聊生，矛盾激化，最終導致爆發了轟轟烈烈的起義。到西元六一七年初，起義形成了三大起義軍中心，李密瓦崗軍轉戰於河南地區，竇建德起義軍活躍於河北一帶，杜伏威起義軍崛起於江淮地區。他們前仆後繼、英勇抗爭，殲滅了大批隋軍，使隋王朝統治瀕臨於徹底崩潰的邊緣。在起義風起雲湧的形勢下，一些貴族和地方官吏也抱著各種政治目的，紛紛起兵反隋，李淵父子的太原起兵就是其中之一。

在西元六一七年春夏之交的時候，隋太原留守李淵、李世民父子在太原（今山西太原東南）起兵。李淵父子是富有政治遠見和軍事才能的封建貴族官僚，起兵之後，實施爭取人心的政治、經濟措施，掌握了政治上的主動；並且採取高明的戰略方針和卓越的作戰指揮，在軍事方面不斷取得重大進展。李淵父子在短短的半年時間裡，攻下隋都長安，占據了關中和河東的廣大地區，並且迅速拓地到秦、晉、蜀等廣大地區，成為當時社會上一支舉足輕重的力量。西元六一八年，李淵在地安正式稱帝，建國號為唐。過後又經過一段時間的東攻西討、南征北伐，先後消滅了薛舉、梁師都、劉武周等地方武裝割據勢力，旋即引兵東向，尋找機會統一全國。

就在當時，李密所領導的瓦崗起義軍已經解體，李唐政權的主要對手是河北地區的竇建德起義軍和洛陽王世充集團。另外還有杜伏威起義軍活動於江淮地區，隋朝殘餘勢力蕭銑集團控制長江中游及粵、桂等地。李淵集團對此採取了遠交近攻、先王後竇、各個擊破的戰略方針：在派遣使者暫時穩住竇建德的同時，由李世民統率唐軍精銳主力進攻東都洛陽，首先要消滅王世充集團。李世民大軍在洛陽城下與王世充軍進行了將近半年的激烈交戰，重重的打擊王世充軍，拔除了洛陽城外王世充軍的據點，形成了對洛陽城的包圍。王世充困守孤城，糧盡矢絕，處境很危急，趕快時不時地遣使向竇建德告急並要求進行救援。

竇建德充分意識到如果王世充被消滅的話，那麼唐軍下一個要進攻目標就會輪到自己身上。「唇亡齒寒」，豈能隔岸觀火，坐視不救。於是決定與王世充聯合起來攻擊唐軍，然後找機會消滅王世充，再進而奪取天下。於是他在兼併了山東地區的孟海公起義軍之後，於西元六二一年春，親率十餘萬兵馬西援洛陽。竇軍連下管州（今河南鄭州）、滎陽、陽翟（今河南禹州市）等地，很快進抵虎牢以東的東原一帶（即東廣武，河南滎陽東北廣武山）。

虎牢乃是洛陽東面的戰略要地。早在武德四年二月三十日夜，唐軍王君廓部就在內應的協助下，先到達此地襲占該地。李世民在洛陽堅城未下、竇軍驟至的形勢面前，於青城宮召集前線指揮會議，商討破敵的方法。在會上大多數唐軍將領主張暫時先退兵以避敵鋒，但唐宋州（治所在今河南商丘南）刺史郭孝恪、記室薛收等人卻反對這種做法。他們認為，王世充據有洛陽堅城，兵卒善戰，但是他們所在的困難就是糧草匱乏；竇建德遠來增援王世充，兵多勢眾。如果讓王、竇聯手合兵，竇建德以河北糧草供王世充，就會給唐軍造成嚴重不利，那麼要收復李唐的統一事業便會很困難。因此，唐

軍刺史主張在分兵圍困洛陽孤城的同時，由唐軍主力扼守虎牢，阻止竇軍的西進，首先要消滅竇建德軍，到那個時候洛陽城就能不攻自下。李世民採納了這一建議，立即將唐軍一分為二，令李元吉、屈突通等將繼續圍攻洛陽；自己則率精兵三千五百人，於三月二十四日起先出發，進據虎牢。

李世民抵達虎牢的次日，即率精騎五百東出十公里偵察竇建德軍的情況。他派遣李世勣、秦叔寶、程知節等率兵埋伏在道路的兩旁，自己則與尉遲敬德等僅少數騎向竇建德軍營前進。在距離竇軍軍營一公里外之處，李世民故意暴露自己，引誘竇建德出動騎兵追擊。待竇騎兵進入預先設伏地點之後，李世勣等及時發起襲擊，擊敗竇軍追兵，殲敵三百餘人。這次小戰挫抑了竇軍的鋒芒，同時也讓李世民對竇軍的虛實有了一定的了解。

竇軍被阻於虎牢東月餘，不得西進，幾次小戰後自己軍隊都失利，此時竇建德軍士氣開始低落。四月間，竇軍的糧道被唐軍抄襲後，大將張青特被俘虜，這使得竇軍的處境更為不利。此時，國子祭酒凌敬勸諫竇建德改變作戰計畫：率主力渡黃河，攻取懷州、河陽，再翻越太行山，入上黨，攻占汾陽、太原，下蒲津（今山西永濟西）。指出這樣做有三利：入無人之境，取勝可以萬全；拓地收眾，增強實力；震駭關中，迫使唐軍回師援救，以解洛陽之圍。竇建德認為此言有道理，準備採納，但苦於王世充頻頻遣使告急，部將又多受王世充使者的賄賂，主張直接救洛，終於擱置了凌敬的合理建議，而與唐軍交戰於虎牢一線，越來越陷入被動。

不久後，李世民得到情報，說竇軍企圖乘唐軍飼料用盡，到河北岸牧馬的機會，襲擊虎牢。李世民將計就計，遂率兵一部過河，南臨廣武，在觀察了竇軍情況後，故意留馬千餘匹在河渚，以誘竇建德軍出戰。次日，竇軍果然中計，出動全軍，在汜水東岸布陣。北依大河，南連鵲山，正面寬達十多公里，擺出一副進攻的架勢。李世民正確地分析了形勢，指出竇軍沒有經歷

過大戰，今度險而進，逼城而陣，有輕視唐軍之意。我軍可按兵不動，等待竇軍疲憊之後，再行出擊，以一舉克敵制勝。於是他一面嚴陣以待，使竇軍無隙可乘；一面派人召回留在河（黃河）北的誘兵，準備出擊。

竇建德輕視唐軍，僅遣三百騎過汜水向唐軍挑戰，李世民派部將王君廓率長矛兵兩百出戰。兩軍往來衝擊交鋒數次，都沒有分出勝負，於是各自都退回本陣。戰鬥呈現膠著狀態。

竇建德沿汜水列陣，自辰時直至午時，士卒饑餓疲乏，支撐不住，都一屁股坐倒在地上，士卒間又爭著喝水，秩序成一片混亂的狀態，整個形式表現出要返回軍營的意向。李世民細心觀察到這些跡象後，立即派遣宇文士及率領三百精騎經竇軍陣西而來，先行試陣。並且指示說：如竇軍嚴整不動，即回軍返陣：如其陣勢有動，則可引兵繼續東進。宇文士及至竇軍陣前，竇軍的陣勢即開始動搖。李世民見狀，當機立斷，下令出戰，並親自率領騎兵先出，主力繼進。過汜水後，直撲竇建德的統帥部。

當時竇建德正欲召集群臣商議事情，唐軍驟然而至，群臣均驚恐失措，紛紛向竇建德處走避，致使奉調抵抗唐兵的戰騎通道被阻塞。竇建德急忙下令群臣閃開為騎兵讓路，但是為時已晚，唐軍已經衝入。竇建德被迫向東撤退，為唐軍竇抗部所緊追不捨。接著李世民所率領的精騎也突入竇軍大營，雙方展開了激烈的戰鬥。李世民又命令秦叔寶、程知節、宇文歆等部迂迴竇軍的後路，分割竇軍。竇軍見大勢已去，遂驚慌潰逃。唐軍乘勝追擊十五公里，俘獲竇軍五萬餘人。竇建德本人也負傷墜馬後被俘，其餘軍卒大部分潰散，僅竇建德之妻率數百騎倉皇逃回河北。至此，竇軍被全部殲滅。

唐軍取得虎牢之戰的勝利後，主力回師洛陽城下。王世充見竇軍被殲，內外交困，走投無路，終於在絕望之中獻城投降。

虎牢之戰，唐軍消滅竇建德主力部隊十萬人，接著又迫降了洛陽王世充

的殘餘守軍，奪取了中原的主要地區，取得「一舉兩得」的重大勝利，創造了「圍城打援」的著名成功戰例。這也是李唐統一全國的最關鍵一戰。至此，唐王朝的統一事業基本完成。

虎牢之戰中，李世民圍城打援，避銳擊惰，奇兵突襲，一舉兩得，淋漓盡致地發揮了他的卓越指揮才能。更具體地說，除了充分憑藉唐軍自身所具備的強大實力外，他得宜的作戰指導優點突出表現為：

先期占據戰略要地虎牢，造就了有利於己、不利於敵的情勢

注重觀察和分析敵情，在此基礎上制定正確的作戰方針，靈活機動地打擊敵人

臨機應變自如，將計就計，捕捉戰機，利用敵人驕傲輕敵、兵疲將惰等弱點，及時發起突襲戰鬥，措手不及的打擊敵人

在採取突襲行動時，正確選擇主攻方向，集中兵力攻打竇軍統帥部，造成其指揮中樞的癱瘓。並注意戰術配合，運用穿插、迂迴、分割等手段，將竇軍各部逐一予以擊破。

突襲得手後，適時展開戰場追擊，窮追猛打，擴大戰果。

與李世民相比，竇建德在作戰指導上，有很多不當之處。他勞師遠征，又不能盡全力先攻占虎牢，這在「處軍」上已先輸了一著；他不能正確判明唐軍的作戰意圖，這就使自己無法制定正確的作戰部署，從而使自己處處陷於被動的地步；他不能虛心採納部下繞過虎牢、乘虛迂迴、北上威脅關中的合理建議，只知道堅攻硬拼，不知道根據形勢靈活變化，這就使自己錯過了取得勝利的一個有利時機。他不能沉著應付唐軍的突然襲擊，當遇到變故時就驚慌失措，事起倉促即意志崩潰，這就使他無法擺脫兵敗如山倒、束手就擒的可悲下場。當然，竇軍上下沒有經歷過真正的硬仗，將領驕狂自大，士兵懶惰成性、士卒思念家鄉等種種因素，也是導致竇建德徹底失敗的重要因素。

將體五一

歷史事實一再證明，將領有德有才，在戰場上沉著冷靜，機智勇敢，目光遠大，才能有力地指揮戰爭，取得最後的勝利。俗話說「商場如戰場」。戰場上有一個出色的將領，才能領導軍隊取得戰爭的勝利；商場上也要有出色的領導者，才能領導公司一步步地發展壯大。作為現代企業的領導人，一定要德才兼備，顧全大局，富有遠見，才能在風雲變幻的市場中領導公司勝利突圍。

料敵五二

夫兩國治戎，交和而舍，不以冥冥決事，必先探於敵情。故孫子曰：「勝兵先勝而後戰。」又曰：「策之而知得失之計，候之而知動靜之理。」因形而作勝於眾，用兵之要也。

譯文

兩國發生了戰爭，雙方軍隊營壘相對峙，此時形勢不明，不能隨意做出判斷，一定要先探清敵人的情況。所以孫子說：「取勝之兵，首先是在刺探軍情方面取勝，而後才在戰場與敵人交鋒。」又說：「認真分析判斷，以求了解敵人作戰計畫的優劣長短；仔細觀察，以求了解敵人活動的規律。」根據敵情變化靈活運用戰法，可以少勝多，這是用兵打仗的要旨。

感悟人生

「知己知彼，百戰不殆」，這是兵家的常識。在用兵打仗之前，一定要先觀察敵軍，對敵軍的情況有一個全面的了解，才能及時地制定有針對性的戰略決策，抓住敵方的弱點進行攻擊。

比如，敵軍使者言辭謙卑卻加緊戰備，是要進攻；言辭強硬而又做出進攻的樣子，是要撤退；敵軍沒有事先約定就來求和，必有計謀；敵軍呈半進半退之勢，是引誘我向前；敵軍持手中武器站立，是飢餓之旅；敵軍找水爭飲，是飢渴之旅；見到財利卻不向前，是因為過度勞困；敵營有烏雀集聚，

說明營中已空；敵人夜間有驚呼聲，說明敵軍心中恐懼；軍營騷動，是將領沒有威嚴;旌旗搖動，是敵軍中起了混亂;軍吏時常發怒，是過度疲倦之症候;敵人用糧食餵馬，殺牲口吃肉，收拾起炊具不再返回營地，是準備決一死戰的表示；敵軍將領低聲下氣和士兵說話，是其將領不得人心的表現；再三獎賞士卒的，說明敵將已沒有其他辦法；再三重罰下屬的，是敵軍已陷於困境；再三環顧，是丟失了隊伍；敵軍藉故派使者來談判，言詞委婉的，是想休兵息戰。敵軍盛怒前來，卻久不接戰，又不離去，必須謹慎觀察其意圖。

所以，用兵之前，先看清敵人的情況，是一個出色的將領必須具備的素質，只有看清敵情，才能知道敵人打算做什麼，才知道自己該如何禦敵。看看以下的這些事例，我們就會明白，預料敵情，對戰爭取勝有多麼重要。

第二世界大戰期間，德、法兩軍形成對峙的格局，雙方都企圖找到對方的指揮所，好給對方來一次毀滅性的打擊，從而奪取作戰的主動權，取得最後的勝利。

事情也許就有這麼多巧合。有一天，一名德軍作戰參謀用望遠鏡觀察法軍的陣地，企圖能發現些什麼。作戰參謀緩緩地把望遠鏡對準了一片墳地，忽然發現一個墳頭上蹲著一隻可愛的波斯貓，懶洋洋地在墳頭上曬太陽。看到這裡，參謀欣喜若狂，但他只是將狂喜埋在心底，仍然一動不動地觀察著波斯貓，一直到波斯貓離開。

此後的一連四天，作戰參謀不動聲色地用望遠鏡對準那片墳地。他發現：波斯貓每天都在八到九時出現在墳地上曬太陽，過了九時，波斯貓就消失得無影無蹤。由此這個作戰參謀得出結論：墳地附近的地下一定隱蔽著法軍的指揮部。

這位作戰參謀的理由是：

· 這隻可愛的波斯貓絕對不會是一般村民家中的寵物，它的主人一定不是

普通人。很可能是一位高級軍官，因為中、下級軍官是不允許、也不可能攜帶這一類寵物的

· 墳地附近沒有村莊，波斯貓能到哪裡去呢？它的主人一定就隱藏在地下。

指揮部接到這位作戰參謀的報告後，認為他的分析是合理的，於是德軍指揮部立刻集中了六個炮兵營向墳地一帶進行了地毯式轟擊 —— 德軍參謀的判斷完全正確，法軍的作戰指揮部正是設在那裡。在鋪天蓋地的炮火下，法軍指揮部的高級指揮官和士兵還沒有明白是怎麼回事，就全部葬身在彈火之中了。不過他們怎麼也想不到，暴露他們自己的就是那一隻可愛的波斯貓。

而德軍之所以能摧毀法軍的指揮部，原因也僅僅是因為德軍參謀從那隻可愛的波斯貓身上對敵情做出了正確的判斷。

孫子說：「兵者，詭道也。」事實證明，在採取具體的軍事行動前，做出準確、明白的判斷是很重要的。「料敵如神」，從來就是對良將的讚美，也只有料敵如神，才能取得戰爭的勝利。

戰爭如此，現實生活也是如此。如果在做一件事之前，你能夠對這件事情有充分的認識和了解，能夠對事情的發展做出預測，那麼成功的機率就會增加許多。

勢略五三

孫子曰：「勇怯，勢也；強弱，形也。」又曰：「水之弱，至於漂石者，勢也。」

譯文

孫子說：「勇怯，是『形勢』造成的，強弱，是由軍事實力決定的。」又說：「水性是非常柔弱的，卻能把沖走石塊，這是由於水勢強大的緣故。」

感悟人生

所謂的「勢」，是一種氣勢，一種精神，一種力量。勇敢與怯弱，彼此依存，在一定條件下是可以轉化的。「勢」強者，「怯」可以化為「勇」，少能勝多、弱能勝強;「勢」弱者，「勇」可以變成「怯」，雖有百萬之眾，也脆弱異常，不堪一擊。在戰場上，要戰勝敵人，不僅僅要有強大的軍事實力，還要善於造成威猛難當、氣蓋山河的情勢。許多時候，戰爭，不是因為實力的強大而戰勝敵人，而是因為氣勢的強大而壓倒敵人，也就是從心理上去壓倒對方，從而達到擊敗對方的目的。

柏舉之戰是春秋末期一次規模宏大、影響深遠的大戰，有史學家稱它為「東周時期第一個大戰爭」。吳國在經過六年的「疲楚」戰略後，一舉戰勝多年的強敵楚國，給長期稱雄的楚國以前所未有的重創，從而使吳國聲威大振，為吳國進一步爭霸中原奠定了堅實的基礎。柏舉之戰，孫武以三

萬兵力，擊敗楚軍二十萬，創造了中國戰爭史上以少勝多、快速取勝的光輝戰例。孫武作為一名傑出的軍事家，在這場戰爭中充分的發揮了他的軍事才能，化不利為有利，以弱勝強，打敗了兵力將近於自己七倍的楚國。

西元前二六四年至一四六年間，羅馬與非洲北部的迦太基為爭奪西地中海霸權一直進行連綿不斷的戰爭，史稱「布匿戰爭」（Bella punica，當時羅馬人稱迦太基人為布匿人）。在這場延續一百多年的戰爭中，以第二次布匿戰爭或稱漢尼拔戰爭，最為激烈和最具決定性的影響。

西漢末年，政治腐朽，經濟凋敝，民不聊生，危機四起。

外戚王莽抓住這一形勢，玩弄權術，奪取政權，建立了新朝，為了緩和激烈的社會矛盾，鞏固自己的政權，王莽上臺後進行「托古改制」，但是情況不但沒有改變，反而導致階級矛盾更加激化。廣大人民在忍無可忍的情況下，紛紛揭竿而起，以武力反抗新莽的統治。一時間起義烈火燃遍黃河南北和江漢地區，新莽王朝處於眾叛親離、風雨飄搖的境地。

當時起義軍的隊伍很多，其中尤以綠林、赤眉兩支聲勢最為浩大。他們在軍事上不斷打擊新莽勢力，逐漸向王莽統治腹心地區推進。新莽王朝不甘心就這樣退出歷史舞臺，拼湊力量進行最後的垂死反抗，起義於是進入了最後的進攻階段。昆陽之戰就是在這樣的歷史背景下爆發的。

新莽地皇四年（西元二三年）初，綠林軍各部趁王莽主力東攻赤眉，中原空虛之際，揮兵北上，在沘水（今河南泌陽境）擊滅王莽荊州兵甄阜、梁丘賜部。接著又在淯陽（今河南新野東北）擊敗嚴尤、陳茂的部隊，勢力迅速發展到十餘萬人。於是在二月間，推舉漢室後裔劉玄為帝，恢復漢制，年號更始。

更始政權的建立，象徵著起義進入新的階段，王莽在政治、軍事等各個方面日益陷入被動的地位。

更始政權建立以後，即帶領主力北上，圍攻戰略要地宛城（今河南南陽），並將隊伍開進到淄川一帶。為了阻止王莽軍的南下，保障主力展開行動，更始政權另派王鳳、王常和劉秀等人統率部分兵力，趁敵嚴尤和陳茂軍滯留於潁川郡一帶之際，迅速攻下昆陽（今河南葉縣）、定陵（今河南舞陽北）、郾縣（今河南郾城南）等地，與圍攻宛城的主力形成夾擊之勢。這為下一步進攻洛陽，與赤眉軍會師以及經武關西入長安，消滅王莽政權創造了有利的條件。

王莽政權對更始起義軍的戰略動向十分不安，於是就慌忙改變軍事部署，將主力由對付赤眉轉而對付更始軍。三月間，王莽派遣大司空王邑和司徒王尋奔赴洛陽，在那裡徵發各郡精兵四十二萬，號稱百萬大軍南進攻打更始軍，企圖以優勢的兵力與軍進行決戰，一舉而勝，以確保宛城，安定荊州，保障長安、洛陽的安全。

五月的時候，王邑、王尋率軍西出洛陽，南下潁川，在那裡與嚴尤、陳茂兩部會合，並迫使先期進抵陽關（今河南禹縣西北）的更始軍劉秀部撤回昆陽。然後，率軍繼續前進，一步步向昆陽逼近。

當四十二萬王莽軍逼近昆陽的時候，昆陽城中的更始軍只有八九千人。如何對付這群氣勢洶洶的強敵，更始軍意見開始時並不統一。有的將領認為敵我兵力相差太懸殊，不容易取勝，因而主張避免決戰，化整為零，先回根據地，再圖後舉。但劉秀反對這種消極的做法，主張集中兵力，堅守昆陽，遲滯、消耗王邑軍的兵力，掩護主力攻取宛城，然後尋找機會破敵。這時王邑的先頭部隊已逼近昆陽城北，在這緊急關頭，諸將同意了劉秀的建議。決定由王鳳、王常等率眾堅守城邑，另派劉秀、李軼等率十三騎乘夜出城，趕赴郾縣、定陵一帶調集援兵，支援昆陽。

王邑、王尋等人統率的新莽軍蜂擁到達昆陽城下後，將昆陽城團團圍困

住。這時曾與綠林軍交過手，深知其厲害的嚴尤向王邑建議說：「昆陽城易守難攻，而且更始軍主力正在宛城一帶，我軍應當繞過昆陽，迅速趕往宛城，先擊敗更始軍在那裡的主力，到時昆陽城就可以不戰而下。」然而王邑等人自恃兵力強大，根本聽不進嚴尤這一正確的建議，堅持先攻下昆陽，再進擊更始軍主力。於是調動全部兵力列營一百多座，不停地猛攻昆陽。並傲慢地揚言，「百萬之師，所過當滅，今屠此城，蹀血而進，前歌後舞，顧不快耶！」

四十餘萬王邑軍輪番進攻昆陽城，並挖掘地道，製造雲車，企圖強攻取勝。昆陽守軍路無可退，只有依靠城內人民的支持，同心合力抵抗，堅守危城，多次擊退了王邑軍的進攻，消耗了敵人的兵力，並帶給他們很大的挫折和打擊。

昆陽城屢攻不下，而軍心也日趨被動，嚴尤於是就再次向王邑建議：「圍城必須網開一面，使城中守軍逃出一部分到宛陽城下，去散布恐怖情緒，以動搖敵軍的軍心，瓦解敵軍的士氣。」可是剛愎自用的王邑聽不進嚴尤的這些意見。

劉秀等人到達定陵、郾縣後，說服了不願出兵的諸營守將，在六月初一率領步騎一萬多人支援昆陽。經過不斷的戰爭，這個時候的王邑軍已經很疲憊，銳氣也早已經喪失殆盡，這就為更始軍打敗王邑軍提供了有利的條件。

劉秀親自率領千餘名援軍步騎作為前鋒，在距王邑軍兩三公里處列成陣勢，準備開戰。王邑、王尋等人自恃兵力雄厚，驕妄輕敵，只派出數千人迎戰。劉秀率眾奮勇反抗，不斷地猛烈衝擊敵人，當場斬殺王邑軍數十人，首戰告捷，極大地振奮了士氣。

這時候，更始起義軍主力已攻占宛城三天，但捷報還沒有傳到昆陽。劉秀為了鼓舞全軍的士氣，動搖敵人的軍心，便製造了攻克宛城的戰報，用箭射入

昆陽城中；又故意將戰報遺失，讓王邑軍拾去傳播。這一消息一經散布，昆陽城中的守軍士氣更為高漲，守城的決心也更為堅決；而王邑軍則由於久攻昆陽城不下，且聽說宛城失陷，士氣更加沮喪。形勢開始有利於起義軍這一邊。

取得初戰的勝利以後，劉秀又善於捕捉戰機，抓住敵人士氣沮喪和主帥狂妄輕敵的弱點，精心挑選勇士三千人，出其不意地迂迴到敵軍的側後，偷偷地涉過昆水（今河南葉縣輝河），向王邑大本營發起極其猛烈的攻擊。就是到了這個時候，王邑等人還是輕視漢軍，不把劉秀放在眼裡，同時又擔心州郡兵失去控制，於是就下令各營勒卒自持，不准擅自出兵，而由自己和王尋率領萬人迎戰劉秀的衝殺。然而，王邑這一做法卻直接導致了最嚴重的惡果：在劉秀所率的精兵的猛烈進攻下，王邑手下的萬餘人馬很快陷入了被動挨打的困境，陣勢大亂。可諸將卻又因王邑有令在先，誰也不敢前去救援，致使王邑軍敗潰，王尋也做了刀下之鬼。昆陽城內的守軍見敵軍主帥已脫離部隊，敵軍陣勢已亂，也乘勢及時出擊，內外夾攻，殺聲震天動地，打得王邑全軍一敗塗地。王邑軍的將卒們見大勢已去，只得紛紛逃命，互相踐踏，積屍遍野。這時又恰遇大風飛瓦，暴雨如注，滍水劇漲，王邑軍涉水逃跑而被淹死的不計其數，使得滍水河的河水都無法流動，只有王邑、嚴尤等少數人狼狽逃脫，竄入洛陽。至北，更始起義軍徹底殲滅了王莽軍的主力，並盡獲其全部裝備和輜重，昆陽之戰以起義軍的輝煌勝利而結束。

在昆陽之戰中，王莽軍的兵力有四十二萬人，而更始起義軍守城和外援的總兵力加在一起也不過兩萬人。然而在兵力對比如此懸殊的情況下，起義軍竟能取得全殲敵人的輝煌勝利，這絕不是偶然的。歸結其原因，大概有以下幾條：政治上反抗王莽暴政統治，符合廣大民眾的願望和要求，因而能夠得到人民的擁護和支持，這正是昆陽之戰中起義軍取勝的深厚政治根源。軍事上，起義軍實施了堅守昆陽，牽制敵人，調集兵力，積極反攻的正確做

法，嚴重牽制了王邑軍的行動，消耗了它的實力，將戰場攻守的主動權牢牢地掌握在自己手中。在作戰指導的具體運用方面，起義軍勇敢拼殺，士氣高昂，又善於抓住敵軍的弱點，攻心打擊和軍事進攻雙管齊下，摧毀敵人的戰鬥意志，積小勝為大勝；並且能夠掌握最佳的戰機，選擇敵軍指揮部為首要進攻目標，將其一下子摧毀，使得敵軍處於群龍無首的境地，最終逃脫不了失敗的結局。

所以，《反經》上說，用兵打仗有「三勢」：即「氣勢」、「地勢」和「因勢」。將領勇猛輕蔑敵人，士卒奮力向前，三軍上下，壯志激蕩雲天，豪氣如同飄風，聲音如同雷霆，這就是所說的「氣勢」。關山蒼茫，長路狹險，峰高澗深，如龍蛇一樣彎曲，如羊腸一樣狹窄的山路，還有狗洞一樣的山門，一人據險把守，千人難以通過，這就是所說的「地勢」。要善於利用機會，因勢進攻，如敵人疲倦遲緩，勞頓饑渴，被風波侵擾驚嚇，將吏橫暴，為所欲為，前面軍隊尚未紮營，後面的軍隊仍在涉水渡河，這就是所說的「因勢」。善於用兵打仗的人，最會捕抓有利於我的形勢。形勢到來，酈食其勸說齊王田廣，攻克了齊國七十餘座城；謝安淝水一戰，打垮了前秦百萬大軍。大勢已去，項羽縱有拔山之力，也只能與虞姬相對而哭泣；田橫縱有背負大海的壯志，最終還是會被迫自殺。

所以說，有勝利帶來的威勢，鬥志會增加百倍。而敗軍的士卒，再難振奮。所以說，水性至柔至弱，卻能沖走石塊，這就是「勢略」的要旨。

人生，也需要「勢」去振奮你的精神，建立你的信心，增加你的鬥志。

攻心五四

孫子曰：「攻心為上，攻城為下。」

譯文

孫子說：「以攻心為上策，以攻城為下策。」

感悟人生

戰國時有人勸說齊王：「攻打一國的方法，以攻心為上策，以攻城為下策。心勝為上，兵服為下。所以聖智之人討伐他國、戰勝敵人，最要緊的是先使其心服。什麼叫『攻心』呢？斷絕他的憑恃就是『攻心』。現在秦所憑恃為心的，是燕國、趙國，應收回燕、趙的權力。如今勸說燕國、趙國的國君，不要只用空言虛辭，一定要給他們實利，用來回轉他們的心，這就是所說的『攻心』。」

善攻者，先攻其心，後攻其城。攻心者，智也；攻城者，力也。以智服人，恆久；以力壓人，暫短。所以孫子認為，攻城是下策，攻心才是上策。歷史事實也確實證明了這一點。

晉陽之戰，是春秋戰國之際，晉國內部四個強卿大族智、趙、韓、魏之間為爭奪統治權益而進行的一場戰爭。是役歷時兩年左右，以趙、韓、魏三家聯合攜手，共同攻滅智伯氏，瓜分其領地而告終。它對中國歷史的發展具有較大的影響，因為在這場戰爭之後，「三家分晉」的歷史新局面便逐漸形

成了，史家多將此視為揭開戰國歷史帷幕的重要分水嶺。這場戰爭也是因為人心向背而導致勝負的一次著名戰役。

春秋以來，長期不停地上演著你打我奪的戰爭，各大國的實力被嚴重地削弱了；而社會經濟、政治形勢的發展，又使各大國內部的各種矛盾日趨尖銳，各大國都感到難以為繼。而各小國長期以來苦於大國爭霸帶來的災難，更希望有一個和平的喘息間歇。在這種形勢下，弭兵之議隨之而起。向戌弭兵就標誌著大國爭霸的戰爭從此以後不會再發生了，當時社會的主要矛盾是各國內部的傾軋鬥爭。

歷史進入了春秋晚期。

這一時期，社會政治生活的主要形式是諸侯國中卿大夫強宗的興起和國君公室的敗落。當時連綿不斷的兼併、爭霸戰爭拖得各大國的諸侯均已筋疲力竭，這樣就給各國內部的卿大夫提供了絕好的機會，得以榨取民眾的剩餘勞動來累積財富和用損公室利民眾的方式來收買人心。這種情況的長期發展，使得一部分卿大夫逐漸強大起來，西周時期「禮樂征伐自天子出」的政治格局，在春秋前中期一變為「禮樂征伐自諸侯出」，這個時候再變為「自大夫出」了。

強大起來的卿大夫，也不可避免地互相兼併，進行激烈的戰爭。這在晉國表現得最為突出。在那裡，首先是十多個卿大夫的宗族財富和勢力一天天擴展，而其互相兼併的結果，則只剩下韓、魏、趙、智、中行、范六大宗族，是為「六卿」。這時，晉君的權力已基本被剝奪，國內政治全由「六卿」所主宰。爾後，「六卿」之間又因瓜分權益產生矛盾而進行火拼，火拼導致范、中行兩氏的覆滅。晉國於是只剩趙、韓、魏、智四大貴族集團。可是「四卿」之間也不能相安，將要來臨的是更大的衝突。這樣，便直接引起了晉陽之戰的爆發。

殲滅范、中行兩氏之後，智氏的智伯瑤專斷了晉國的國政，在四卿中他的實力最為雄厚。智伯瑤是一個沒有政治眼光、貪得無厭的貴族之身。這時，就憑藉自己的優勢地位，強行索取韓氏和魏氏的萬家之縣。韓康子、魏桓子無力跟智伯瑤抗爭，只好被迫割讓自己的大片領地給智氏。智伯此舉得手後，得隴望蜀，又把矛頭指向了趙襄子，獅子大開口向趙襄子索取土地。趙襄子不甘心受制於智伯，堅決拒絕了智伯向他索地的要求。

智伯被趙襄子不屈服的態度激怒了。他於是在周貞定王十四年（西元前四五五年）大舉發兵攻趙，並脅迫韓、魏兩氏出兵聯合作戰。趙襄子見三家聯軍前來進攻，自度寡不敵眾，便採納謀臣張孟談的建議，選擇了這些一心向趙賣力的人，並預先有準備地在晉陽城（今山西太原西南）進行固守。

智伯統率三家聯軍猛攻晉陽三月，又圍困一年多未果。聯軍屯兵堅城之下，慢慢地處於被動地位。而晉陽城中軍民卻是同仇敵愾，士氣始終高昂。智伯眼見戰事拖延兩年而進展甚微，不禁焦急萬分。他千方百計地想辦法，終於想出了引晉水（汾水）淹沒晉陽城的這一計畫。

於是，智伯命令士兵在晉水上游建築一個堤壩，造起一個巨大的蓄水池，再挖一條河通向晉陽城西南。又在圍城部隊的營地外，築起一道攔水壩，以防水淹了自己的人馬。工程竣工後，正值雨季來臨，連日大雨不止，河水暴漲，把蓄水池灌得滿滿的。智伯下令，掘開堤壩，一時間大水奔騰咆哮，直撲晉陽城。很快晉陽全城就被浸沒在水中了。城內軍民只好支棚而居住了，把鍋吊起來做飯吃，大病飢餓相逢，情況特別危險。但儘管這樣，守城軍民始終沒有動搖鬥志，仍堅守著危城。

韓、魏一起攻打趙氏，以前是出於被脅迫，現在他們親身經歷了智伯的殘暴，所以對此有很大的感受，開始感到趙如果滅亡後，自己也難免落得被兼併的下場，於是便對作戰行動採取消極應付的態度。趙襄子看出了韓、魏

兩氏與智伯之間這種滋長的矛盾，決心巧妙地加以利用。便派遣張孟談連夜逃出城外，祕密會見韓康子和魏桓子，用唇亡齒寒的道理，說服韓、魏兩家暗中倒戈。

趙、韓、魏三家密謀聯合在一起後，約好在一個夜間展開軍事行動：趙襄子在韓、魏的配合幫助下，派兵殺死智伯守堤的官兵，把衛護堤壩掘開了，放水倒灌智伯的軍營。智伯的部隊從夢中驚醒，亂作一團。趙軍乘勢從城中正面出擊，韓、魏兩軍則自兩翼夾攻，大破智伯軍，並擒殺智伯本人。三家乘勝進擊，盡滅智氏宗族，瓜分了他的土地，為日後「三家分晉」奠定了堅實的基礎。

在晉陽之戰中，趙襄子最會利用民心，激發戰士的銳氣，挫敗了智伯圍攻孤城、速戰速決的企圖;當智伯以水灌城，守城鬥爭進入最艱巨的階段時，趙襄子及守城軍民又臨危不懼，誓死抵抗，並利用韓、魏與智伯的矛盾，加以爭取，瓦解智伯的戰線，使其陷於徹底的孤立，為以後的決戰創造了有利的條件；當「伐交」鬥爭取得成功後，趙襄子又能制定正確的破敵之策，巧妙利用水攻，以其人之道還治其人之身，用水倒灌智伯軍營，予敵以出其不意的打擊，並及時掌握戰機，迅速全面出擊，取得了聚殲敵人的徹底勝利。由此可見，趙襄子之所以能在晉陽之戰中取得勝利，除了他本人卓越的政治、外交、軍事才能之外，最重要的還是他得到了人心。

智伯的失敗，在最大程度上是他自找的：他恃強凌弱，一味迷信武力，失卻民心，在政治上陷入了孤立；四面出擊，到處樹敵，在外交上陷入了被動；在作戰中，他長年屯兵於堅城之下，白白損耗許多實力；他昧於對「同盟者」動向的了解，以致為敵所乘；當被對方用水攻對付自己時，又不知所措，沒有及時的應變能力和組織有效的抵禦，終於身死族滅，最終為天下人所笑。說到底，還是因為他失去了人心。南征之戰也說明了攻心對戰爭勝負的影響之大。

南征之戰，是諸葛亮治理蜀國的一個重要政績的表現。在這次征戰中，諸葛亮把軍事行動與政治鬥爭等諸多因素結合起來，並成功地運用「攻心為上」的政策，勝利平定了南中叛亂，給後人留下了寶貴的經驗。

蜀國的四郡也是南中地區的一部分，即越巂、益州、永昌、牂牁，指今四川南部、雲南東北部和貴州西北部一帶。這裡除了住有漢族外，還聚居著許多少數民族，統稱「西南彝」。秦漢以來，由於漢族封建地主階級的壓迫和剝削，南中地區的民族矛盾十分尖銳，經常發生反抗活動。劉備占據益州後，為了穩定蜀國的政權，根據諸葛亮在隆中提出的搞好與西南少數民族關係的方針，採取了一些安撫措施。但是南中的豪強地主和一些少數民族的上層分子，為了能割據一方，就利用民族之間的不和，進行武裝叛亂。

後主建興元年（西元二二三年），益州郡（今雲南晉寧）大姓雍闓，殺太守正昂，又縛送繼任太守張裔到東吳，以換取孫權的支持。孫權即任命雍闓為永昌太守，互為聲援。雍闓又誘永昌郡人孟獲，使之煽動各族群眾叛蜀。緊接著，越巂郡（今四川西昌）的叟族首領高定元、牂牁郡（今貴州西部）太守（一說郡丞）朱褒，並皆回應，進行叛亂。

南中叛亂面臨的又一嚴峻局面是蜀國於夷陵被孫吳打敗之後，其時劉備剛死，後主劉禪即位，政權不穩定，加上孫吳、曹魏威脅在外，形勢十分危急。但輔佐後主的諸葛亮，臨事不慌，沒有倉促起兵，而是暫時「撫而不討」，命令各地閉關嚴守，息民殖穀。他還採取一系列措施，整頓政治，改革官職，修訂法制。諸葛亮還致書雍闓，爭取和平解決，但遭拒絕。同時急遣能言善辯的鄧芝，兩次赴吳，以劉孫聯盟共同抗曹的利害關係，說服孫權，重建了聯盟，這就減輕了外部壓力，孤立了叛亂分子。這樣，蜀漢政權獲得了喘息機會，透過整頓內政，形勢趨於穩定。與此同時，諸葛亮開始謀

劃平定南中的征戰。

後主建興三年（西元二二五年）春，諸葛亮親自率領大軍向成都南下。臨行，參軍馬謖獻策：「夫用兵之道，攻心為上，攻城為下，心戰為上，兵戰為下，願公服其心而已。」諸葛亮接受了這一意見，堅持軍事鎮壓和政治攻心相結合的方針。同時兵分三路：以門下督馬忠為牂牁太守，率東路軍由僰道（今四川宜賓）攻打據守在牂牁的朱褒；庲降都督領交州刺史李恢由中路從平夷進逼益州；諸葛亮率領主力軍從西路經水道進入越嶲攻打高定元。

由於充分的準備和戰前良好的訓練，蜀軍將士個個都很有氣勢，戰爭順利地展開了。諸葛亮的西路大軍順岷江至安上（今四川屏山），旋即西向進入越嶲地區。這時高定元已分別在旄牛（今四川漢源）、定笮（今四川鹽源）、卑水（今四川昭覺附近）一帶部署軍隊，修築營壘，對抗蜀軍。為了尋殲叛軍，諸葛亮在卑水停軍等待時機。高定元見蜀軍已到，忙把自己的軍隊從各處調集匯合起來，準備決戰。諸葛亮乘叛軍尚未完全調集部署之際，快速進軍，出其不意的突然襲擊，一舉消滅了叛軍，並殺死高定元，占領了越嶲郡。

與此同時，朱褒也被東路的馬忠給打敗了，馬忠占領了牂牁郡。李恢的中路軍於進軍路上，曾被圍困於昆明，時叛軍數倍於蜀軍，又未得諸葛亮的聲息，處境一度險惡。李恢故意揚言因糧盡要退軍，叛軍聞訊，信以為真，因而麻痺大意，圍守怠緩。李恢乘機突然出擊，大破叛軍，並與東、西路大軍相互呼應。諸葛亮指揮大軍繼續攻打南下，直指叛軍的最後據點益州郡。

這年五月，蜀軍冒著酷暑炎熱的夏季，穿過人煙稀少的荒山野嶺，渡過瀘水（金沙江），進入南中腹地，靠近益州郡。這時，叛軍的內部已經起了變化，叛亂頭目雍闓在內訌中被高定元的部下殺掉了，當地彝族首領孟獲繼統雍闓餘部，率叛軍對抗蜀軍。

攻心五四

孟獲是一位勇敢的作戰者，特別是他在少數民族中具有很高的聲望和很強的號召力。對於這樣的人物，諸葛亮採取了「攻心為上」的政策。於是，諸葛亮對部下下令，對於孟獲，只許活捉，不許傷害他。

諸葛亮是一位善於用計謀做事的人，蜀軍和孟獲軍隊交鋒的時候，蜀軍故意敗退下來。孟獲仗著人多，一股勁追了過去，很快就中了蜀兵的埋伏。南兵被打得四處而逃，孟獲本人就被活捉了。

孟獲被押到大營中，心裡想，這回一定是沒有活路了。沒想到進了大營，諸葛亮立刻叫人給他鬆綁，好言好語勸說他歸降。但是不服氣的孟獲說：「這次是我自己不小心，中了你的計，讓我心服是不可能的。」

諸葛亮也不勉強他，陪著他一起騎馬在大營外兜了一圈，讓他看清蜀軍的營壘和陣容，然後問孟獲：「您看我們的人馬怎麼樣？」

孟獲傲慢地說：「以前我沒弄清楚你們的虛實，所以敗了。今天承蒙您給我看了你們的陣勢，我看也不過如此。這樣的陣勢，我要打贏你們也是不難的。」

諸葛亮爽朗的笑了起來，說：「既然這樣，我們來個約定，如果我能抓到你七次，你就歸順蜀國，怎麼樣？」

孟獲不以為然地答應了。

孟獲被釋放以後，回到自己的部落，重整旗鼓，又一次進攻蜀軍。但是他本是一個有勇無謀的人，哪裡是諸葛亮的對手，第二次又被活捉了。諸葛亮二話沒說就把孟獲放回去了。

像這樣又放又捉，一直把孟獲捉了七次。

孟獲第七次被捉時，諸葛亮還要再次放他，孟獲卻不想走了，他流著眼淚說：「丞相七擒孟獲，信守諾言，說到做到，待我可以說是仁至義盡了，我打心底裡佩服你了，當初的約定哪能不遵守呢？從今以後，我再也不會反了。」

南中叛亂本是當地豪強大族和少數民族上層分子挑起的不義之戰，沒有群眾基礎，是得不到人民真正的支持的；而諸葛亮是平叛措施得當的人，注意政治影響，因此消滅了戰亂，戰爭進展順利，春天出兵，秋天即告勝利，消滅了叛亂力量。

平定叛亂之後，諸葛亮即施「和彝」政策，這也是他攻心政策的繼續。撤軍是他首先要做的。叛亂平定後，諸葛亮就從南中撤出了軍隊，一個兵也沒有留下，從而緩和和消除了與當地少數民族的一些矛盾，使「綱紀粗安」、「彝漢粗安」。同時，盡量任用當地有影響的人物做官。如任命李恢、王伉、呂凱為南中諸郡守，孟獲為御史中丞等等，透過他們加強了蜀漢在南中的統治。諸葛亮還注意南中的經濟開發，從內地引來比較先進的生產技術，如引進牛耕，以改變當地落後的刀耕火種的方法，提高了這一地區的農業生產力，從而吸引了許多原以狩獵為生的少數民族「漸去山林，徙居平地，建城邑，務農桑」，走向定居的農業生產。開發南中，也給蜀漢政府增加了大量收入，「軍資所出，國以富饒」。諸葛亮鎮撫南中的成功，解除了蜀漢以後的麻煩，得到了物力和人力的支持，使他可以專心對付曹魏，向北進軍攻打曹魏的戰爭從此也就開始了。

武王利用人心所向，戰勝了殘暴的商紂王，以他的清明史治贏得了百姓的稱讚；諸葛亮「攻心為上」平定了南中叛亂，特別是七擒孟獲，更是將攻心之術運用到了極致。

人心所向，可以決定一個國家的興衰，人心所向，可以決定一場戰爭的勝負。治國也好，戰爭也好，管理企業也好，都要注意人心所向，要充分利用人心，獲得大多數人的支持，為最終的勝利奠定堅實的基礎。

伐交五五

孫子曰：「善用兵者，使交不得合。」

譯文

孫子說：「善於用兵打仗者善將威勢施加於敵國，使其無法與他國結盟。」

感悟人生

在雙方力量對比懸殊的情況下，正面的進攻往往是徒勞的，不但會大大損傷自身的實力，而且還會把自己暴露在敵人手下，而且費人、費力，最後可能會因為「以卵擊石」而粉身碎骨。這個時候，為了避免這些不必要的損失，不妨採用迂迴、側攻的方式，不但保存了實力，而且最後還可能會取得意想不到的勝利。不失為一種明智的策略。

春秋初期，周天子的地位事實上已經架空，群雄並起，逐鹿中原。鄭莊公在此混亂局勢下，巧妙地運用「遠交近攻」的策略，取得了當時的霸主地位。當時，鄭國近鄰的宋國、衛國與鄭國積怨很深，矛盾十分尖銳，鄭國時刻都有被兩國夾擊的危險。於是，鄭國在外交上採取主動的策略，與邾、魯等國結盟，不久，又與實力強大的齊國在石門簽訂了盟約。

西元前七一九年，宋、衛聯合陳、蔡兩國共同攻打鄭國，魯國也派兵助戰，將鄭國東門圍困了五天五夜。雖未攻下，鄭國已感到本國與魯國的關係

還存在問題，便千方百計想與魯國重新和好，共同來對付宋、衛兩國。

西元前七一七年，鄭國以幫郲國雪恥為名，進攻宋國。同時，向魯國積極發動外交功勢，主動派使臣到魯國，商議把鄭國在魯國境內的訪枋交歸魯國。果然，魯國與鄭重修舊誼。齊國當時出面調停鄭國和宋國的關係，鄭莊公表示尊重齊國的意見，暫時與宋國修好。因此齊國也對鄭國加深了感情。

西元前七一四年，鄭莊公以宋國不朝拜周天子為由，代周天子發令攻打宋國。鄭、齊、魯三國大軍很快攻占了宋國大片土地，宋、衛軍隊避開聯軍鋒芒，乘虛攻入鄭國。鄭莊公把占領宋國的土地全部送與齊、魯兩國，然後迅速回兵，大敗宋、衛大軍，接著又乘勝追擊，打敗了宋國，衛國被迫求和。鄭莊公的勢力不斷，霸主地位逐漸形成。

春秋時期的晉國想一起消滅鄰近的兩個小國：虞和虢，這兩個國家之間關係不錯。晉如襲虞，虢會出兵救援；晉若攻虢，虞也會出兵相助。大臣荀息向晉獻公獻上一計。他說，要想攻占這兩個國家，必須要離間他們，使他們互不支持。虞國的國君貪得無厭，可以投其所好。他建議晉獻公拿出心愛的兩件寶物，屈產良馬和垂棘之璧，送給虞公。獻公哪裡捨得？荀息說：「大王放心，只不過讓他暫時保管罷了，等滅了虞國，一切不都又回到你的手中了嗎？」於是獻公依計而行。虞公得到良馬美璧，高興得連嘴都合不上了。

晉國故意在晉、虢邊境製造是非，伐虢的藉口讓他找到了。晉國要求虞國借道讓晉國伐虢，虞公得了晉國的好處，只得答應。虞國大臣宮子奇再三勸說虞公，這件事使不得的，虞虢兩國，唇齒相依，虢國一亡，唇亡齒寒，晉國是不會放過虞國的。虞公卻說，交一個弱朋友去得罪一個強而有力的朋友，那是不划算的事，也是傻瓜才會那樣去做的。

晉國大軍通過虞國的道路，攻打虢國，很快取得了的勝利。班師回國時，把劫奪的財產分了許多給虞公。虞公更是大喜過望。晉軍大將里克，這時裝病，稱不能帶兵回國，暫時把部隊駐紮在虞國京城附近。虞公毫不懷

疑。幾天之後，晉獻公親率大軍前去，虞公出城相迎。獻公約虞公前去打獵。不一會兒，只見京城中起火。虞公趕到城外時，京城已被晉軍裡應外合強占了。虞國就這樣被晉國輕而易舉地消滅了。

春秋末期，齊簡公派國書為大將，起兵攻打魯國。形勢危急的魯國不如齊國的實力。孔子的弟子子貢分析形勢，認為惟吳國可與齊國抗衡，可借吳國兵力挫敗齊國軍隊。於是子貢遊說齊相田常。田常當時蓄謀篡位，急欲剷除異己。子貢以「憂在外者攻其弱，憂在內者攻其強」的道理，勸他莫讓異己在攻弱魯中輕易主動擴大勢力，而應攻打吳國，借強國之手剷除異己。田常心動。但因齊國已作好攻魯的部署，轉而攻吳怕師出無名。子貢說：「這事好辦。我馬上去勸說吳國救魯伐齊，這不是就有了攻吳的理由了嗎？」田常高興地同意了。子貢趕到吳國，對吳王夫差說：「如果齊國攻下魯國，勢力強大，必將伐齊，大王不如先下手為強，聯魯攻齊，吳國不就可抗衡強晉，成就霸業了嗎？」子貢馬不停蹄，又說服趙國，派兵隨吳伐齊，解除了吳王的後顧之憂。子貢遊說三國，達到了預期目標。但他又想到，吳國戰勝齊國之後，定會要脅魯國，魯國並不能真正解危。於是他又偷偷跑到晉國，向晉定公陳述利害關係：吳國伏魯成功，必定轉而攻晉，占領整個中原。勸說晉國注意以後的備戰，以防吳國進犯。

諺語說：如果用繩子綁在一起的雞不能一起上架棲息，那就分開它們，逐個瓦解。善於用兵打仗的人是深得其中道理的，所以他們才能取得戰爭的勝利。這就是所謂的「伐交」。

在現實生活中，我們身邊也不乏這樣的例子。比如一件事情以我們目前的力量是無法做到的，那麼我們不妨迂迴一下，從另外一種途徑，換一種方法去實現它。

在現代企業管理中，一些精明的領導人，更是懂得迂迴側攻的重要性。

當面對強大的競爭對手時，他們並不直接與對手交鋒，而是避其鋒芒，選擇對手不注意的地方作為突破口，從而取得最後的勝利。

格形五六

孫子曰：「安能動之。」又曰：「攻其所必趨。」

譯文

孫子說：「怎麼樣才能使敵軍移動呢？那就要攻擊他必定要去援救的地方。

感悟人生

有時為了靈活機動地殲滅敵人，有意不與敵人正面交鋒，而是突襲其後方根據地，這樣就會取得事半功倍、一箭雙雕的效果。這其中為軍事家同聲稱許的著名戰例，就是「圍魏救趙」。

西元前三五四年，魏惠王以欲釋失中山的舊恨為由，讓大將龐涓去攻打中山。這中山原本是東周時期魏國北鄰的小國，被魏國收服，後來趙國趁魏國國喪伺機將中山強占了。魏將龐涓認為中山不過彈丸之地，距離趙國又很近，不如直打趙國都城邯鄲，這樣下來，不但解了以前的舊恨又得了新的土地，兩全其美。

魏王同意了龐涓的想法，非常高興地認為自己的霸業就要從這裡開始了，於是封龐涓為將軍，又給了他五百戰車，直奔趙國並圍了趙國都城邯鄲。趙王急難中只好求救於齊國，並許諾解圍後以中山相贈。齊威王答應了，任命田忌為將軍，並起用從魏國救得的孫臏為軍師領兵出發。孫臏曾是

龐涓的同學，對用兵之法諳熟精通。魏王用重金將他聘得，當時龐涓也正事奉魏國。龐涓感覺自己能力不如孫臏，又怕他會有一天高過自己，遂以毒刑將孫臏致殘，斷孫兩足並在他臉上刺字，企圖使孫不能行走，又羞於見人。後來孫臏裝瘋，得到了一位齊國使者的幫助，終於逃到了齊國。這是龐涓與孫臏之間的一段宿怨。

當田忌與孫臏帶領士兵進入魏趙交界的地方時，田忌想直逼趙國邯鄲，孫臏制止說：「解亂絲結繩，不可以握拳去打，排解爭鬥，不能參與搏擊，平息糾紛要抓住要害，乘虛取勢，雙方因受到制約才能自然分開。現在魏國全國的精兵良將都出來了，要是我們直接進攻的話，那龐涓必回師解救，這樣一來邯鄲之圍定會自解，我們再於中途伏擊龐涓，其軍必敗。」田忌依計而行。果然，魏軍離開邯鄲，回去的路上又陷入埋伏，和齊國軍隊在桂陵展開了戰鬥。魏部卒長途疲憊，潰不成軍，龐涓勉強收拾殘部，退回大梁，齊師大勝，趙國之圍遂解。這便是歷史上有名的「圍魏救趙」的故事。又後十三年，齊魏之軍再度相交於戰場，龐涓復又陷於孫臏的伏擊，自知智窮兵敗遂自刎。孫臏因此而聞名於天下，他的兵法被世人廣為流傳。

戰爭中「圍魏救趙」的例子可以說有很多，而在現實生活中如果你能巧用圍魏救趙，也會使自己的生活開心很多。特別是在家庭中出現矛盾時，雙方會為一時之氣互不相讓，這時負責調解的一方就要運用智慧來解決而不是簡單地分析誰對誰錯，看看下面這個圍魏救趙的故事，也許會給你很多有益的啟示。

小青是一家雜誌社的編輯，工作比較自由，不用每天朝九晚五的上下班。她習慣於每天下午和晚上工作，早上可以睡到自然醒。她與阿偉已經結婚三年了，一直住在婆家。剛開始兩代人之間還相安無事，因為公公婆婆還沒退休，每天早晨與阿偉各自吃完早飯就去上班了，家裡就剩下小青一個人，自由自在地想睡到幾點就幾點，然後起來梳洗打扮，做點自己的事情。可最近，小青感到越來越不方便了，原來婆婆退休了，在家裡沒事做，每天很早就起來忙，弄得家裡很吵，覺睡不成不說，起床後還得陪著婆婆說話聊天，再說了，自己做點什麼總覺得有雙眼睛在後面看著，讓小青感到很不自在。婆婆在原本的工作也是個主管，由於常年上班，養成了早睡早起的習慣。她平時也體諒小青工作的特殊性，再加上不影響自己的生活，也就不加干涉。但現在退休了，每天早晨早早起來後，為家人做早飯、收拾房間，做完一大堆家事後還不到八點，看著兒媳還不起床，心裡總覺得不快。再加上在家待著沒事，也想找個人說說話。小青和阿偉商量：「想個什麼方法能讓老人每天早晨出門走走，既豐富了老人的退休生活，又使自己的生活不受打擾呢？」

經過一段時間的考慮和調查，還真讓阿偉想出了一個兩全其美的方法。他家離公園不遠，他發現附近退休的老年人一大早就直奔公園，散步、打拳、跳舞、下棋、唱歌、唱戲……有些老太太們還帶上毛線鉤針等，運動完身體後找個地方聚在一起相互學習編織技藝。於是阿偉拿了一份公園的宣傳文宣品給母親，母親接過兒子給她的文宣品時嘴裡還說：「好多年沒好好去過公園了，再說了，就我自己一個人，多沒意思吶！」但是受不了阿偉的央求，想說就去幾天讓兒子開心也好。開始幾天，老人去得早回來得也早，可漸漸地，老人在公園找到了伴，回來得越來越晚了，後來，乾脆也買了毛線棒針等，早晨去公園學習新花樣，回家來就忙於編織，第二天帶上成果與別人比較，再也沒時間挑小青的毛病了。經過一段時間，老人不但為家庭的每個成員都織了新毛衣，聽著家人的誇獎，而且還很高興地表示以後會給他們織出更漂亮的花色和樣式。

我們都知道，兩代人的生活習慣是不一樣的，在發生衝突時，兩個人的精力全用在找對方的不是上，這時阿偉如果貿然相勸，不但不會使問題得到解決，弄不好還會把矛頭指向自己。阿偉運用「圍魏救趙」的計策，讓老人不得不分出精力來顧及另一件事情，既讓老人自娛自樂，豐富了退休生活，

又為老婆解了圍，化解了婆媳之間的矛盾，同時，自己和家人還穿到了老人織的毛衣，可謂是一舉三得。

如果你在生活或事業中遇到類似的煩惱，不妨也用用這招，也許會有意想不到的收穫。

蛇勢五七

故孫子曰：「故善用兵者，譬如率然；率然者，常山之蛇，擊其頭則尾至，擊其尾則首至，擊其中則首尾俱至。」

譯文

孫武說：「善於用兵打仗的人，就像『率然』一樣。『率然』是常山的一種蛇，打它的頭，尾就來救應；打它的尾，頭就來救應；打它的中部，頭和尾都來救應。」

感悟人生

一個善於用兵打仗的人，要懂得分化、瓦解敵人。在特殊的情況下，甚至要網開一面，避免把敵人逼急了，負隅死戰，由此給自己帶來不必要的傷害。諺語說：「把士卒放在自己的領地內和敵人作戰，士卒在危急時就容易逃散，因此在這種情況下，即使是六親也不能彼此相保。而在風雨飄搖中共處一艘船上，即使是曾經相互仇視的胡人和越人，也不用擔心他們在此時會存有異心。」所以孫子說：「善於打仗的人，就像能首尾相顧的常山蛇『率然』一樣。」

在十六國諸侯紛爭的歷史條件下，北魏開始了統一北方的戰爭。它雖然面臨諸多對手，情況複雜多變；但能審時度勢，確定先後打擊的目標，採取靈活機動的戰略戰術，達到各個擊破的目的。

鮮卑族拓跋部建立了北魏。鮮卑拓跋部原居於今東北興安嶺一帶，後漸南遷至蒙古草原，以「射獵為業」，靠遊牧為生。東晉咸康四年，他們的首領什翼犍稱代王，建代國，都盛樂。後為前秦苻堅所滅。北魏登國元年，什翼犍的孫子拓跋珪繼續稱代王，不久改國號為魏，制定典章，重建國家，史稱北魏，拓跋珪即太祖道武帝。皇始元年八月，拓跋珪敗北燕，占有今山西、河北地區，同時遷都平城。一部分來到中原的拓跋部，受到漢族先進文化的影響，實行「分土定居」，開始由遊牧經濟轉向農業經濟，並引用漢人士族，建立封建制度。北魏從原始末期的家長奴隸制轉向封建制的發展過程，就是從這裡開始的。

拓跋珪死後，長子明元帝拓跋嗣繼位，嗣死，其子拓跋燾即位，是為世祖太武帝，在他的帶領下，北魏開始了統一北方的戰爭。

拓跋燾，字佛貍，「聰明大度」的意思，是北魏一位傑出的君主。

拓跋燾繼承了皇位以後，實行了很多的措施，如整頓稅制，分配土地給貧人，安置流民，引用大批漢人參政，旨在加強北魏的封建化過程，加強與中原地主的結合，穩定社會，發展經濟。在這些措施的施實之下，北魏逐漸地強大，為拓跋燾將來一統北方打下了基礎。

十六國的後半期正是北魏建國和發展時期。拓跋燾即位後國家日益強盛，南方的東晉已為劉裕的劉宋王朝所取代，北方則還有西秦、夏、北燕、北涼等割據政權的並立與紛爭，北魏的北邊還有蠕蠕（又稱柔然、芮芮），經常南下侵擾北魏。拓跋燾君臨中原之後，即把平定北方提上議程，但到底是先去取哪一個，統治集團內部沒有達成統一的意見。及始光三年，西秦主乞伏熾磐遣使朝魏，請討夏國。北魏大臣們還是意見不一致，有的主張先伐蠕蠕，有的主張先伐北燕。北方士族出身的崔浩則認為「赫連氏（夏主）土地不過千里，政刑殘虐，人神所棄，宜先伐之」。時拓跋燾舉棋不定。同

年九月，拓跋燾聞夏主赫連勃勃已死，子赫連昌嗣位，內部政治動盪，所以夏國就順理成章的成了他們攻打的第一個對象。

夏國在關中，由赫連勃勃建立，屬匈奴族鐵弗部，其父劉衛辰就是拓跋部的死敵。赫連勃勃先依後秦姚興，後奪取了長安，占有了關中，自稱帝，建都統萬，因任性屠殺臣民，搞得「夷夏囂然，人無生賴」，國力衰弱。所以北魏作出討伐夏國的決定是正確的，兵法中善於分化瓦解敵人，實施各個擊破，往往能夠以少勝多，取得戰爭的勝利。

在國際「商戰」中，分化瓦解的戰術也經常被運用得淋漓盡致，用以分化和削弱對手的競爭力量。例如英法聯合試製協和號客機（Concorde），對美國在歐洲的客機市場威脅很大。於是美國就拉攏英國，破壞了協和號客機的進一步生產，從而繼續保持西歐大型客機市場。又如一九五〇年代美國電子產品大量進入日本，日本索尼公司卻把它改進得更完善，闖進美國市場，迫使美國產品退出在日本市場的壟斷地位。其他如英國蒂林集團（Thomas Tilling）用收購股票的方法把對手的聯合公司爭取過來；劍橋諮詢公司則善於以高價挖角對手的科學家為自己所用。這些都分化和削弱了對手，壯大了自己的力量。可見，在競爭激烈的市場中，當你遇到類似的情況時，不妨也用一下這個策略，你也許就能輕鬆地戰勝對手。

有一位老師，當他發現學生中出現偏差行為時，他沒有當眾責罵他們，而是私下裡找他們談心，動之以情，曉之以理，分化瓦解，各個擊破，實行攻心戰術，避免了與學生發生正面衝突，使他們一個個心服口服，收到了很好的教育效果。

先勝五八

孫子曰：「善用兵者，先為不可勝，以待敵之可勝。」

譯文

孫子說：「善於用兵打仗的人，首先要創造條件，使自己不致被敵人戰勝，然後等待和尋求敵人可能被我軍戰勝的時機。」

感悟人生

作為一個善於用兵打仗的人，要盡可能創造條件，爭取主動。在條件不成熟時，就要設法避開敵人的鋒芒，而後等待機會，尋求戰勝敵人的機會。

在春秋初期，楚國逐漸強盛起來，楚將子玉率師攻晉。楚國還脅迫陳、蔡、鄭、許四個小國出兵，配合楚軍作戰。此時晉文公剛攻下依附楚國的曹國，明知晉楚之戰不可避免。

子玉率部浩浩蕩蕩向曹國進發，晉文公聞訊，分析了形勢。他對這次戰爭的勝敗沒有把握，楚強晉弱，其勢洶洶，他決定暫時後退，避其鋒芒。對外假意說道：「當年我被迫逃亡，楚國先君對我以禮相待。我曾與他有約定，將來如我返回晉國，願意兩國修好。如果迫不得已，兩國交兵，我定先退避三舍。現在，子玉伐我，我就該實行諾言了，先退三舍。（古時一舍為三十里。）」

晉文公退後九十里，已到晉國邊界城濮，仗臨黃河，靠太行山，足以禦敵。並且他已事先派人往秦國和齊國求助。

子玉率部追到城濮，晉文公早已嚴陣以待。晉文公已探知楚國左、中、右三軍，以右軍最薄弱，右軍前頭為陳、蔡士兵，他們本是被脅迫而來，並無鬥志。子玉命令左右軍先進，中軍繼之。楚右軍直撲晉軍，晉軍忽然又撤退，陳、蔡軍的將官以為晉軍懼怕，又要逃跑，就緊追不捨。忽然晉軍中殺出一支軍隊，駕車的馬都蒙上老虎皮。陳、蔡軍的戰馬以為是真虎，嚇得亂蹦亂跳，轉頭就跑，騎兵哪裡控制得住。楚右軍大敗。晉文公派士兵假扮陳、蔡軍士，向子玉報捷：「右師已勝，元帥趕快進兵。」子玉登車一望，晉軍後方煙塵蔽天，他大笑道：「晉軍不堪一擊。」其實，這是晉軍誘敵之計，他們在馬後綁上樹枝，來往奔跑，故意弄得煙塵蔽日，製造假象。子玉急命左軍並力前進。晉軍上軍故意打著帥旗，往後撤退。楚左軍又陷於晉國伏擊圈，又遭殲滅。等子玉率中軍趕到，晉軍三軍合力，已把子玉團團圍住。子玉這才發現，右軍、左軍都已被殲，自己已陷重圍，急令突圍。雖然他在猛將成大心的護衛下，逃得性命，而部隊喪亡慘重，只好悻悻回國。

這個故事中晉文公的幾次撤退，都不是消極逃跑，而是主動退卻，尋找或製造戰機。

努爾哈赤、皇太極都早有入主中原的計畫，但直到去世也未能如願以償。順治帝即位時，年齡只有七歲，由於年齡太小，朝廷的權力都集中在攝政王多爾袞身上。多爾袞對中原早就有攻占之意，想在順治手上建立功業，已遂父兄未完成的入主中原的遺願，所以一直虎視眈眈地注視著明朝的一朝一夕。

到明朝末年，政治腐敗，民不聊生。崇禎皇帝宵衣旰食，倒想振興大明。可是，他猜疑成性，賢臣良將根本不能在朝廷立足，他一連更換了十幾個宰相，又殺了明將袁崇煥，而他的周圍都是些奸邪小人，最後明朝的崩潰已成定局。

尋找機會，把握有利時機才會取得戰爭的勝利，以上的這些戰事都說明

了這一點。在我們的日常生活中，許多事情也需要尋找時機，善於把握機遇。有語云：真正的智者是尋找機會，只有懶惰的人才會等待機會。一個人之所以會成功就是因為他善於利用機會。

圍師五九

孫子曰：「圍師必闕。」

譯文

孫子說：「包圍敵人，要留有缺口。」

感悟人生

在戰爭中對敵人網開一面，因勢導之，是善戰者面對被圍困敵人靈活採取的策略。目的是為了避免敵人因絕望而拼死一戰，給己方帶來不該有的災害和麻煩。歷史上有很多善於指揮作戰的將領，都知道有效地利用這個方法。

西元一六四二年，李自成率部隊圍困開封。他的部隊已完成了對開封的包圍部署。

崇禎皇帝連忙調集各路兵馬以援救開封。明軍二十五萬兵馬和一萬輛炮車增援開封，全集中在離開封西南四十五里的朱仙鎮。

為了不讓援軍與開封守敵合為一股，李自成在開封和朱仙鎮分別布置了兩個包圍圈，把明軍分割開來。同時，又在南方交通線上挖一條長達百里、寬為一丈六尺的大壕溝，一為了斷明軍糧道；二為了斷明軍退路。明軍各路兵馬，各自心懷鬼胎，互不買帳。李自成兵分兩路，一路突襲朱仙鎮南部的虎大威的部隊，製造出「打草驚蛇」的效果，一路牽制力量最強的左良玉部隊。擊潰虎大威部後，左良玉果然因被圍困得難以脫身，人馬損失過半，拼命往西南突

圍。李自成故意放開一條路，讓敗軍潰逃。哪知，左良玉退了幾十里地又遇截擊，面對李自成挖好的大壕溝，馬過不去，士兵只得棄馬渡溝，倉皇逃命。

這時，等在此處的伏兵迅速出擊，明軍沒有任何的準備，結果是人仰馬翻，屍填溝塹，全軍覆沒。

不管是做人還是做事，都不能趕盡殺絕。很多時候，給別人留條退路，也是給你自己留條退路。

變通六十

孫子曰：「善動敵者，形之，敵必從之。」

譯文

孫子說：「要想調動敵人，就要會用假象欺騙敵人，敵人一定會上當的。」

感悟人生

在特殊的情況下，製造假象，矇騙敵人，不失為戰勝敵人的一個重要法寶。在中國歷史上，這樣的事例有很多。

春秋時候，晉國的奸臣屠岸賈鼓動景公滅掉趙氏家族。屠岸賈率三千人把趙府團團圍住，把趙家全家老小，殺得一個不留。幸好趙朔之妻莊姬公主已被祕密送進宮中。屠岸賈聞訊欲趕盡殺絕，要晉景公殺掉公主。然景公念在姑姪情分，不肯殺公主。公主已身懷有孕，屠岸賈見景公不殺她，就定下斬草除根之計，準備殺掉嬰兒。公主生下一男嬰，屠岸賈親自帶人入宮搜查，公主將嬰兒藏在懷中，才躲過了搜查。

屠岸賈盤算嬰兒已偷送出宮，立即懸賞緝拿。

趙家的忠實門客公孫杵臼與程嬰商量救孤之計，最後想出一個辦法：如能將一嬰兒與趙氏孤兒對換，我帶這一嬰兒逃到首陽山，你便去告密，讓屠賊搜到那個假趙氏遺孤，方才會停止搜捕，趙氏嫡脈才能保全。程嬰的妻子

此時正生了一男嬰，他決定用兒子替代趙氏孤兒。他以大義說服妻子忍著悲痛把兒子讓公孫杵臼帶走。程嬰依計，向屠岸賈告密。屠岸賈迅速帶兵追到首陽山，在公孫杵臼居住的茅屋，搜出 —— 個用錦被包裹的男嬰。於是屠賊摔死了嬰兒。他認為已經斬草除根，放鬆了警戒。在忠臣韓厥的幫助下，一個心腹假扮醫生，入宮給公主看病，用藥箱偷偷把嬰兒帶出宮外，程嬰聽說自己的兒子已經被屠賊摔死，他強忍悲痛，帶著孤兒逃到了外地。

過了十五年，孤兒已經長大成人，他知道自己的身世後，在韓厥的幫助下，兵戈討賊，殺了奸臣屠岸賈，報了自己的大仇。

程嬰見趙氏大仇已報，陳冤已雪，不肯獨享富貴，於是拔劍自刎，他與公孫杵臼合葬一墓，後人稱為「二義塚」。他們的名字千古流傳。

當然，不是所有的假象都是好的，我們常常會見到用假象迷惑別人的事情，我們自己也常會被別人製造的假象所迷惑。這時我們就要睜大眼睛，明辨事非，透過假象看出事實的真相，不至於被假象迷惑。

利害六一

孫子曰：「陷之死地而後生，投之亡地而後存。」又曰：「雜於利而務可伸，雜於害而患可解。」

譯文

孫子說：「讓士卒陷入『不疾戰則亡』的『死地』然後可以得生；把士卒投入危亡之地，然後可以保存。」又說：「在有利情況下考慮到不利的方面，事情就可以進行；在不利的情況下考慮到有利的方面，禍患就可以解除。」

感悟人生

利與害，是相輔相成，彼此依存的。能化害為利的人，必是智者、勇者。韓信「背水一戰」，大獲全勝，就是化害為利的典範。沒有卓絕的膽識，沒有對敵我雙方情況的深入充分了解，是不敢也不會採用如此戰術的。

孫子說：「部隊陷入不戰則亡的境地，就不恐懼了。」因為迫不得已，只能苦鬥。所以，這樣的軍隊不用整治就加強戒備，不用要求就能完成任務，不用約束就能親近相助，不用申令就能信守紀律。把他們投放不戰就不能返回，在這樣的絕境作戰，需要將領有超凡的勇氣。說的就是這個道理。

自從秦朝滅亡了以後，各路諸侯都開始逐鹿中原。可是到了後來，只有項羽和劉邦的勢力最強大了。而其他諸侯，有的被消滅，有的急忙尋找靠山。趙王歇在鉅鹿之戰中，看到項羽是個了不得的英雄，所以，心中十分佩

服，於是，在楚漢相爭時期，就投靠了項羽。

而劉邦為了削弱項王的力量，命令韓信、張耳率兩萬精兵攻打趙王歇的勢力。趙王歇聽到消息之後，呵呵一笑，心想：自己有項羽作靠山，又控制著二十萬人馬，還會怕韓信、張耳不成。

當時，趙王歇親自率領二十萬大軍駐守井陘，準備迎敵。而韓信、張耳的部隊也向井陘進發，他們在離井陘三十裡外安營紮寨，兩軍形成了對峙的局面，一場大戰近在眼前。

其實，韓信已經分析了兩邊的兵力，由於敵軍人數比自己的多上十倍，硬拼攻城，恐怕不是敵方的對手，如果久拖不決，自己的軍隊又經不起消耗，經過反覆思考，他定下一條妙計。他召集將軍們在營中部署：命一將領率兩千精兵到山谷樹林隱蔽之處埋伏起來，等到我方軍隊與趙軍開戰後，就佯敗逃跑，趙軍肯定傾巢出動，追擊我們的軍隊。這個時候，你們迅速殺入敵營，插上我軍的軍旗。他又命令張耳率軍一萬，在綿延的河東岸，擺下了背水一戰的陣式。然後，自己親自率領著八千人假裝正面進攻趙軍。

在第二天天剛剛亮的時候，就聽見韓信營中的戰鼓隆隆，那是韓信親率大軍向井陘殺來：趙軍主帥陳餘，早有準備，立即下令出擊。兩軍殺得個昏天黑地。韓信早已部署好了，此時一聲令下，部隊立即佯裝敗退，並且故意遺留下大量的武器及軍用物資。陳餘見韓信敗，大笑道：「區區韓信，怎是我的對手？」於是他下令追擊，決心要將韓信的部隊全部殲滅。

韓信帶著敗退的隊伍撤到了綿延的河邊，與張耳的部隊會合成為一支。韓信對士兵們進行動員：「前邊是滔滔河水，後面是幾十萬追擊的敵軍，我們已經沒有退路，只能背水一戰，擊潰追兵。」士兵們知道已無退路，個個奮勇爭先，決心要與趙軍拼個你死我活。

就在陳餘想著要全殲韓信的部隊的時候，他沒有料到的是，韓信、張耳會突然率部殺了回來，而他的部隊認為以多勝少，勝利在握，鬥志已不算旺盛，再加上韓信故意在路上遺留了大量軍用物資，而士兵們你爭我奪，隊伍中一片混亂的情景。

銳不可擋的漢軍就這樣衝進了趙軍的陣中，直殺得趙軍丟盔棄甲，一片狼藉。這也正是「兵敗如山倒」，陳餘下令馬上收兵回營，準備修整之後，再與漢軍作戰。當他們退到自己大營前面時，只見大營那邊飛過無數箭來，射向趙軍。陳餘在慌亂中時，才注意到營中已插遍漢軍軍旗。趙軍驚魂未定，營中漢軍已經殺出，與韓信、張耳從兩邊夾擊趙軍。張耳一刀將陳餘斬於馬下，趙王歇也被漢軍生擒，趙軍的二十萬人馬傾刻之間已經全軍覆沒。

「背水一戰」的典故也就是因為這個故事而得名的。

不過，還有一個故事也是大家熟知的，那就是孫臏賽馬的故事，他在田忌的馬總體上不如對方的情況下，巧變劣勢為優勢，使田忌仍以二比一獲勝。但是，運用此法也不可生搬硬套。春秋時齊魏桂陵之戰，魏軍左軍最強，中軍次之，右軍最弱。齊將田忌準備按孫臏賽馬之計如法炮製，孫臏卻認為不可。他說，這次作戰不是爭個二勝一負，而是以大量消滅敵人為目的。於是用下軍對敵人最強的左軍，以中軍對勢均力敵的中軍，以力量最強的部隊迅速消滅敵人最弱的右軍。齊軍雖有局部失利，但敵方左軍、中軍已被鉗制住，右軍很快敗退。田忌迅即指揮己方上軍乘勝與中軍合力，力克敵方中軍，得手後，三軍合擊，一起攻破敵方最強的左軍。這樣，齊軍在全域上就占據了優勢，終於取得了戰爭的勝利。李代桃僵，就是趨利避害，指揮的高明之處，是要會「算帳」。古人曾說過「兩利相權取其重，兩害相衡取其輕。」也就是說以少量的損失換取很大的勝利，那是值得的。

世上沒有絕對的事情，利可能會變成害，而害也可能會轉化為利，關鍵是看你怎麼去運用。

韓信背水一戰，不給自己留退路，充分激發了將士的戰勝決心，化害為利，取得了戰爭的勝利。現實生活也是一樣，當你面臨不利的困境時，不必意志消沉，也不必很快認輸，不妨學學韓信，將自己置於死地而後生，成功也許就在前方等著你。留意一下你身邊的人，看一看周圍的那些成功人士，他們也經歷過坎坷，也經歷過磨難，也經歷過挫折，但是他們沒有倒下，而是頑強拼搏，化不利條件為有利條件，最終取得了事業的成功，這樣的例子是很多的。所以，你要想成功，就要有「背水一戰」的勇氣，如果事事猶豫不決，徘徊不定，成功不可能青睞你。

奇兵六二

太公曰：「不能分移，不可語奇。」孫子曰：「兵以正合，事以奇勝。」

譯文

姜太公說：「作戰不能分別調動使用軍隊，不能與之言奇。」孫子說：「大凡作戰，以主力部隊和敵人交戰，以奇兵包抄、偷襲，這就叫出奇制勝。」

感悟人生

孫子說：「凡戰者，以正合，以奇勝。」「奇正」是用兵打仗的要旨。一個高明的將領，不僅深知「奇正」是可以相生相死的，而且總是能出奇制勝，在敵人還沒有反應過來時就已戰勝了敵人。

歷史上有名的雞父之戰，爆發於周敬王元年（西元前五一九年）夏，它是吳、楚兩國為爭霸江淮流域而在楚地雞父（今河南固始東南）進行的一次重要會戰。在這場會戰中，吳軍實施正確的作戰指導，巧妙選擇作戰地點和時間，運用示形動敵，伏擊突襲等戰法，出奇制勝，大破楚軍，從而在吳楚雙方的戰爭中逐漸奪取了主動權。

西元前五四六年，宋國向戌宣導諸侯弭兵會盟後，中原諸侯列國之間出現了相對和平的局面。當時，晉、楚、齊、秦四個強國，都因國勢趨於衰弱，國內矛盾激化，而被迫放慢了對外擴張、爭霸活動的步伐。與此同時，

偏處於東南部的吳國和越國則先後興盛起來，開始加入大國爭霸的行列，由此，戰爭的重心也發生了轉移，從黃河流域轉移到了長江淮河流域，從中原諸侯國轉移到了楚、吳、越等國。

吳國，一個新興的國家，轄有今江蘇、上海大部和浙江、安徽的一部。自吳王壽夢（西元前五八六至西元前五六一年）起，經濟逐漸發展，國勢開始強盛。當時晉國出於跟楚國爭霸鬥爭的需要，採納楚亡臣申公巫臣聯吳制楚的建議，主動與吳國締結戰略同盟，讓吳國從側面打擊楚國，牽制楚國北上。而日漸強大起來的吳國，為了進入中原，也將楚國作為第一個戰略打擊的目標，因此欣然接受了晉國的拉攏，堅決擺脫了對楚的臣屬關係。並積極動用武力，跟楚國爭奪淮河流域。自壽夢至吳王僚六十餘年間，兩國之間的戰爭不斷，各有勝負，但總的趨勢是楚國的國勢日下，力量不斷遭到削弱；吳國的兵鋒卻咄咄逼人，在戰爭中逐漸占了上風。雞父之戰就是吳楚長年爭戰中比較重要的一次戰役。

西元前五一九年的時候，吳王僚率公子光等，興兵進攻楚國控制下的淮河流域戰略要地州來（今安徽鳳臺）。楚平王聞訊後，即下令司馬薳越統率楚、頓（今河南商城南）、胡（今安徽阜陽西北）、沈（今河南沈邱）、蔡（今河南新蔡）、陳（今河南睢陽）、許（今河南葉縣）七國聯軍前往救援州來，並令令尹陽匄帶病督師。吳軍統帥部見楚聯軍力量強盛，來勢凶猛，遂迅速撤去對州來的包圍，將部隊移駐於鐘離地區（今安徽鳳陽東臨淮關），暫且避開敵人的鋒芒，尋找機會再行動。

可是，就在這個時候，正在進軍途中的楚軍卻發生了一個變故，這就是帶病出征的楚令尹陽匄（即子瑕）因病體沉重，死於軍中。楚軍因為失去了主帥，士氣頓時沮喪低落起來。司馬薳越見狀，被迫回師雞父。準備稍事休整之後再決定下一步的行動計畫。

吳公子光聽說楚軍統帥陽匄已經身亡，而且楚聯軍又不戰而退，認定這

正是吳軍掌握戰機、擊破敵人的最佳時機，便向吳王僚建議率軍尾隨，捕捉機會。他的分析是這樣的：隨從楚國的諸侯雖多，但均是些小國，而且都是在楚國的脅迫下來的。況且這些小國也有各自的弱點。具體地說，胡、沈兩國國君年幼驕狂，陳國帥師的大夫夏齧強硬而且固執，頓、許、蔡等國則一直憎恨楚國的壓迫，它們與楚國之間不是一條心，這一點可以多加利用。至於楚軍內部，情況也很糟糕。主帥病死，司馬薳越資歷低淺，不能集中指揮，楚軍士氣低落，政令不一，表面上看來楚軍很強大，其實內部是很虛弱的。最後他得出的結論是：七國聯軍同役而不同心，兵力雖多，但也是可以擊敗的。公子光的分析入情入理，吳王僚欣然採納。並針對敵情做出了具體而周密的作戰計畫：迅速向楚聯軍逼近，定於在到達雞父戰場後的次日即發起攻擊，利用當天「晦日」的特殊天候條件，乘敵人不加防備的時候，以奇襲取勝。在兵力部署上，先以一部分兵力攻擊胡、沈、陳的軍隊，戰而勝之；然後打亂其他諸侯國軍，再集中兵力攻擊楚軍本身。並決定在作戰中採取先示敵以「去備薄威」，後以「敦陣整族猛攻之」的靈活的作戰方法。

一切準備就緒之後，吳軍遂於古代用兵所忌的晦日七月二十九突然出現在雞父戰場。吳軍的這一舉動完全出乎楚司馬薳越的意料，倉猝之中，他讓胡、沈、陳、頓、蔡、許六國軍隊列為前陣，以掩護楚軍。吳王以自己所帥的中軍，公子光所帥的右軍，掩余所帥的左軍等主力預作埋伏，而以不習戰陣的三千囚徒為誘兵攻打胡、沈、陳諸軍。雙方交戰還沒有多久，沒有受過軍事訓練的吳刑徒烏合之眾就散亂退卻。胡、沈、陳軍見狀遂貿然追擊，捕捉戰俘，紛紛進入了吳軍主力的預定伏擊圈中。這時，吳三軍當機立斷，從三面突然出擊，很快就戰勝了胡、沈、陳三國軍隊，並俘殺了胡、沈兩國的國君和陳國的大夫夏齧。爾後，又縱所俘的三國士卒逃回本陣。這些士卒僥倖逃得性命，便紛紛狂奔，口中還叫嚷不已：「我們的國君死了，我們的大

夫死了。」

許、蔡、頓三國軍隊一見這種形勢，頓時軍心動搖，陣勢不穩。這時吳軍遂乘勝擂鼓吶喊衝殺向前，直撲三國之師。三國之師的陣勢本已動搖，又見吳軍蜂擁而來，哪裡還有作戰的勇氣，於是紛紛不戰而潰，亂作一團。楚軍還沒有來得及列出陣勢，就被許、蔡等諸侯軍的退卻擾亂了。此時，已經沒有回天之力，楚軍迅速陷於潰敗的境地。至此，吳軍在這次戰役中終於大獲全勝，並乘勝攻占了州來。

雞父之戰的勝利，從兵力對比來說，當時吳軍處於以寡敵眾的困難地位；從作戰情勢來說，吳軍也處於「後據戰地而趨戰」的不利位置，但是吳軍最後卻打了勝仗。其原因在於吳軍統帥準確地判明和掌握了敵軍的情況和動態，巧妙利用了對方的弱點，堅決打破了「晦日」不宜作戰的迷信習慣，靈活地運用了示形動敵、誘敵冒進、設伏痛擊、乘勝猛攻等一系列正確戰法，從而達到了出奇制勝的戰役目的；實施各個擊破，出其不意地先擊潰部分弱敵，造成敵人的全線混亂，最終使得楚軍及其所率的各國部隊失去去了抵抗的能力。

楚軍之所以會失敗，原因也是很多的，可是其主要方面歸納起來，一是恃強好戰，昧於謀略；二是主將缺乏威信，內部矛盾重重，不能實行集中統一指揮；三是對吳軍的動向疏於了解和戒備，以致為對手所乘；四是臨陣指揮笨拙，缺乏臨機應變能力。所有這些湊在一起，遂導致楚軍在整個戰役行動中陷於被動。覆軍殺將，是不可避免的戰爭結局！

雞父之戰的失敗，對於楚國來說是一次沉重的打擊。戰後不久，楚司馬薳越因楚夫人出走吳國而畏罪自殺，庸碌無能的囊瓦擔任了令尹要職。從此楚軍很少主動出擊吳軍，基本採取消極防禦的措施，在吳楚戰爭格局中日漸處於被動的地位。

奇兵六二

出奇制勝，會讓戰爭反敗為勝；出奇制勝，會讓你在眾多的求職者中脫穎而出，引起用人單位的注意；出奇制勝，會讓你在商業競爭中棋高一著，戰勝競爭對手；出奇制勝，會讓你在管理中破解難題，遊刃有餘……現代社會是一個講究「新」，講究「奇」的社會，只有出奇制勝，你才會領先別人一步，你才能吸引更多人的注意力，你才能用最佳方式解決問題。

掩發六三

孫子曰：「善戰者，其勢險，其節短。」「以利動之，以卒待之。」又曰：「善動敵者，形之，敵必從。」

譯文

孫子說：「善於用兵打仗者，所造成的情勢是險峻的，所掌握的行動節奏是短促而猛烈的。」「他會以小利引誘調動敵人，以伏兵待機掩擊敵人。」又說：「善於調動敵人的，會用假象欺騙敵人，敵人必定上當。」

感悟人生

有時候，採用懷柔政策，甚至可以取得戰場上真槍實箭所無法取得的成功。因為戰爭是冰冷的，血腥的，而懷柔的特點卻是直指人心，撫慰人心。於是在不知不覺中，敵人就被軟化了，俘獲了。「火牛陣」就是這樣的典型事例，一代英豪關羽也是因敵人的懷柔之計慘死的。

當初，燕國進攻齊國的時候，包圍了即墨城，而城中的居民推田單為將，率眾來抗擊燕國。田單為了激勵士卒的氣勢，就故意放出風聲說：「我最擔心燕軍割去被俘士卒的鼻子，還要挖開城外的即墨城人的祖墳，凌辱已死去的先人，這是最讓人寒心的了。」燕軍將領聽信了流言，果然這樣做了，即墨人都傷心地哭泣，要求出戰，憤怒之情超過了平日的十倍。之後田單又收集了千鎰黃金，讓城中的豪富送給燕國的將領，同時還附了一封信說：「即

墨立即投降，只希望不要搶掠我們的親人。」燕將見狀大喜，就放鬆了對齊國的警惕。田單於是把城中的一千多頭牛集中起來，在牛角上綁上尖刀，牛身上披上畫有五顏六色、稀奇古怪圖案的紅色衣服，牛尾巴上綁一大把浸了油的麻葦。除此之外，田單還特意挑選出了五千名精壯的士兵，穿上那些五色的花衣，臉上畫得五顏六色，讓他們手中拿著兵器，跟在那些牛的後面。

在一個夜晚，田單命令把牛從新挖的城塘洞中放出去，然後點燃麻葦。這個時候，因為被火燒著，牛又驚又躁，就直衝燕國軍營。然而燕軍根本沒有防備，再說，這火牛陣勢，誰也沒有見過，燕軍將士——個個被嚇得魂飛天外，哪裡能夠還手。齊軍五千勇士接著衝殺進來，燕軍死傷無數。燕將騎劫也在亂軍中被殺，燕軍可以說是一敗塗地。齊軍又乘勝追擊，收復了七十多座城市，從而使齊國轉危為安。

當年，呂蒙西面屯兵陸口的時候。關羽去討伐樊城，留下一部分人馬防守南郡。於是呂蒙上書給孫權：「關羽去征討樊城，又留下了許多人馬防守，怕我會襲擊他的後方。我平日有病，希望您以我治病為名撥出一部分隊伍跟我回建業。關羽聽到這一消息，一定會抽調守備部隊，全力進攻襄陽。這時，我軍就可以乘船晝夜西上，襲擊蜀國的空城，南郡即可奪取，關羽也就可以擒獲了。」孫權同意了呂蒙的計策，呂蒙於是就假裝病得很重，孫權於是就公開傳令召回呂蒙。聽到這一消息以後，關羽果然上當，調出守南郡的部隊奔赴樊城。孫權聽說後，立即出發，先派呂蒙在前，把精兵埋伏在船裡，讓人身穿白衣，裝作商人，晝夜兼行，到關羽設置在長江邊上的關卡伺機行動，悄悄把守關卡的士兵捉住捆綁起來，對於這些事情，關羽卻一點都不知道。姜太公曾說：「假稱使者，是用以斷絕糧食的；假傳號令，與敵穿同樣服裝的，是為失敗逃走準備的。」由此看來，對於衣服、號令，不能不小心。

呂蒙順利地到了南郡，守城的士仁、糜芳等人都投降了。呂蒙入城後，對於關羽及其他將士的家屬撫慰關心備至，並下令軍隊不准去騷掠這些人

家，軍紀非常嚴明，從前秦伯只看到襲擊鄭國的利益，卻不顧在崤函等地的失敗。吳王以討伐齊國成功而驕傲，卻忘記了在姑蘇城的災難。所以說，不能完全了解用兵的害處，也就不能了解用兵的益處。《經》上說：「能指揮諸侯的是利益。」古語說：「讓強大的敵人更強大，才能將其摧毀。」關羽伐樊，雖未被人算計，卻因其強大才導致了失敗。關羽從樊城返回的時候，還在路上幾次派使者和呂蒙聯繫，呂蒙厚待使者，讓他在南郡城中四處察看，到每個被俘的家中問訊，有的還捎信表示這一切都是真實可信的。關羽的使者返回後，軍士紛紛向他打探家中情況，當他們了解到家中一切平安，待遇甚至超過了平時，從而使得這些士兵都沒有參加戰鬥的心思了。孫權後來領兵前來，關羽被迫敗走麥城，最終被孫權俘獲，荊州因此被孫權占領。這就是「掩」與「發」的相互轉變，所以孫子就說：「開始要像處女一樣沉靜，使敵人放鬆戒備，門戶大開，然後像脫兔一樣迅速行動，使敵人來不及抗拒。」說的也就是這個道理。

我們常聽人說「吃軟不吃硬」，意思是說，對於強硬的人，許多人往往不會屈服，反而據理力爭，但對於一個軟弱的人，卻往往會屈服。比如說：兩個人起爭執，錯在其中一方，如果這一方不但不道歉，反而態度很強硬，那麼，另一方必然不會善罷干休，兩人就會爭執個沒完沒了；反之，如果說錯的一方能及時承認錯誤，向對方賠不是，那麼，對方即使有再大的火氣，他也不好意思向一個對他道歉的人發火，因為對方的「低姿態」讓他賺足了面子，他怎麼還會擺一副不罷休的樣子呢？所以，懷柔政策不但在軍事中有其重要的意義，而且在當今與人交往中也是必不可少的。

還師六四

故雖破敵於外，立功於內，然而戰勝者，以喪禮處之。將軍縞素，請罪於君。君曰：「兵之所加，無道國也。擒敵致勝，將無咎殃。」乃尊其官，以奪其勢。故曰：「高鳥死，良弓藏；敵國滅，謀臣亡。」亡者非喪其身，謂沈之於淵。沈之於淵者，謂奪其威、廢其權。封之於朝，極人臣之位，以顯其功；中州善國，以富其心。仁者之眾，可合而不可離；威權可樂，而難卒移。

譯文

所以說，雖然在外打敗了敵人，在內建立了功勳，然而作為勝利者，仍要像對待喪禮一樣，將軍身穿白色的喪服，向國君請罪。國君說：「在兵戎相加的危急時刻，那裡還顧得上提及國家的困難情況呢？擒獲敵人，奪取勝利，為將的沒有罪過。」於是讓他光榮退職，以去除他的威勢。高飛的鳥死了，精良的弓箭就該收藏起來；敵對的國家被滅亡了，謀臣也該是除掉的時候了。除掉並非是要殺掉他，而是把他沉在深淵之中。所謂沉在深淵之中，是指除去他的威勢，廢止他的權力，在朝廷中封賞他。讓他位極人臣，用以彰顯他的功勞；給他肥沃的土地和封邑，讓他享福，使他心滿意足。仁愛者的下屬，可以交合而不可離異；掌有威重之權是讓人高興的，但最難以轉移。

感悟人生

耗力、耗時、耗財的戰爭結束之後，班師回朝的將軍卻面臨著去還是留的抉擇，聰明的做法是藏其威勢，主動要求離開政治中心。當年淮陰侯韓信哀嘆：「狡免死，走狗烹；飛鳥盡，良弓藏；敵國破，謀臣亡。」不是至今令人感慨、發人深思嗎？

韓信是西漢初期一位著名的軍事家。劉邦之所以能夠得天下，軍事上全是依靠他的。他是個能夠統率百萬大軍，且戰必勝、攻必克的軍事天才。在楚漢之爭中，叱吒風雲的人物也就是韓信了。漢軍能得天下，韓信有很大的功勞。他是當時首先提出統一天下的重大決策之人。他說明劉邦經營漢中，又平定關中地區；分兵往北擴張擒獲魏王，奪城掠地；擊敗趙國；向東進占齊地；向南挺進垓下滅項羽……但是可惜的是，如此一個戰功顯赫的漢朝開國元勳卻落個被夷三族的可悲下場，成了主子劉邦的刀下鬼。史書間記載，韓信被誅的原因是挑動和勾結陳豨謀反。可是這一說法頗讓人懷疑。不少人猜測這是劉邦和呂后一手造成的大冤案，也是他們為了殺害韓信找的一個藉口。

其實，早在韓信平齊敗楚殺廣田等將時，項羽就曾派人遊說韓信，煽動他背叛劉邦，以「三分天下取其一」做誘餌，但卻遭到了韓信的拒絕。也有很多人多次暗示韓信，若背叛劉邦則「大貴」，但他卻毫不動心。辯士蒯徹在遊說韓信脫離劉邦時曾給過韓信一次有力的忠告，提出「勇略震主者身危」、「功蓋天下者不賞」，死死地追隨劉邦並不是件好事。韓信雖然內心也曾有過猶豫，但他卻偏偏念著劉邦對他的解衣推食的恩惠，以致「漢王待我甚厚」、「不忍背漢」，還自以為功高「漢終不虧我齊」，最終拒絕了蒯徹的建議。由此可見，韓信在有勢力有機會、自己能夠成就大業時都沒有想過背叛劉邦，更何況在劉邦建漢以後。再說，如果韓信有謀反的真憑實據，

為什麼當初韓信被捕後不經過大堂審問，而是採取近似暗殺的手段，將一代軍事天才斬於鐘室之內呢？

就拿劉邦來說，他多有負於韓信，且待韓信一直是假惺惺的，還時時提防。然而，也有人認為，韓信自請為代理齊王有不軌之心。但是這樣看來未必武斷。從當時的戰略考慮出發，齊為新地，遠在東境，面臨強楚，確實需要一個有身分的人去坐鎮。再說，一個功臣要些封賞是無可厚非的，畢竟每個人都會有爭名奪利的願望。只是韓信不懂得在主子面前收斂自己，不懂得在適當的時機索取自己應得的那份酬勞。因此，有人認為，有傑出軍事才能的韓信卻是一個笨拙的政治家。司馬光評價韓信「以市井之利利其身，而以君子之心望其人」。韓信以商人的心理乘機為自己謀利，以君子的心理要求劉邦報恩，在當時的那種社會環境中，這種要求以主子為馬首是瞻的想法未免太過幼稚，從這裡就可以看得出來，韓信的死已經是一種必然。無論其後來謀反事實成立與否。

自從劉邦稱帝以後，韓信就狂妄自大、自恃功高，開始庇護劉邦憎惡的項羽部將，而且不聽差遣，羞與絳侯周勃將軍灌嬰同等地位，不屑與樊噲為伍。其實也不難想像，韓信的種種行為已經讓劉邦生厭。難怪劉邦對他削兵權、減爵位，最終將這位如芒在背的危險分子引到洛陽成功殺掉，剔除了自己的眼中釘。這正好印證了韓信自己說的話，「狡兔死，走狗烹」在亂世的時候，劉邦的大業需要韓信，可是天下太平後，功高震主的韓信就成為帝王權威的絆腳石了。

韓信的死，也有其性格的原因，因為他過於張揚自我、不注意收斂，過於自居功高、目空一切。特別是在以家天下的封建帝王時代，這種臣子犯了君主的大忌。只能說，韓信是一個「不識時務」的英雄，徒勞地成了劉邦奪取天下後的一枚被捨棄的棋子。

韓信的死可以說是一種必然，也是當時社會的使然！殊不知自古「帝王多寡恩，功臣多負屈」！

逆向思考的權謀心計：

從《反經》學習古人智慧，史上最容易操作的職場厚黑學

編　　著：王宇

發 行 人：黃振庭

出 版 者：清文華泉事業有限公司

發 行 者：清文華泉事業有限公司

E-mail：sonbookservice@gmail.com

粉 絲 頁：https://www.facebook.com/sonbookss/

網　　址：https://sonbook.net/

地　　址：台北市中正區重慶南路一段六十一號八樓 815 室

Rm. 815, 8F., No.61, Sec. 1, Chongqing S. Rd., Zhongzheng Dist., Taipei City 100, Taiwan

電　　話：(02)2370-3310

傳　　真：(02) 2388-1990

印　　刷：京峯彩色印刷有限公司（京峰數位）

律師顧問：廣華律師事務所 張珮琦律師

定　　價：420 元

發行日期：2022 年 07 月第一版

◎本書以 POD 印製

國家圖書館出版品預行編目資料

逆向思考的權謀心計：從《反經》學習古人智慧，史上最容易操作的職場厚黑學 / 王宇編著 . -- 第一版 . -- 臺北市：清文華泉事業有限公司，2022.07

面；　公分

POD 版

ISBN 978-626-7165-11-9(平裝)

1.CST: 長短經 2.CST: 注釋 3.CST: 職場成功法

494.35　111010123

電子書購買

臉書